시간과 공간의 연결,
교통이야기

CONNECTION OF TIME AND SPACE, TRANSPORTATION STORY

시간과 공간의 연결,
교통이야기

서 언

우리 인간은 끊임없이 이동하며 살고 있습니다. 이동은 교통이며 이는 여객과 화물을 움직이는 역할을 수행합니다. 교통은 국가와 지역을 경제 · 사회적 공간으로 구축하고 사람들을 연결하여 동일한 사회권역에서의 생활을 가능하게 합니다.

이처럼 우리의 생활과 긴밀하게 연결된 교통은 디지털 시대에 새로운 모습으로, 색다른 이동기능을 수행하고 있습니다.

대한교통학회는 1982년 창립 이래 5천 명의 회원과 전문지식의 용광로 역할을 해오고 있습니다. 『도로용량편람』 등 그간 내놓은 전문서적이 있으나 교통을 전공할 학생이나 일반인에게 담론을 전달해줄 만한 서적은 없는 듯 보입니다.

본서는 교통 및 교통공학에 관심 있는 일반인에게 보다 쉽게 교통을 소개하여, 교통을 이해하고 적용함에 있어 편리함을 제공하는 데 목적을 두었습니다.

책을 만들기까지 김영찬 전 회장님과 이용재 명예회장님의 선각적 혜안과 노력이 있었습니다. 아울러 실무를 지휘해 주신 박은미 교수님, 김건영 박사님, 옥고를 집필하고 검독에 임해 주신 모든 회원 여러분께 감사의 말씀을 전합니다.

이 책을 통해 교통문제를 원활히 해결해 나갈 미래 교통해결사의 출현을 기대해 봅니다. 감사합니다.

대한교통학회장 최기주

추천사

교통은 인류의 활동과 그 역사를 같이합니다. 국가의 사회 · 경제 발전을 도모할 뿐 아니라 인간의 안전하고 편리한 이동을 위한 필수기능이기 때문입니다.

우리나라의 교통시스템은 세계적 수준의 정보통신기술과 결합하여 4차 산업혁명시대에 걸맞는 눈부신 성과를 이루었고 이는 개발도상국의 발전 모델이 되었습니다.

교통학은 인문학, 사회과학, 과학기술 등을 모두 필요로 하는 종합학문이자 융복합 분야라고 할 수 있습니다.

『시간과 공간의 연결, 교통이야기』는 교통학에 관심을 갖고 진로를 고려하는 학생들과 전공자의 입문서로서 유익한 길라잡이가 되어줄 것입니다. 일상생활에서 만나는 교통이야기와 재미있는 과학의 원리가 곁들여 있어 쉽고 흥미롭습니다.

인류의 행복을 위하여 시간과 공간을 극복하며 발전한 교통학이 미래에도 사람을 위한 학문이길 바라면서, 이 책을 집필하고 발간에 기여한 모든 분들께 감사드립니다.

오 재 학

한국교통연구원 원장 오재학

차 례

chapter 2

사람, 환경, 교통이 어울리는 철도이야기

김동선 / 김훈 / 정성봉 / 김유봉 / 한우진 / 김건영

chapter 3

하늘의 길, 항공이야기

송기한 / 김연명 / 이강석 / 김건영

TOLL GATE

chapter 6

환경을 살리는 녹색교통이야기

백남철 / 박병호 / 석종수 / 니콜라 메디모렉 / 진장원 / 김건영

chapter 7

경제와 통하는 물류이야기

권오경 / 하헌구 / 김태승 / 박민영 / 김건영

chapter 1

문명의 만남, 도로이야기

도로의 탄생과 발달

모든 길은 로마로 통한다

도로는 사람과 차가 다니는 통로이다. 또 사람들이 모여 서로 공감할 수 있는 공간이다. 도로는 출발지와 목적지를 연결하기 위해 사람들이 만들어 놓은 길이다.

도로는 처음에 어떻게 생겨나게 된 걸까? 태초의 인간이 자연 속을 걸어 다니며 저절로 만들어진 길이 차츰 문명이 발달하면서 인위적으로 만든 길로 변화하기 시작했다. 마을과 성이 생기고 도시가 만들어지면서 이들 도시를 빠르게 연결하기 위해 길은 도로로 발전하게 되었다. 사람들의 보행로로써 만들어진 길이 나중에는 마차가 다니는 길로 진화하였다. 평상시에는 마차가 통행하기에 좋지만 비가 오거나 눈이 오면 마차가 다니기에는 꽤나 불편해진다. 그래서 돌이나 시멘트 등을 이용한 포장도로가 생겨나게 되었다.

역사 속에서 최대의 번영을 누렸던 국가 중 하나인 로마제국은 도로의 장점을 최대한 살린 국가이다. "모든 길은 로마로 통한다"는 유명한 말은 로마제국이 국가의 발전을 위해 도로를 얼마나 잘 이용했는지 보여 준다. 로마는 이웃나라의 정복을 통해 영토 확장

1 **로마시대의 도로**(출처: 위키피디아)

을 해 나갈수록 전투 병력과 보급품의 신속한 이동을 위해 각 지역을 연결하는 잘 닦인 도로망이 필요했다. 도로 덕분에 로마사람들은 군대 이동과 물자 교역, 소식 전달을 용이하게 할 수 있었다. 도로는 한 장소에서 다른 곳으로 재화를 옮기는 수단이기 때문이다.

당시 로마의 도로는 372개의 연결도로에 길이가 무려 8만km이고, 유럽 전역으로 연결되는 방대한 도로망이었다. 로마도로는 자갈, 흙, 시멘트 등 3층으로 구성된 길 위에 깎아서 반듯하게 만든 돌들을 맨 위에 배치하여 비나 눈 등에도 견딜 수 있는 포장도로였

눈이 번쩍 뜨이는 **교통이야기**

모든 길은 로마로 통한다

로마의 도로망(출처: 위키피디아)

이탈리아에는 세계에서 가장 오래된 도로인 아피아 가도(Via Appia)라는 유명한 역사 유적이 있다. 이 이름은 가도 건설을 주도했던 아피우스 클라디우스(Appius Claudius)의 이름을 딴 것으로, 기원전 312년부터 건설이 시작되어 70년에 걸쳐 로마에서 브란디시까지 580km에 이르는 가도가 건설되었다. 마차가 다닐 수 있도록 설계된 이 도로는 원래 군사적 목적으로 건설되었다. 로마는 서기 2세기까지 500년 동안 8만km에 이르는 간선도로망을 건설하였으며, 이 방대한 인프라는 사람과 물자의 이동을 촉진하고 로마제국의 문명을 발전시키는 원동력이 되었다.

다. 도로 양쪽 끝에 빗물이 흐를 수 있는 배수로를 만들어 비로 인한 도로 훼손을 방지하였으며, 도로 위에 물이 고이지 않도록 경사면을 만들었다. 로마는 이러한 과학적 설계로 도로를 건설했으며 이는 수천 년이 지난 지금도 일부분이 남아 있다.

길은 도시의 형태와 밀접한 관계가 있다. 서양은 성(城)을 중심으로 도시가 발전하였다. 무기와 문명이 발달하면서 국가 간 경쟁이 심해지고 교류가 활발해지면서 도시를 보호하기 위해서 성곽이 생기게 되었다. 성곽 내부에는 주로 귀족계급과 부를 축적한 상인계급이 살았다. 성곽 외부에는 경작지에서 일하는 평민 이하의 계급이 살았다. 빠른 속도로 마차를 이동시키기 위해서 성곽 내부와 외부를 연결하고 성과 성을 연결하는 도로는 필수적이었다.

그러나 산업혁명 이후 대포와 무기의 발달은 성곽의 존재를 불필요하게 만들었다. 또한 도시 규모가 예전과는 달리 급속도로 팽창하면서 성곽은 오히려 도시 성장의 장애물로 취급되었다. 많은 도시에서 성곽은 자연스럽게 없어지게 되었으며 성곽이 위치했던 자리에는 대부분 도로가 대신 들어서게 되었다. 성곽 대신 들어선 도로는 도시 중심부를 둘러싼 순환도로 형태를 가지게 되었으며 오늘날 대부분의 도시에서 볼 수 있는 순환도로의 기본 틀이 되었다.

산업혁명 이후 산업의 발달과 함께 교통 분야에 혁신적인 변화가 찾아왔는데, 그것은 바로 자동차의 발명이다. 자동차는 발명 초기에는 그저 신기한 물건으로 취급되었다. 그러나 차차 사람들이 이 신기한 발명품을 사게 되면서 도로 위의 새로운 주인으로 자리하게 되었다. 그 이전에 도로는 사람이 주인공이었다가 마차가 다니면서 사람과 마차가 함께 이용하는 공간이었다. 그러나 자동차가 다니게 되면서 자동차의 빠른 속도는 사람과 마차의 안전을 위협할

2 1800년대 후반 파리 샹젤리제 거리
(출처: 위키피디아)

정도로 위험하게 되었다. 성곽이 있었던 순환도로도 초기에는 마차와 사람들이 주로 이용하는 녹지공간이 풍부한 산책로로 주로 이용되었다. 그러나 자동차의 등장 이후 보행자의 안전이 위협받게 되면서 도로 위에는 이전에 없었던 통행과 관련된 규칙이 필요하게 되었다. 그래서 1900년 파리에서 도로 위를 다니는 자동차와 사람들이 지켜야 하는 세계 최초의 도로안전규칙인 "도로교통법"이 만들어지게 되었다.

그 이후 자동차는 도로의 규칙을 계속해서 바꾸게 만들 정도로 눈부신 발전을 거듭하게 되었고 도로 위의 주도권을 놓치지 않고 있다. 자동차의 발전은 도로의 계획과 설계기준, 도로의 안전 및 통행관련 규칙 및 법규, 주차장 설치기준 및 법규 등을 계속해서 수정하도록 영향을 주고 있으며, 오늘날 도로를 계획하고 운영하는 데 자동차의 역할은 매우 중요하다고 할 수 있다.

이후 1930년대 독일은 로마와 비슷한 이유로 고속으로 달릴 수 있는 도로망을 건설하고자 했다. 독일의 전 국토를 빠른 속도로 연결하면서 독일의 기갑부대를 유럽 전역으로 신속하게 이동시키는 한편, 독일의 비행기 활주로와 대피공간으로 고속도로와 고속도로 터널을 이용하고자 했다. 운전자의 인간적 특성을 고려한 도로선형과 도로 주변 환경을 고려한 도로설계, 장거리 운전자들을 위한 고속도로 휴게소 등 이전에는 전혀 생각하지 못했던 도로설계 기술을 적용하였다. 오늘날 '아우토반'으로 알려진 독일의 고속도로는 세계 최초의 고속도로망이 되었으며 이때 적용된 도로설계 기술은 이후 세계 각국에서 도로설계의 표준으로 삼을 정도였다.

우리나라의 도로는 어떨까?

우리나라의 도로망은 어떨까? 우리나라 또한 고대시대부터 도로망이 발달하였다. 삼국시대부터 각국의 수도를 중심으로 각 지역으로 연결되는 도로망이 건설되었다. 다만, 로마와 큰 차이가 있는 것은 로마가 고속으로 달릴 수 있는 포장도로에 산과 골짜기를 깎고 메우는 대규모 토목사업을 한 반면, 우리나라의 경우 자연지형을 이용한 굴곡이 심한 도로를 주로 건설했으며 포장도로보다는 비포장도로가 주를 이루었다는 점이다. 우리나라의 경우 산악지형이 많고 풍수지리와 같은 이유로 자연지형에 손 대는 것을 꺼려한 점도 큰 이유 중 하나가 되었을 것으로 짐작된다. 또한 우리나라의 주 이동수단이 마차가 아닌 말이나 가마, 보행인 점도 크게 작용했으리라 판단된다.

조선의 경우 건국과 함께 도로망 역시 개성 중심의 도로망 구성에서 한양 중심으로 개편되었다. 이에 따라 신도궁궐조성도감(新都宮闕造成都監)을 설치하고, 도성 내의 도로 설비는 물론 전국의 도로망을 한양 중심으로 재정비하였다. 조선 초기의 도로에 대한 정책은 태조, 태종, 세종 대를 거치면서 도로의 건설 및 관리, 노폭까

3 **조선시대 후기의 도로**
(출처: 위키피디아)

지 규정하기에 이르렀다. 세종 8년(1426) 한성부는 도성 내에서 중로는 수레 2궤(軌, 240cm 정도)가 통할 수 있게 하고, 소로는 1궤가 통할 수 있게 하며, 길 옆 도랑은 노폭에 포함시키지 않는 것이 좋겠다고 보고하였다. 이러한 일련의 노력으로 "경국대전"에 도로의 종별 및 노폭 등이 규정되었다. "경국대전"의 규정에 의하면 한양(서울)의 도로를 대로, 중로, 소로로 분류하고, 노폭은 영조척(營造尺: 30.65cm)으로 대로 56척(약 17m), 중로 16척(약 5m), 소로 11척(약 3m) 그리고 길 옆 도랑은 2척(약 60cm)으로 정하고 있다. 로마의 포장도로는 폭이 약 20m 도로가 주를 이뤘다는 점을 고려할 때 수도 주변의 대로는 로마시대의 도로와 비슷한 규모였다는 것을 짐작할 수 있다. 다만, 조선시대 후기 우리나라에 들어온 서양인들의 기록에서 조선시대 도로의 상황을 짐작할 수 있는 대목이 일부 언급되어 있다. 이 기록에 의하면 우리나라 도로가 주로 비포장상태였으며 마차가 다니기에 좁고 상하수도 시설이 되어 있지 않아 매우 불편한 것으로 묘사되어 있는데, 이로 미루어 보아 당시 도로상태가 서양에 비해 뒤떨어진 것으로 보인다.

조선시대의 도로가 현대화된 것은 1897년 대한제국 선포 후 고종이 추진한 근대화 사업의 일환으로 도로의 정비와 함께 포장사업을 시작한 이후라고 할 수 있다. 그러나 한국전쟁 이후 황폐화된 국

4 경부고속도로의 준공
본 저작물은 공공누리 제1유형에 따라 [http://www.ehistory.go.kr/page/view/photo.jsp?photo_PhotoSrcGBN=BK&photo_PhotoID=16&detl_PhotoDTL=2648&gbn=KM, 작성자: 문화체육관광부 홍보콘텐츠과]의 공공저작물을 이용하였습니다.

토에서 우리나라 도로가 본격적으로 발전하게 된 결정적 계기는 경부고속도로의 건설이라 할 수 있다. 그 이전까지 우리나라에는 고속도로라는 개념의 도로가 없었다. 한국전쟁 후 우리나라의 경제성장을 위해 고심하던 박정희 대통령이 독일을 방문하고 돌아온 후 독일의 아우토반을 모델로 경부고속도로의 건설을 구상했다고 한다. 도로의 터널이나 교량, 도로설계에 대한 기술이 없었던 우리나라는 1970년 7월 약 2년 6개월 동안 428km에 걸쳐 순수 우리나라 기술로 경부고속도로를 건설하고 난 후 본격적으로 전국의 고속도로를 건설하기 시작하였다. 이때부터 철도 중심의 지역 간 교통이 도로 중심으로 전환되기 시작한 것이다.

5 우리나라의 도로 연장 및 자동차 증가율

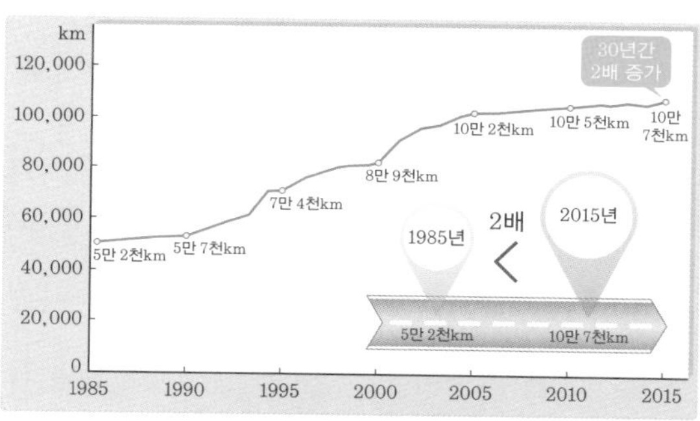

우리나라 도로 지난 30년간 2배 증가

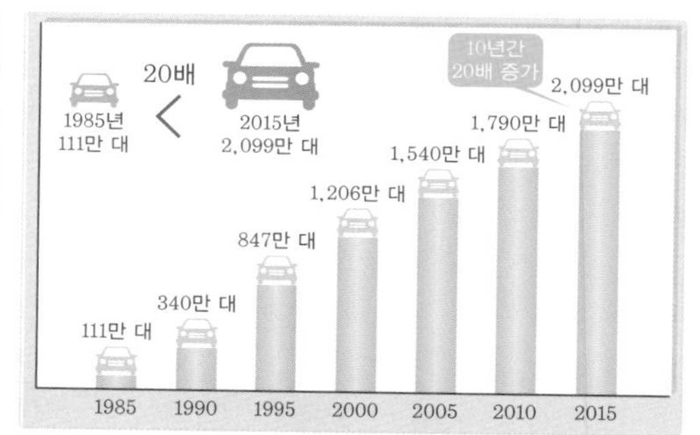

지난 30년간 자동차 등록대수는 20배 증가

현재 우리나라의 도로망은 2015년 말 기준 약 10만 8천km이며 지난 30년간 약 2배가 증가했다. 반면 같은 시기 도로를 이용하는 자동차 대수는 약 20배가 증가하여 현재 약 2,200만 대의 자동차가 도로를 이용하고 있다. 도로의 증가보다 자동차의 증가속도가 10배나 빠르니 도로가 교통정체로 몸살을 앓고 있는 것은 어쩌면 당연한 결과인지 모른다. 오늘날 우리나라 도로는 세계적인 설계 및 운영, 관리 기술을 가지고 있다.

현재는 주변 환경을 고려하고 운전자의 인간 특성을 감안하여 도로선형 및 기하구조를 설계하는데 이러한 설계기법이 로마시대 때부터 고려되었던 점을 감안한다면 로마시대 토목기술자들의 실력에 그저 놀라울 따름이다. 현재 우리나라 대부분의 고속도로는 국가가 건설하여 한국도로공사에 운영 및 관리를 맡기고 있다. 국도는 국가가 건설하여 국가가 직접 운영 및 관리를 하고 있다. 도로 계급상 국도 밑에 있는 지방도는 해당 지방자치단체가 건설하고 운영 및 관리를 하는데 일부 구간의 경우 국가가 건설비의 일부를 보조해 준다. 고속도로가 대부분 무료인 선진국과는 달리 우리나라의 고속도로는 유료로 운영된다.

진화하는 미래 도로

미래의 도시는 지금과는 많이 달라진 모습일 것이다. 지하공간이 발달하고 초고층건물이 들어서며 이들 지하공간과 지상공간을 빠르고 안전하게 연결하는 도로망과 철도망이 건설될 것이다. 도시 규모는 지금보다 훨씬 커지겠지만 공간은 수평이 아닌 수직으로 함께 커지는, 입체적인 팽창을 할 것으로 전망된다. 심지어 도시 외곽의 농산물을 생산하는 농장도 도심으로 들어와 초고층건물 내부에

6 **구글의 자율주행자동차**
(출처 : 크리에이티브 커먼즈)
a **레이더** 각종 장애물과 차간거리 측정
b **라이더** 차 지붕에 위치, 사방 180m까지 감지
c **비디오 카메라** 신호등 및 보행자와 같은 움직이는 물체 인지

들어설 것으로 보인다. 미래도시는 도시 내부에 각종 IT장비와 전자통신장비가 설치되어 자체적으로 정보를 생산, 교류하고 각종 통제를 자체적으로 판단하는 '스마트시티(Smart City)'로 변모할 것으로 많은 전문가들이 전망하고 있다.[1-1]

1-1 **스마트시티(Smart City)** 미래학자들이 예측한 21세기의 새로운 도시

미래의 도로는 어떨까? 현재 시점에서 미래의 도로는 도로가 주도적으로 모습을 바꿔가고 있다기보다는 도로 위를 달리는 자동차와 전자통신기술의 혁신적인 발달이 도로의 변화를 이끌고 있다고 할 수 있다. 최근 자율주행자동차의 눈부신 발전은 도로뿐만 아니라 정보, 전자통신의 발달을 부추기고 있다. 현재 자동차의 각종 감지기(센서)는 운전자가 편하고 안전하게 운전하도록 돕는 보조장치 역할을 하고 있지만 얼마 지나지 않아 감지기가 자율적으로 판단하여 운전하는 자동차의 보조역할을 하는 시대가 올 것이라고 많은 전문가들이 예측하고 있다.

또한 휴대전화를 포함한 통신기술의 발달은 이러한 자율주행의 꿈을 현실화시키는 데 핵심적인 역할을 하고 있으며, 단순히 자동차가 다니는 도로의 모습을 도로 위의 각종 정보를 사물끼리 자동으로 주고받는 살아 있는 도로로 변모시킬 것이라고 전망되고 있다.

전자 및 정보통신기술이 발달하면서 도로뿐만 아니라 도로 위의 차량이나 각종 휴대 전자기기, 심지어는 가정의 전자제품까지 서로 정보를 교류하면서, 미래도로는 지금까지와는 전혀 다른 스마트 도로(Smart Road)로 진화할 것이 분명하다. 미래도로는 자율주행자동차나 전기자동차가 도로를 편리하고 안전하게 다닐 수 있고 이들 자동차가 서로 정보를 교류할 수 있도록 도로 위에 각종 IT장비나 전자통신장비가 설치되어야 할 것이다.

미래 도로에는 자율주행자동차와 전기차들을 보조하는 장치만 설치되는 것이 아니다. 도로 자체도 과거 에너지를 소비하는 공간에서 에너지를 생산하는 공간으로 도로의 기본개념 자체를 바꾸려 하고 있다. 도로 위에 자동차가 지나갈 때마다 도로 자체에서 에너지가 생산되고 감지기를 통해 자동차가 지나가는 전방에 자동으로 도로조명이 들어왔다가 지나가면 자동으로 꺼진다. 도로 표면이 특수물질로 만들어져 차선이나 도로표시가 필요에 따라 컴퓨터 화면

7 미래 도로의 개념도

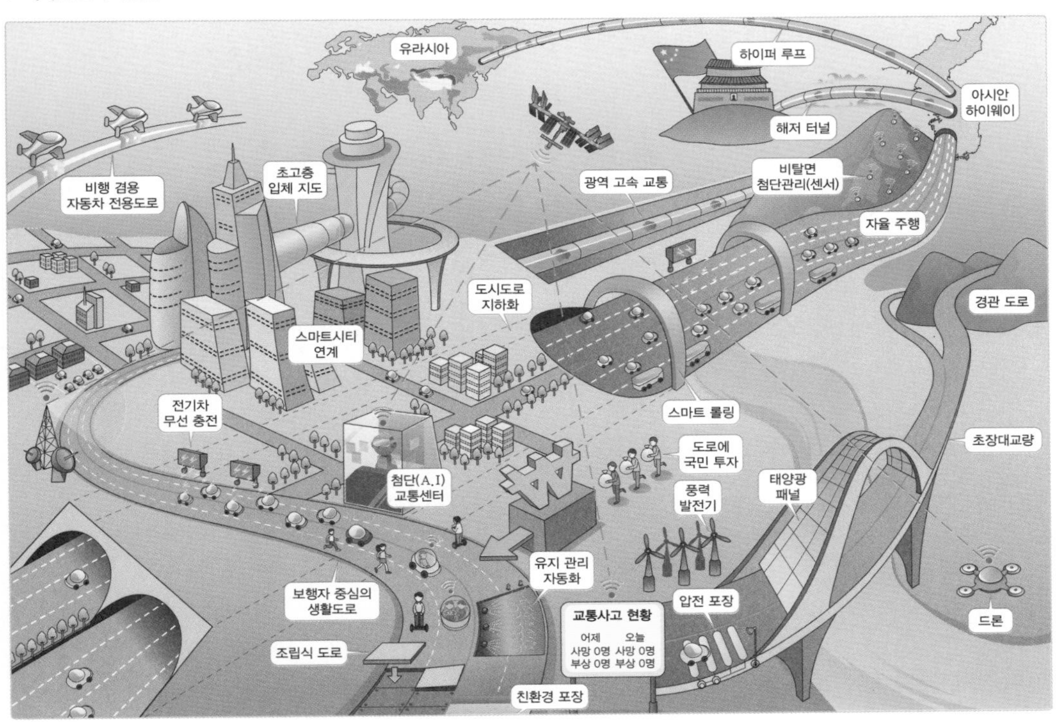

처럼 자동으로 바뀌며 야간에는 도로 자체에서 빛을 발산한다. 도로 주변 공터에 설치된 태양광발전기나 풍력발전기에서 만들어진 에너지는 도로 위에 설치된 각종 IT장비와 전자통신장비에 필요한 에너지를 공급하고 남는 에너지는 해당 지역에 전기를 제공한다.

우리는 지금까지 미래를 포함해서 수천 년의 역사를 가지고 있는 도로의 변천사에 대해 살펴보았다. 처음에는 별도의 계획 없이 동물들이나 사람들에 의해 자연스럽게 만들어진 길에서 점차 마차나 자동차가 다니는 계획적인 도로로 바뀌는 과정을 보았다. 그리고 도로가 단순히 사람이나 자동차가 다니는 통로가 아니라 때로는 전쟁의 승리를 위한 주요 수단으로, 때로는 문명과 문화의 주요 연결망으로, 때로는 거대도시를 구성하는 주요 대동맥으로 역할을 수행하는 것을 알게 되었다. 미래도로는 여기에서 한 단계 더 진화해 도로 자체에서 정보와 에너지를 생산하고 도로 위에 다니는 자동차, 주변 사물, 통신장비 등과 정보를 자체적으로 교류하는 시대가 곧 다가올 것으로 보인다. 또한 인공지능을 탑재한 도로가 사물인터넷(Internet of Thins, IoT)[1-2]을 활용하여 도로 위의 교통류를 자동으로 컨트롤하는 알파도(道)시대가 올지도 모를 일이다.

2017년 1월 라스베가스에서 개최된 CES[1-3] 2017 도로교통부문에 제시된 미래 모습은 자동차와 도로, 각 가정이 무선통신망으로 연결되며, 자동차에 인공지능기술이 탑재되어 도로, 가정의 전자제품과 데이터를 공유하고 자동차가 스스로 자율주행을 하는 환경이다. 도로는 자동차와, 자동차는 각 가정과 사람들의 전자제품과 연결된다. 결국 도로는 인공지능에 의해 통제되어 우리 주변의 모든 전자제품, 사람들과 정보를 공유하며 기후, 환경, 사람들의 통행여건에 따라 대응하는 수준으로 진화하고 있다고 할 수 있다.

1-2 **사물인터넷**
센서와 통신 칩을 탑재한 사물(事物)이 사람의 개입 없이 자동적으로 실시간 데이터를 주고받을 수 있는 물리적 네트워크를 말한다.

1-3 **CES**
국제전자제품박람회(Consumer Electronics Show). 매년 1월 미국 네바다주 라스베가스에서 미국가전협회 주관으로 개최되는 가전제품전시회이다.

도로는 어떻게 건설되나?

1 우리나라 도로의 발전

1970년대(출처: pixabay)

현재(출처: pixabay)

도로는 사회 · 경제활동을 위한 혈관

길은 사람들이 만나고, 활동하기 위해 필요한 가장 기본적인 요소이다. 길이 없으면 사람들은 사회 · 경제적인 활동이 불가능하다. 길은 사회 · 경제적 측면에서 인체의 혈관과 같은 역할을 한다.

길은 다양한 형태를 가지고 있다, 승용차, 버스 등 차량을 이용하여 이동할 수 있는 것이 도로 이외에도 열차가 이용하는 철도, 선박이 이용하는 바닷길, 비행기가 이용하는 하늘길도 있다. 바닷길과 하늘길은 약속한 방향으로 서로 충돌하지 않는 범위에서 자유롭게 움직이면 되지만, 땅 위의 길인 도로와 철도는 주변의 지형을 고려하여 일정한 노선으로 건설되어야 한다.

국가 전체적으로 조화를 잘 이룰 수 있도록 각각의 도로가 어떤 기능으로 설계되는지가 매우 중요하다. 혈관에 비유하면 동맥과 정맥, 이를 연결하는 모세혈관과 같이 전체적으로 균형 있게 구성되어야 한다. 도로의 기능과 이용 수요에 따라 어떤 선형으로, 얼마만큼 넓게 건설될지 결정되어야 한다. 빨리 달려야 하는 고속도로인데 선형이 꼬불꼬불하면 사고가 발생할 위험이 있고, 이용하는 차량이 많지만 좁은 도로를 건설하면 매일 차량 혼잡이 심하여 우리에게 불편함을 안겨줄 것이다.

우리나라 도로의 종류

사람들의 효율적이고 체계적인 이동을 위해 도로는 제각각 다른 기능과 성격을 가진다. 도로는 기능에 따라 도시 간 먼 거리를 연결하며 빠른 속도로 이동하는 기능을 가지는 간선도로, 간선도로와 주거지역을 연결하는 기능을 가지는 집산도로, 주거지역 내 접근 기능을 가지는 국지도로로 구분할 수 있다. 또 도로를 건설하고 관리하는 주체(중앙정부 혹은 지방자치단체)에 따라 고속국도(고속도로), 일반국도 및 지방도로 구분할 수 있다. 고속도로 및 국도는 간선도로에 해당되며 중앙정부가 건설하고 관리한다. 지방도는 집산도로 혹은 국지도로에 해당되며 지방자치단체가 건설하고 관리한다.

2 "도로법"에 의한 도로의 종류

고속국도(출처: 크리에이티브 커먼즈)

일반국도(출처: 위키피디아)

지방도(출처: 위키피디아)

고속도로는 먼 거리를 이동하는 사람들이 보다 빠른 속도로 이용할 수 있으며 신호등이 없고 기능이 높은 도로이다. 국도는 고속도로와 달리 신호교차로가 있어서 고속도로보다는 느린 속도로 이동하면서 전국을 연결하는 도로이다. 고속도로는 높은 기능의 서비스를 제공하기 때문에 이용하는 거리에 비례하여 통행료를 내야 한다. 인터체인지(요금을 징수하는 톨게이트)라고 하는 연결지점을 통하여 고속도로를 진출입할 수 있다. 반면에 국도는 대부분의 교차로에서 진출입할 수 있으므로 접근하기 편리하고 이용하는 데 별도의 요금을 지불하지 않는다.

고속도로와 국도 이외에 사람들의 집과 바로 연결되어 있어서 가장 쉽게 접근할 수 있는 지방도가 있다. 지방도는 모든 지역에서 쉽게 접근할 수 있는데 아파트 입구와 연결된 도로들이 지방도에 해당되며, 대부분 신호교차로로 운영되고 있다. 고속도로와 국도는 사람들이 빠르고 장거리를 이동하는 데 주안점을 두고 있다면, 지방도는 집과 사무실 등에서 쉽게 접근하도록 하는 기능에 우선하고 있다.

도로계획, 20년 단위로 국가도로망 밑그림 그려…

도로의 건설은 해당 지역의 지가 상승 및 경제 발전에도 영향을 미친다. 따라서 대부분의 사람들은 자기의 집 앞에 도로가 건설되기를 희망한다.

국가 차원에서 도로를 계획할 때는 고려해야 할 사항이 많이 있다. 첫째, 도로는 종류별로 서로 다른 기능을 가지고 있는데 모든 사람들이 어디를 가든지 간에 접근 기능과 이동 기능이 적절히 조화를 이루도록 해야 한다. 전국 단위의 고속도로와 국도가 잘 어울리도록 형성되어야 하고, 어느 지역에서든 쉽게 고속도로와 국도를 이용할 수 있도록 지방도가 뒷받침해줘야 한다. 둘째, 도로의 건설은 지역사회의 경제적 발전에 영향을 주기 때문에 전국이 고루 발전되도록 고려를 해야 한다. 도로의 건설은 새로운 도시를 형성하기도 하고 사람들을 끌어당겨 인구가 증가하는 요인이 되기도 한다. 국가 차원에서는 전국이 균형 발전할 수 있도록 도로망 계획을 수립해야 한다. 셋째, 지역균형발전 측면과는 달리, 사람들의 통행수요를 고려하여 도로계획을 수립해야 한다. 이동하려는 사람들은 많은데 도로가 부족하면 그 지역은 항상 교통 혼잡이 발생하게 된다. 어느 지역에서 다른 지역으로 가는 통행이 얼마인지를 나타내는 교통수요를 분석하여 사람들이 편리하게 이동하고, 교통 혼잡이

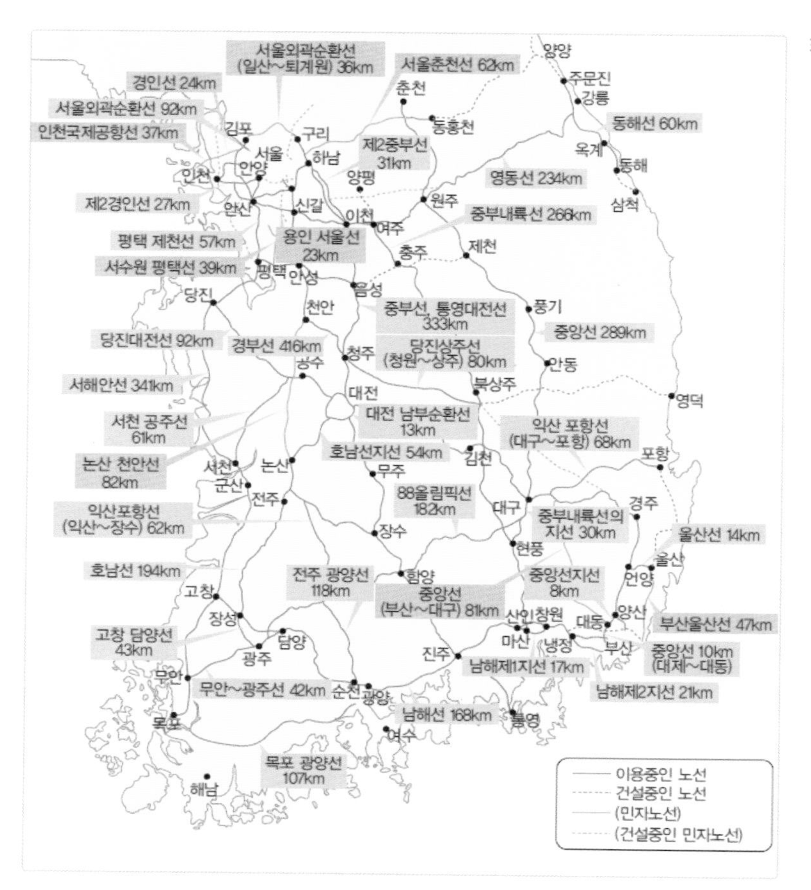

3 우리나라의 고속도로 노선도

발생하지 않도록 도로를 계획해야 한다. 넷째, 미래의 사회 · 경제적인 변화를 예상하여 도로를 계획해야 한다. 해당 지역의 30년 동안 장래 개발계획이 예정되어 있는지, 인구는 어떻게 변할 것인지 등을 고려하여야 한다. 이와 같은 요인을 종합적으로 고려하여 도로의 노선을 정하고 어떤 기능과 규모로 건설해야 할지를 결정하게 된다.

체계적이고 조화로운 도로망을 계획하기 위해 국가는 교통망에 대한 장기적 계획을 수립한다. 이름하여 '국가기간교통망계획'인데, 향후 20년 동안의 국가교통망의 구축목표와 추진전략 등 국가의 발전을 위한 큰 방향을 제시한다. 더불어 국가 차원의 교통망 구축계획을 달성하기 위한 10년 단위의 '국가도로망종합계획', 5년 단위의 '고속도로 및 국도에 대한 건설계획'을 수립하고 있다. 또한 이에 발맞추어 해당 지방자치단체에서는 지방도에 대한 건설계획을 수립한다. 도로건설계획은 고속도로, 국도 그리고 지방도 등 각 기능별 도로가 전국 단위로 효율적으로 구성될 수 있도록 단계별 계획수립 체계를 확보하고 있다. 우리나라의 고속도로망은 국토의 공간구조를 재편하고 국토경쟁력 강화를 위하여 전국 차원의 남북 7개축×동서 9개축의 형태로 계획되어 있으며, 현재에도 지속적으로 도로를 확충하고 있다.

계획부터 건설까지 꼼꼼한 평가과정 거쳐…

중장기 도로계획에 포함된 사업은 실제로 건설되기까지 많은 의사결정 과정을 거쳐야 한다. 국가의 재원으로 건설되기 때문에 계획된 도로사업이 특정 지역인만을 위한 것이 아니라 공공의 입장에서 꼭 필요한지를 꼼꼼하게 따져야 한다.

4 도로건설 과정

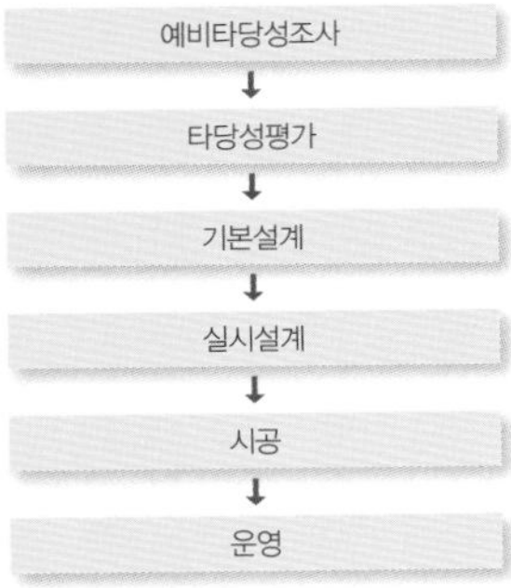

예비타당성조사
↓
타당성평가
↓
기본설계
↓
실시설계
↓
시공
↓
운영

정부는 국가 재원이 허투루 쓰이지 않도록 효율적인 투자를 통하여 도로를 건설하는데 통상 그림[4]와 같은 절차를 두고 있다. 정부가 건설이 필요하다고 판단되는 사업에 대해 전문기관에 의뢰하여 예비타당성조사를 수행한다. 예비타당성조사는 막대한 돈이 들어가는 신규 공공투자사업을 사전에 면밀히 검토하는 제도로, 사업을 할지말지 판단하는 기준이 된다. 예비타당성조사 과정에서는 사업시행으로 인한 편익과 건설을 위해 필요한 예산을 계산하여 경제성이 있는지를 판단하고, 이와 더불어 정책적으로 필요한 사업인지 그리고 지역균형발전에 필요한 의미있는 사업인지 등을 검토하여 건설 여부를 결정한다. 예비타당성조사를 통하여 사업 추진을 위한 예산을 편성한다. 이후 보다 구체화된 사업설계를 반영하여 좀 더 깊이 있는 경제 · 재무적 관점의 타당성평가를 수행하여 사업의 추진 여부를 다시 검토하는 과정을 거치게 된다. 그런 다음 기본설계, 실시설계 등 두 단계의 설계과정을 거치면서 도로 건설에 따른 민원사항을 해결하고, 자연경관의 훼손을 최소화하는 등 효율적인 건설을 위한 대안을 구체화하는 과정을 거친다. 실시설계를 통하여 도로건설에 대한 구체적인 설계안이 확정되면 시공 과정을 통하여 운영을 시작하게 된다. 정부는 불필요한 도로를 건설하여 국가의 재원을 낭비하지 않기 위해서 예비타당성조사, 타당성평가, 기본설계 및 실시설계 등의 계획 과정을 거치면서 도로를 건설할 것인지, 어떻게 건설할 것인지 등을 결정하도록 법으로 규정하고 있다.

도로 건설의 비용은 어떻게 마련하는가?

1968년 경인고속도로, 1970년 경부고속도로가 건설되기 이전에 우리나라의 도로는 매우 열악한 상태였다. 서울과 인천을 잇는 경인고속도로, 서울과 부산을 연결하는 경부고속도로의 건설은 우리나라의 경제발전의 초석이 되었다. 당시 우리나라는 도로 건설에 필요한 재원이 없어서 선진국에서 개발원조를 받거나 차관을 빌려서 건설하였다. 다시 말하면 선진국에서 돈을 빌려서 도로를 건설하였다. 도로의 건설은 사람들의 사회 · 경제활동을 활발하게 하고, 이후 우리나라의 경제가 급격히 발전하는 원동력이 되었다.

정부는 경제발전을 위해 도로를 포함한 교통시설의 수요가 점점 많아질 것으로 예상하고, 건설재원을 마련하기 위해 1993년에 교통세를 신설하였다. 도로를 이용하는 차량이 주유소에서 주유할 때 일정 비율만큼 그림[5]와 같이 세금을 거두어 교통시설을 건설하기 위한 재원으로 활용하였다. 다시 말하면, 도로 이용자를 대상으로 도로를 이용한 만큼 세금을 징수하여 또 다른 도로를 건설하는 재원으로 활용하였다. 교통세 세수를 이용하여 지속적으로 도로를 건설하여 왔는데, 지난 30년 동안에 도로의 전체 길이가 약 2배 가량 증가하였다. 또한 과거에는 도로의 포장률이 매우 낮았으나 역시 지속적인 투자로 도로 포장률이 91.6%(2014년 12월 기준)에 달하고 있다. 도로의 확충으로 승용차 통행도 계속 증가하였는데, 1990년대 초반에 비해 현재 승용차 주행거리도 약 2배가량 증가하였다. 이는 지속적인 도로 건설로 인하여 그 만큼 사람들의 사회 · 경제활동이 활발해지고 있다는 것을 의미한다.

경제가 발전할수록 교통부문의 에너지 소비량은 계속 늘고 있으며, 이로 인하여 교통시설 건설을 위한 재원도 점차적으로 증가하여 왔다. 교통세를 징수하여 교통시설의 투자재원을 마련하는 정책은 선진국에서도 적용하고 있는 사례이다. 교통세의 징수는 과거 국가의 재정이 충분하지 못했음에도 불구하고 짧은 기간 내에 도로를 건설할 수 있었던 원동력이 되었다.

5 교통부문 에너지 소비량과 교통세 추이

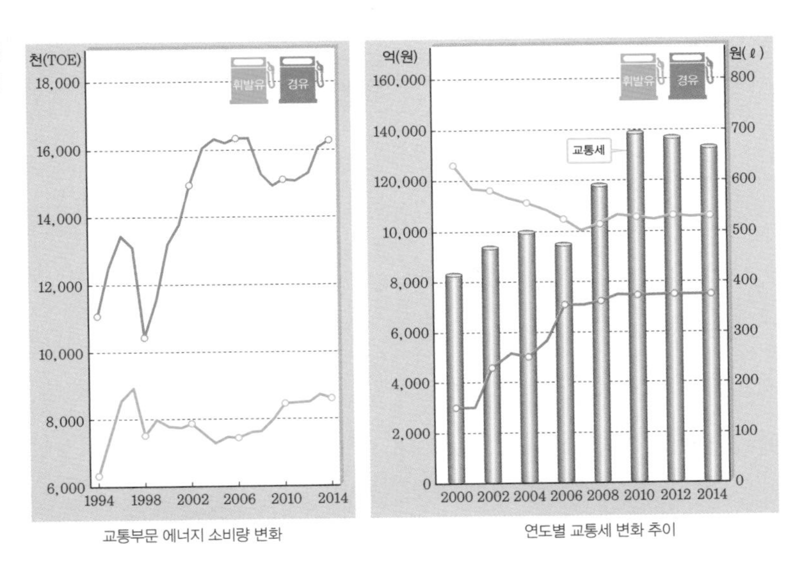

교통부문 에너지 소비량 변화

연도별 교통세 변화 추이

고속도로에 대한 궁금증

고속도로 노선번호는 어떻게 정할까?

노선번호만 알면 고속도로의 방향과 위치뿐만 아니라 규모도 알 수 있다. 간선노선은 남북축 노선번호에 끝자리 '5'를 부여하고, 동서축 노선번호에는 끝자리 '0'을 부여한다. 보조간선노선은 남북축 노선번호는 끝자리 홀수를, 동서축 노선번호에는 끝자리 짝수를 부여한다. 단거리지선에는 해당 간선축 또는 보조축에 맞추어 세 자리 숫자로 표기한다. 예를 들어 25(호남고속도로)번 노선의 지선에는 251을 부여한다.

1 고속도로 노선번호 지정체계

간선축	남북 방향 : 서 → 동 방향 15, 25, 35, … , 65 (끝자리가 5) 동서 방향 : 남 → 북 방향 10, 20, 30, … , 60 (끝자리가 0)
보조축	남북 방향 : 17, 27, … (두 자리수로 표기, 끝자리 홀수) 동서 방향 : 12, 14, 16, 22 (두 자리수로 표기, 끝자리 짝수)
지선	남북 방향 : 251, 551, 451 (세 자리수로, 간선축번호 + 홀수) 동서 방향 : 102, 104 (세 자리수로, 간선축번호 + 짝수)
대도시 순환	100, 200, … (당해 도시 우편번호 첫째자리 + 00)

대도시순환선은 (해당지역 우편번호 첫자리 + '00')을 사용한다. 예를 들어 100(서울외곽순환고속도로)은 서울특별시 우편번호인 100을 부여한다. 다만, 경부고속도로는 우리나라 대표도로로서의

2 고속도로 노선번호 예

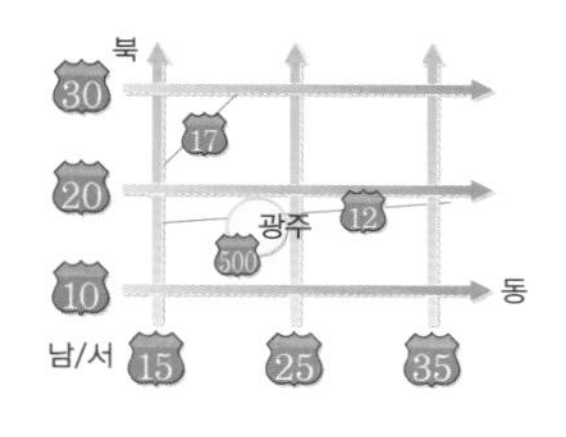

상징성을 감안하여 종전과 같이 1번을 부여하고 있다.

그림2의 예를 보자. 새로운 도로의 노선번호는 남북 방향이며 15번 간선축 오른쪽에 있으므로 17번을, 동서 방향이며 10번 간선축 위에 있으므로 12번, 순환도로에는 광주광역시 우편번호 500번을 부여하였다.

고속도로의 통행요금은 어떻게 계산할까?

고속도로 요금은 국가재정만으로는 도로 건설에 필요한 재원을 마련하는 것이 어렵기 때문에 도로를 이용한 사람들에게 통행료를 부담하게 하는 제도이다. 일반도로(국도, 지방도, 시가지도로)는 돈을 내지 않고 이용이 가능하지만, 이용자가 자발적으로 고속도로를 선택하여 이용하는 것에 대한 사용 대가를 이용자가 부담해야 한다는 이른바 수익자 부담 원칙에 의한 것이다. 우리나라의 경우 고속도로를 유료화하여, 약 40년이라는 짧은 기간에 약 4,000km의 고속도로를 만들었다.

3 고속도로 요금소(톨게이트)
(출처: 위키피디아)

우리나라 고속도로 통행요금은 기본요금과 이용거리에 따라 부과하는 주행요금으로 산정되는 2부요금제를 채택하고 있다. 고속도로 신설, 확장, 개량 등에 투자한 건설비용은 기본요금으로, 유지관리비 등 운영관리에 소요되는 비용은 이용거리에 따라 받는 주행요금으로 충당한다. 고속도로 통행요금은 폐쇄식과 개방식에 따라 기본요금과 요금산정이 조금 다르다.

고속도로 통행요금은 선진국(일본, 스페인, 프랑스, 이탈리아 등) 및 사회주의국가(중국)에서도 도입 · 운영하는 보편적인 제도이다. 고속도로를 최초로 건설한 독일도 100년간 무료로 운영하였으나 지금은 유료도로로 전환하고 있다. 외국과 통행요금 수준을 비교하는 것은 환율의 변동, 물가수준 등에 차이가 있기 때문에 단순하지는 않으나, 우리나라의 통행료 수준은 외국에 비해 1/5.5(일본)~1/1.4(미국)로 매우 저렴한 편이다.

4 폐쇄식과 개방식의 통행요금 구성

구분	폐쇄식	개방식
기본요금	900원(2차로 50%할인)	720원
요금산정	기본요금 + (주행거리 × 차종별 km당 주행요금)	기본요금 + (요금소별 최단이용거리 × 차종별 km당 주행요금)

주: km당 주행요금 단가 : 1종 44.3원, 2종 45.2원, 3종 47.0원, 4종 62.9원, 5종 74.4원
(2차로는 50% 할인, 6차로 이상은 20% 할증)

통행료 전자결제 시스템, 하이패스(Hipass)

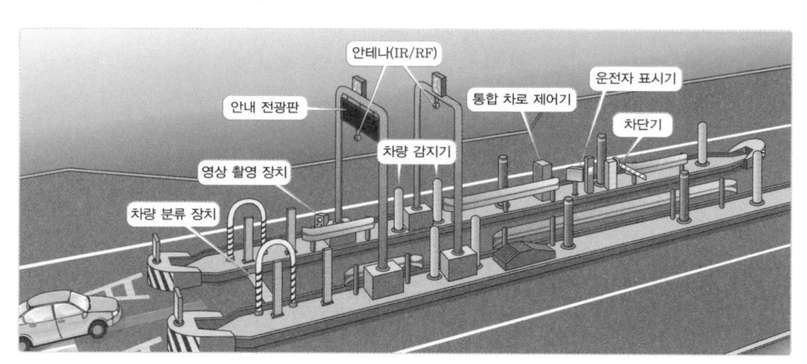

5 하이패스 시스템 구성
- 차종 분류 장치: 진입차량의 차종을 분류하는 장치
- 위반차량 촬영 장치: 위반차량 통과 시 차량번호를 촬영하는 장치
- 안내 전광판/신호등: 차로 운영상태 및 안내 문구를 표출하는 장치
- 안테나: 단말기로부터 받은 신호를 시스템에 전송하는 장치
- 차량 감지 장치: 위반차량 통과 시 촬영 장치에 신호를 전달하는 장치
- 통합차로 제어기: 단말기와의 통신데이터를 관리하고 주변 장비를 제어하는 장치
- 운전자 표시기: 요금수납정보 및 처리를 운전자에게 알려주는 장치
- 차단기: 차로를 통과하는 차량을 제어하는 장치

옛날에는 고속도로 입구 요금소(톨게이트)에서 운전자가 통행카드를 직접 받고 출구 요금소에서 수납원에게 요금을 지불했다. 그런데 요즘에는 대부분 하이패스를 이용하여 요금을 낸다. 하이패스(Hipass)는 단말기에 지불카드를 넣은 후 무선통신(적외선 또는 주파수)을 이용하여 하이패스 차로를 30km/h 이하로 무정차 주행하면서 통행료를 지불하는 전자요금수납시스템이다.

2000년 6월에 설치되기 시작하여 2007년 12월에 전국 고속도로에 설치되었다. 하이패스가 생기면서 요금소에서의 교통 처리능

력이 향상되어 교통정체를 줄이고, 정차하지 않고 통과함으로써 연료비 절감 및 배출가스 감소 등 환경오염도 예방할 수 있다. 하이패스(출구차로)는 매우 다양한 장치들로 구성되어 있다.

고속도로 버스전용차로는 어떻게 운영될까?

6 고속도로 버스전용차로
(출처: 위키피디아)

버스전용차로는 일반차로와 구별되어 버스 및 다인승 차량만 통행할 수 있게 한 전용차로를 의미한다. 고속도로 버스전용차로는 버스 등 다인승차량에 통행우선권을 줌으로써 버스가 빨리, 정해진 시간에 통행하도록 한 것이다. 이렇게 함으로써 승용차 이용을 줄이고 고속도로의 이용 효율을 높이고자 하는 것이다.

우리나라의 고속도로 버스전용차로제는 1994년 추석에 경부고속도로에 처음 도입된 뒤, 1995년에는 신탄진~양재 구간에 주말 버스전용차로제를, 2008년에는 오산~한남 구간에 평일 버스전용차로제를 운영 중이다.

버스전용차로제의 운영구간과 시간은 평일, 주말, 명절 연휴에 따라 다르다. 운영구간은 평일은 오산IC~한남대교, 주말 및 명절 연휴에는 신탄진IC~한남대교이다. 운행시간은 평일, 주말은 오전 7시~오후 9시까지 14시간을, 명절에는 연휴 시작 전날 오전 7시부터 다음 날 오전 1시까지 18시간을 운영한다.

고속도로 교통정보는 어떻게 수집되고 제공될까?

지능형교통체계(Intelligent Transport Systems, ITS)는 기존 교통시설의 이용 효율을 극대화하기 위해 전자 · 통신 · 제어 등 첨단기술을 활용하여 실시간으로 교통정보를 수집 · 관리 · 제공하는 교통체계이다. 한국도로공사는 1992년부터 고속도로교통관리시스템

(Freeway Traffic Management System, FTMS)을 지속적으로 구축해 오고 있다. 고속도로교통관리시스템은 도로상에 CCTV, 차량검지기 등을 설치하여 교통정보를 수집 · 가공하고 도로상에 설치된 도로전광표지와 인터넷 등을 통해서 실시간 교통정보를 제공하는 시스템이다.

고속도로 차량검지장치와 CCTV 외에 안전순찰팀, 긴급전화, 교통정보통신원이나 고속도로 이용자 제보 등을 통해 수집된 교통정보는 교통정보센터에서 분석하여 TV, 라디오, 인터넷 교통방송, 도로전광표지, 교통정보 안내전화, 휴대폰, 내비게이션 단말기 등을 통해 이용자들에게 실시간으로 전달된다.

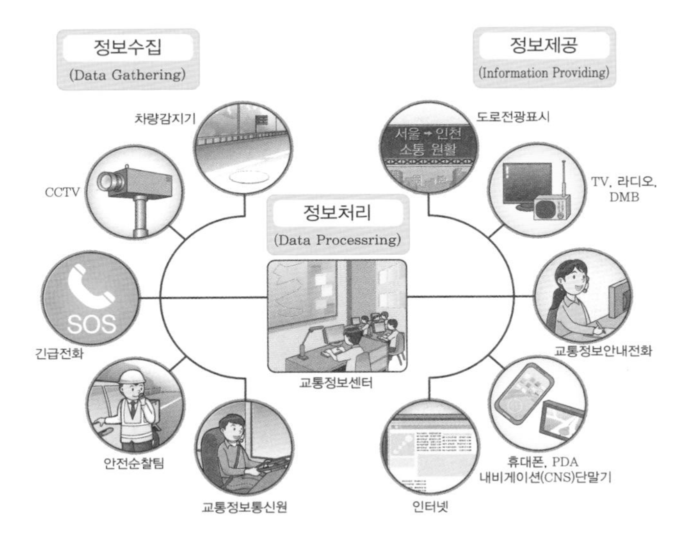

7 고속도로 교통정보 수집과 정보제공

알면 보인다, 고속도로의 표지판

고속도로에는 다양한 표지판들이 있다. 먼저 이정표지는 목적지까지의 거리를 나타내는 표지로, 교차로를 지나 1km 내외의 지점에 설치된다. 그림[8] 이정표지 사례는 설치위치로부터 진행방향에 대전이 143km, 수원이 23km 떨어져 있음을 나타낸다.

방향표지는 방향 또는 방면을 나타내는 표지로 고속도로 출구 지점 전방 2km, 1km, 150m 및 출구지점에 설치된다. 아래 방향표지 사례는 1km 앞에 위치한 교차로가 '동수원분기점'이며, 교차로 출구번호가 '10'번임을 나타낸다. 1km 진행하면 '43번 국도'의 '동수원' 방향과 '용인' 방향이 연결됨을 나타낸다.

분기점표지는 분기점 전방에서 분기되는 노선번호를 안내하여 주는 표지로 방향예고표지와 방향표지를 보조하여 해당 분기점을 안내할 수 있도록 분기점으로부터 2.5km, 1.5km 지점에 주행방향의 오른쪽 길옆에 설치된다. 아래 분기점표지 사례는 1.5km 진행하면 '1번 고속국도'로 연결되는 분기점 출구가 있음을 나타낸다.

8 고속도로의 다양한 표지

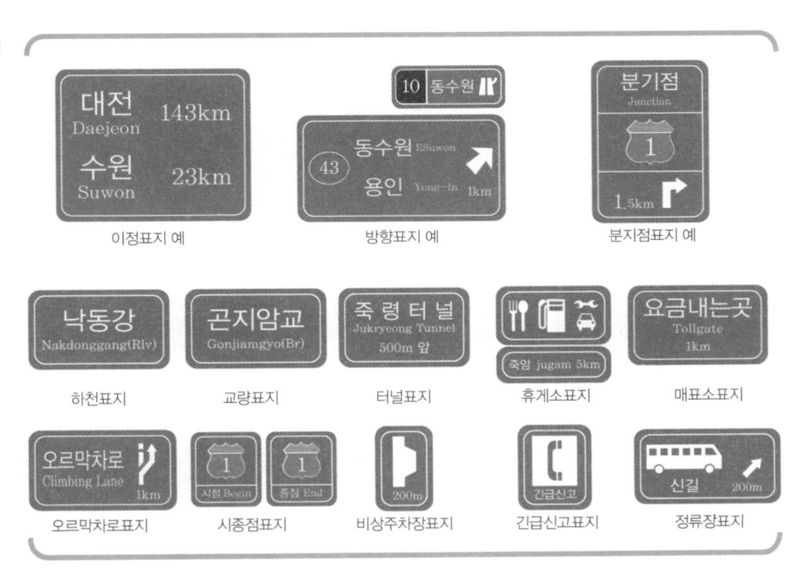

도로 위에 숨어 있는 과학

교통정체는 왜 일어나는 걸까?

약속장소에 가고 있을 때, 교통정체 때문에 평소보다 더 걸리는 경우를 우리는 종종 경험하게 된다. 흔히 차가 막힌다고 표현하는 교통정체현상은 차량이 정지하거나 느리게 운행하고 있는 상태를 말하는데, 속도가 느리니 통행시간도 길어지게 된다.

그런데 이런 정체현상은 야간이나 새벽보다는 출퇴근 시간처럼 차량이 많을 때에 자주 발생하는 편이다. 이렇게 차량이 많고 정체가 자주 발생하는 시간을 첨두시간(peak hour)이라고 부르는데, 출근길에 직장인들이 서둘러 바쁘게 출근한다고 해서 rush hour라고도 한다. 출퇴근 시간 때에는 정체가 일어나는 곳은 거의 매일 막히게 되는데 이런 곳을 상습정체구간이라고 한다.

그림[1]처럼 첨두시간에 도로를 하늘 위에서 넓게 살펴보면 모든 곳에서 정체가 발생하는 것은 아니다. A 지점 같이 특정한 지점에서 차가 막혀 그 뒤로 차들이 길게 늘어서 거의 정지 상태에 있는 것을 발견하게 된다.

1 **특정 지점의 정체 현상**
(출처: 위키피디아)

그런데 야간이나 새벽 또는 차량이 별로 많이 다니지 않는 도

2 교통사고로 인한 교통정체현상
(출처: 크리에이티브 커먼즈)

로구간에서도 이와 같은 정체현상이 발생하기도 한다. 이런 구간은 그림[2]와 같이 도로에 공사를 하고 있거나 교통사고 등이 발생한 곳에 많이 존재한다. 그렇다면 교통정체현상은 왜 일어나는 걸까?

도로 위의 깔때기 효과

시애틀에서 과학작가로 활동하고 있는 폴 하세(Paul Haase)는 깔때기(funnel)를 이용해서 교통정체현상을 설명하였다. 그림[3]에서 보면 왼쪽 그림은 실제 도로에서 차량이 원활히 움직일 때를 나타낸 것이다. 도로는 넓은 반면 차량이 적어서 쉽게 차량이 구간을 빠져나간다. 도로를 하나의 커다란 그릇이라고 상상하고 도로라는 그릇의 시작점에 차량대신 물을 부어 넣는다고 가정해 보면, 물과 도로는 오른쪽 그림의 깔때기처럼 표현할 수 있다. 깔때기를 물을 부어 넣는 부분(A)과 물이 나오는 부분(B)으로 나누어 보면 A에 부어지는 물의 양이 B에서 나올 수 있는 최대 물의 양(용량이라고 부른다)보다 적다면 물은 막힘없이 용기의 출구를 빠져나오게 된다.

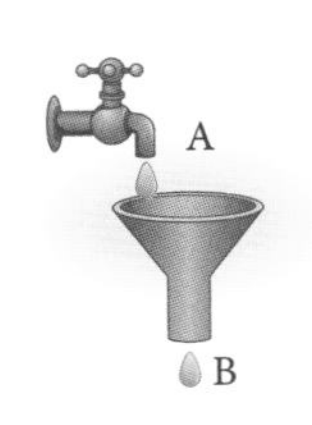

3 도로의 용량보다 차량이 적을 때의 상황
(출처: 위키피디아)

즉, 도로가 내보낼 수 있는 차량 수가 많다면 그만큼의 차량이 오는 한 도로는 막히지 않게 된다. 만약 도로가 무제한의 용량을 가진다면 도로는 막힐 일이 없다. 하지만 도로는 일정한 공간에 한정되어 있다. 첨두시간대에 차량이 많아지게 되면 그림[4]의 왼쪽처럼 도로가 막혀서 정체현상이 발생하게 된다. 그림[4]의 오른쪽 그림처

4 **도로의 용량보다 차량이 많을 때의 상황**
(출처: 위키피디아)

럼 도로라는 용기에 용량보다 많은 물을 부으면 들어가는 물의 양만큼이 모두 용기 밖으로 나올 수 없어 물의 높이가 점점 상승하게 된다. 이와 같이 물의 높이가 올라가는 것이 도로에서는 차량이 정체되어 뒤로 밀리는 현상과 같다고 볼 수 있다.

5 **일시적으로 용량이 줄어 정체현상이 발생하는 상황**
(출처: 크리에이티브 커먼즈)

앞에서 차량이 많지 않아도 교통정체현상이 발생하는 경우가 발생할 수 있다고 얘기한 바 있다. 이런 현상은 도로공사작업 중이거나 교통사고가 난 곳에서 흔히 볼 수 있는데, 이를 용기와 깔때기를 이용해서 유사하게 설명할 수 있다. 앞의 그림[3]에서처럼 평소에는 용기의 용량보다 적은 물이 흐르면 투입되는 물만큼 모두 빠져나가게 된다. 하지만 그림[5]와 같이 물의 출구부분을 일부 막게 되면 나갈 수 있는 물의 양이 제한되게 된다. 이런 경우 그림[3]과 같이 동일한 물의 양을 부어도 나가는 양이 적어져서 물의 높이는 그림[4]처럼 상승하게 된다. 즉, 도로에 평소보다 적은 양의 차가 다녀도 도로공사나 교통사고 등이 발생하면 도로의 일부분 또는 전체를 차량이 이용할 수 없게 된다. 그나마 적은 양의 차량도 쉽게 도로를 빠져나갈 수 없어 정체현상이 발생하게 되는 것이다. 공사가 끝나거나 교통사고 현장이 처리되면 다시 소통이 좋아지게 된다.

차량이 많든 적든 간에 정체현상이 발생하는 곳의 대부분은 앞에서 설명한 바와 같이 도로의 용량이 그 도로를 이용하고자 하는 차량의 수요보다 적은 경우임을 알 수 있다. 어떤 경우에는 용량보다 많은 차량이 몰려와서 발생하고 어떤 경우는 차량 수는 적지만 도로 용량이 일시적으로 감소해서 수요를 감당할 수 없는 경우에 발생한다. 따라서 차량의 막힘현상은 수요와 공급에 의해 결정된다고 할 수 있다.

보이지 않는 도로의 파동

그렇다면 정체현상은 수요보다 공급이 큰 경우에만 발생하는 걸까? 결론부터 말하자면 그렇지 않다. 우리는 차량을 타고 가다 보면, 차량이 막혀 정체상태인 경우를 보고, '차가 많은가 보다' 또는 '앞에 사고 났나?'라고 생각을 하게 된다. 하지만 좀 지나서 정체가 풀려 주변에 아무 일도 발생하지 않은 경우를 발견하곤 '뭐지?'라고 생각하는 경우가 종종 있다. 차도 많지 않고, 사고도 없고, 공사도 없는데 일어나는 정체현상을 흔히 이유가 없다고 해서 유령체증현상이라 부르는 사람도 있다. 그렇다면 아무 이유도 없는 듯한데 이렇게 정체가 발생하는 이유는 무엇일까? 이것은 차량의 운전자가 사람이기 때문이다. 만약에 차량이 아닌 컨베이어 벨트에서 물건이 움직인다면 이런 현상은 거의 발생하지 않는다. 지금부터 이런 이상한 정체현상을 예를 들어 살펴보자.

그림[6]의 왼쪽 그림은 차량들이 도로를 줄지어 달리고 있는 모습을 보여 준다. 차량이 적지는 않지만 그렇다고 도로에 차가 막힐 만큼 많지는 않아 평균적인 속도로 달리고 있다고 가정해 보자.

이와 같이 차량이 진행 중에 1번 차량 같은 저속으로 가는 트럭이 있으면 평소처럼 운전하던 2번 차량은 전방의 차량이 후방 브레이크등이 안 들어오므로 정상적인 속도로 운전하다가 앞차와의 속도 차이가 커서 앞차와의 거리가 갑자기 좁아지는 것을 보고 충돌을 피하기 위해 속도를 급히 낮추게 된다. 이런 모습을 지켜 본 3번 차량은 1번 2번 차량의 속도가 낮음을 확인하고 두 차량과의 안전거리를 유지하기 위해 속도를 낮추게 되는데 일반적으로 안전을 염두에 두어 두 차량 보다 더 낮은 속도로 감속하게 된다. 차량 4번은 멀리 앞쪽의 3번 차량의 브레이크등이 들어와 있는 것을 보고 역시 안전거리 확보를 위하여 감속을 하게 된다. 이후 4번 차량의 뒤를 따라가는 차량들은 앞차와의 거리가 줄어드는 것을 보고 차례로 감속을 하게 되고 이와 같은 현상이 반복되는 뒤쪽의 차량(5번 차량)은 결국 정지에 가까운 상태가 된다. 5번 차량은 실제로 맨 앞쪽의 상황(1번 저속 차량과 2번 차량의 감속)에 대해 전혀 인지하지 못하게 되고 시간이 조금 지나 주행을 계속하게 되면 도대체 왜 정체가 발생했는지 알 수 없게 된다.

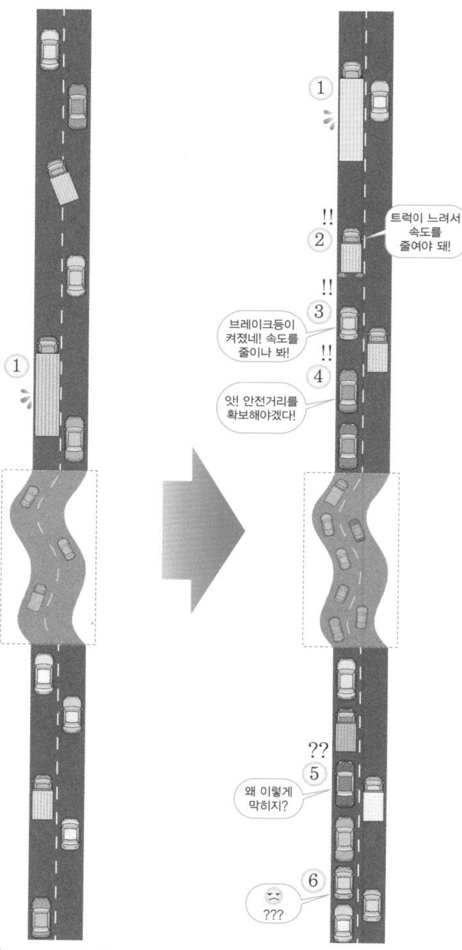

6 저속차량으로 인한 충격파

이와 같이 5번 차량처럼 전혀 아무 일도 없는데 체감하게 되는 교통정체를 유령정체라고 앞에서 언급하였지만 실제로는 개인의 운전습관 등에 의해서 하루에도 수없이 발생하는 현상이다.

여기서 속도를 줄이는 차량을 시간의 순서대로 살펴보면 속도 감소의 원인이 된 1번 차량부터 시작해서 그 뒤의 2번 차량에서 6번 차량까지 앞에서부터 뒤로 속도 감소가 전파되어 가는 것처럼 보인다. 이는 마치 우리가 호수에 돌을 던지면 물결이 동심원을 그리며 원 중심으로부터 바깥쪽으로 파동이 전파되어 간다고 하여 웨이브 또는 파동이라 하고 호수에 돌이 잔잔한 수면에 충격을 주었듯이, 저속 차량과 그 뒤의 급감속 차량이 평균적으로 원만하게 움직이던 차량 행렬 속에 충격을 주는 것과 유사하여 충격파(shock wave)라고도 한다.

운전할 때 약간의 방심으로 급작스런 감속을 한 것은 개인의 입장에서 보면 작은 실수이지만 이 자그만 실수가 마치 나비효과처럼 정체현상을 일으킬 수 있다는 것을 보여 준다. 이런 유령체증현상은 매일 여러 곳에서 일어난다. 따라서 안전속도를 지키고 앞뒤 차량거리를 충분히 유지하며 방어운전을 하는 것이 필요하다. 그리고 갑자기 차로를 변경하여 뒤의 차량이 급하게 감속하지 않도록 하는 것이 정체를 줄이는 것은 물론 사고를 예방하는 데도 중요하다.

어떻게 도로 정체가 발생하는가?

우리는 매일 정체를 경험하게 된다. 주로 차량이 막히는 곳은 공사나 사고가 생겨 도로가 좁아지거나 신호등으로 차가 가는 것을 주기적으로 막거나 하는 곳에서 많이 발생한다. 그렇다면 고속도로 같이 널찍한 도로에서 중간에 들어오는 나들목, 신호등도 없는데 차량이 막힌다면 도대체 얼마나 차량이 많아야 하는 걸까? 이를 설명하기 위해서는 특정한 양을 기준으로 설명하게 된다. 보통 차량들의 상태나 흐름을 나타낼 때 우리는 세 가지 요소로 나타내게 되는데 속도, 교통량, 밀도가 그것이다. 속도는 차량의 빠르기를 나타내는 것으로 차량이 단위시간에 주행하는 거리를 나타낸다. 그래서 속도는 단위가 km/h, m/s 등으로 나타낸다. 교통량은 단위시간동안(보통 1시간) 특정한 지점을 통과하는 차량의 수로 단위가 대/시로 나타낸다. 그림[7]에서 A라는 지점을 통과하는 차량 수를 1시간 동안 측정하면 교통량을 측정할 수 있게 된다. 반면 밀도는 특정시점(정지된 시간)에서 일정한 도로구간(보통 1km) 내에 주행하고 있는(또는 존재하는) 차량 수를 나타낸다.

교통량은 조사원이 도로에 나가 1시간 동안 차량 수를 세면 되지만 밀도는 조사원이 육안으로 측정하기가 쉽지만은 않다. 그래서 보통 빌딩 옥상이나 높은 곳에 올라가 도로구간을 원하는 시간에 사진을 찍고 영상에 있는 차량 수를 세어서 구하게 된다.

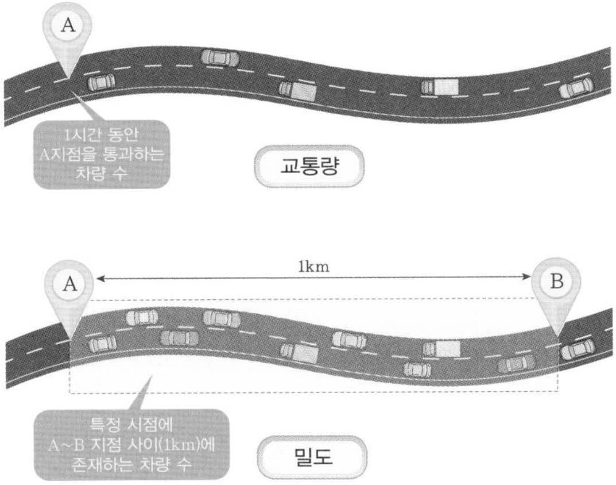

7 교통량과 밀도 측정방법

상식적으로 누군가 교통량이 많다고 하면 정체가 일어나는 상태일 것 같지만 엄밀하게 말하면 이는 잘못된 말이다. 만약 차량이 막혀서 모든 차량이 정지해 있다면, 교통량은 많은 값일까? 아니면 적은 값일까? 결론은 적은 값이다.

모든 차량이 정지해 있다면 도로 부근의 조사원에게 교통량은

스기야마 교수의 실험

차량이 얼마나 많으면 정지에 가까운 정체를 보이게 될까? 나고야 대학의 스기야마 교수는 흥미로운 실험을 하였다. 대학의 부지에 약 230m의 원형도로를 그리고 승용차를 일렬로 원형도로에 세운 후 시속 30km/h로 주행하도록 하였다. 숙련된 운전자가 원형도로를 달리는 것일 뿐이므로 교통체증을 일으킬 만한 원인이 없는 상태이다.

만약 1대가 원형도로를 주행한다면 전혀 막힐 일이 없을 것이다. 22대의 차량을 도로에 세우고 동일한 거리를 두게 하면 앞뒤 차량이 각 10m의 거리를 두게 된다. 22대의 차량을 출발시키고 가능한 30km/h로 주행시킨 결과 처음에는 약 10m의 거리를 유지하고 주행했지만 몇 분 지나면 부분적으로 차량의 흐름이 악화하는 부분이 나타나 결국 4,5대는 일시적으로 완전히 정지하게 된다. 정지된 차량이 움직이면 다시 주행하기 시작하지만 부분적인 정지현상은 반복적으로 일어난다.

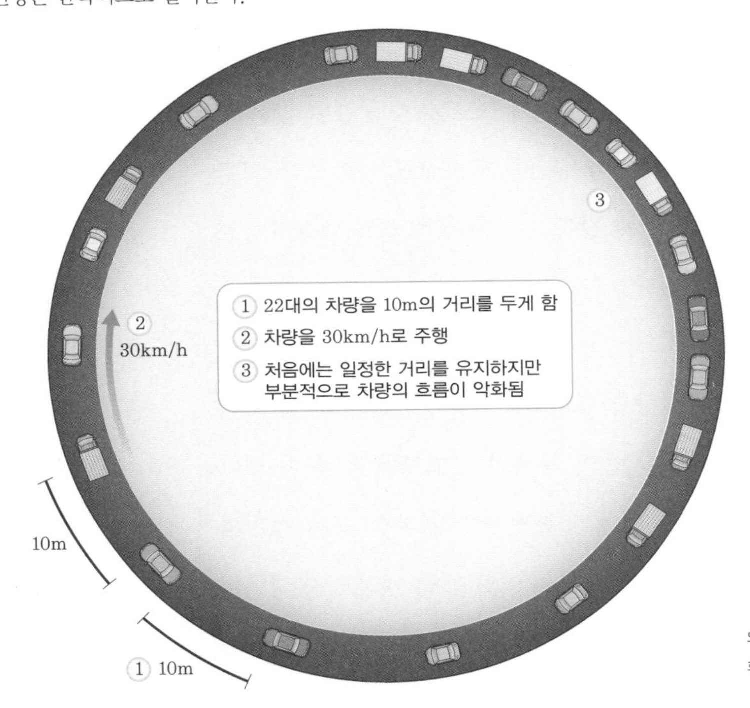

외부의 영향 없이 차량의 흐름이 악화되는 현상(스기야마의 실험)

결국 22대가 230m를 주행하면 정체가 발생하므로 밀도로 보면 1km에 약 90대 정도가 존재하면 정체가 발생하는 것으로 분석되었다. 하지만 이는 실험조건에서 별다른 외부의 영향도 없고 숙련된 운전자의 의한 결과이기 때문에 이 숫자보다는 적은 밀도 값이 정체에 대한 기준 값이 된다. 도로마다 지역마다 모두 다른 값을 갖지만 일반적으로 고속도로의 경우 승용차로만 다닐 때 약 40대/km 정도면 가다 서기를 반복하는 상황이 발생하게 된다.

이 실험에 관심 있는 독자는 'Traffic jams without bottlenecks-experimental evidence for the physical mechanism of the formation of a jam'이라는 영상을 참고해 보기 바란다.

어떻게 나타날까? 앞에서 교통량의 정의를 살펴보면 특정지점을 통과하는 차량의 수를 세어 조사한다고 했다. 만약 모든 차량이 정지해 있다면 조사원이 특정한 지점을 통과할 수 없을 것이다. 왜냐하면 차량이 정지해 있으니 어떤 지점을 통과하지 못하고 제자리에 있기 때문이다. 그런데 차가 거의 없는 곳이고 차량도 평소의 속도대로 쌩쌩 지나간다면 어떨까? 차량이 적으니 교통량도 적을 것이며, 따라서 교통량이 적은 값을 보인다면 그곳의 도로는 막힐 수도 있고 한산할 수도 있게 된다.

그렇다면 밀도는 어떨까? 차량이 막혀서 멈춰 서 있을 때, 이곳의 사진을 찍어 차량 수를 세면 차량들이 도로를 가득 채워 많은 차량이 사진 속에 있을 것이다. 만약 한산한 도로라면 사진 속의 차량이 매우 적게 보일 것이다. 이와 같이 차량의 정체 정도는 교통량보다는 밀도가 더 중요하게 된다.

이상에서 우리가 매일 겪는 교통정체현상에 대해 살펴보았다. 우리가 궁금해 했던 정체현상을 설명하고, 특히 이유가 없어 보이는 유령체증현상에 대해 예를 들어 자세히 살펴보았다. 또한 얼마나 차량이 많아야 하는지에 대해 교통공학의 기본적 용어 설명과 함께 재미있는 실험결과도 살펴보았다. 이와 같이 정체가 발생하는 것을 예방하려면 어떻게 해야 할까? 도로를 더 넓히고, 신호시간을 조정하고, 버스전용차로를 설치하는 등 여러 가지 방법이 있다. 그러나 이유 없는 정체현상은 여러분들이 양보하며 안전하게 주행하는 운전습관의 개선으로 많이 좋아질 수 있다는 것을 명심하기 바란다.

신호등은 서로의 약속이다

교통신호등은 어디에 설치하는가?

교통신호등은 진행, 정지, 방향 전환, 주의 등을 표시하여 여러 방향으로 주행하는 운전자들의 통행우선권을 배분한다. 그렇기 때문에 교통신호등은 신호등을 이용하는 사람들이 잘 볼 수 있는 지점에 설치해야 한다. 차량신호등의 경우 신호지시에 따라 운전자가 명확하고 신속한 판단을 할 수 있어야 하므로 운전자들이 편안하게 볼 수 있는 지점과 높이에 설치되어야 한다. 고개를 너무 들거나 돌리지 않고 편안한 각도에서 보도록 설치하는 것이 매우 중요하다.

그렇다고 무조건 잘 보이는 곳에만 설치하면 되는 것도 아니다. 교통신호등이 너무 잘 보이는 곳에 설치되어 오히려 교통흐름을 방해하는 경우가 있다. 교차로 건너편에 교통신호등이 멀리 떨어져 설치되는 경우 다른 회전 방향(우회전 및 좌회전 완료 후) 운전자들에게까지 잘 보이게 되어 오히려 안정적인 교통 흐름에 방해를 준다. 또한 정지선을 위반하여도 교통신호등이 계속 잘 보이면 운전자들이 '정지선'을 준수하지 않고 횡단보도 위까지 침범하여 정지하는 상황이 발생할 수도 있다.

운전자들이 정지선을 위반하는 경우 그에 대한 불이익으로 교통신호등 확인이 불편하도록 신호등 설치위치를 정지선과 너무 멀리 떨어지지 않게 설치하는 공학적 기법도 있다. 정지선을 위반하면 교통신호등을 확인하기가 어렵게 되어 운전자들이 정지선을 위반하는 상황이 줄어든다는 연구결과도 있다. 그렇다고 교통신호등을 너무 정지선에 가깝게 설치하면 정지선에 멈춘 차량의 운전자들이 신호등 확인을 위해 고개를 높이 쳐들고 봐야 하는 불편이 발생한다.

교차로 형태와 주변 여건이 다 다르기 때문에 교통신호등 설치지점 선정에 교통전문가들의 공학적 판단이 중요하게 작용한다. 경찰은 교통신호기 설치위치에 참고할 만한 기준을 매뉴얼로 제시하고 있으나 현장에서 운전자와 보행자의 인지특성을 고려하며 적절한 위치를 선정하려는 노력이 더 요구된다.

신호등 종류는 어떤 것들이 있는가?

신호등 종류는 그 대상에 따라 크게 차량, 보행자, 자전거신호등으로 구분된다. 차량신호등은 차량의 종류와 진행하는 방향에 따라 또 여럿으로 구분된다. 직진 및 좌회전 방향으로 진행하는 차량을 위한 '일반교통신호등', 중앙차로를 주행하는 버스만을 위한 '버스전용신호등', 우회전하는 차량들만을 위한 '우회전전용신호등'들이 시대적 교통여건 변화에 따라 새롭게 도입되고 있다.

중앙차로 버스전용신호등은 중앙버스전용차로가 생기면서 '버스'와 버스 오른쪽에서 좌회전하는 '좌회전 차량'과의 상충을 통제하기 위하여 마련되었다. 우회전전용신호등은 교차로 모퉁이 보행신호 지주에 일반적으로 설치되는 '보조신호등'으로 인한 교통사고

1 **우리나라 삼색신호등**
(출처: 한국교통대학교 교통대학원 연구자료)

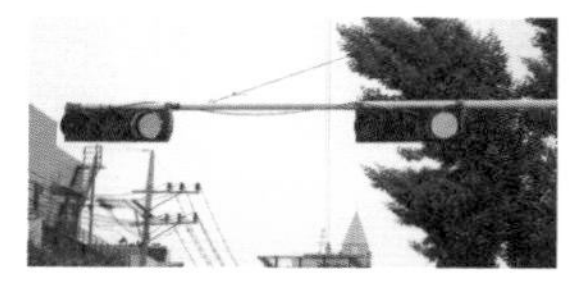

2 **버스전용신호등**
(출처: 한국교통대학교 교통대학원 연구자료)

3 **우회전전용신호등**
(출처: 한국교통대학교 교통대학원 연구자료)

의 법 해석 문제를 극복하기 위하여 마련되었다.

보행자신호등은 보행자들이 안전하게 도로를 횡단하기 위해 횡단보도에 설치하는 신호등이다. 자전거신호등은 자전거가 안전하게 도로를 횡단하기 위해 횡단도에 설치하는 신호등이다.

이 밖의 우리나라는 점멸등(경보형 경보등) 및 가변차로 운영을 위한 가변차로신호등(가변형 가변등)을 규정하고 사용하고 있다. 이들 교통신호등은 모든 사람들의 인지와 이해가 수월하도록 그 크기와 형태가 통일되어 있다. 우리나라는 "도로교통법 시행규칙"에서 교통신호등 크기와 형태를 규정하고 있다.

교통신호등 세 가지 색깔은 어떻게 정했나?

우리는 도로에서 교통신호등을 쉽게 볼 수 있다. 교차로와 횡단보도에 설치된 신호등은 빨강, 노랑, 녹색 등을 사용하여 차량과 보행자, 자전거들이 안전하게 다닐 수 있게 한다.

신호등에 사용하고 있는 빨강, 노랑, 녹색의 색상은 누가 정했을까? 산업혁명과 더불어 차량 이용이 급속하게 증가하고 도로와 도로가 교차하는 지점에서의 차량 간의 충돌 사고가 증가하자 각 나라에서는 차량 간 통행을 시간적으로 분리하기 위해 신호등을 설치하게 되었다. 당시 각 나라에서 설치한 신호등의 형태와 색상은 제각각 이었다. 모국에서 신호를 잘 준수하던 운전자일지라도 다른 나라에서 운전을 하던 중에 매번 보던 신호등과 다른 형태, 다른 색상의 신호등을 마주하게 되면 혼란스러울 것이다. 이와 같이 통일되어 있지 않은 신호등 형태와 색상 때문에 운전자가 혼란을 일으켜 교통사고가 자주 발생하게 되면서 국제수준의 교통안전문제가 대두되었다.

이러한 문제를 해결하기 위하여 국제연합(United Nation, UN)을 중심으로 오늘날 사용되고 있는 빨강, 노랑, 녹색의 교통신호등이 규정되었다. 각 색상의 의미뿐만 아니라 교통신호등의 형태도 규정되었다. 즉, 차량신호등의 경우 원형이어야 하고, 렌즈가 3개여야 한다. 우리나라에서도 기본적으로 국제연합에서 규정한 렌즈 3개의 신호등을 사용하고 있다. 그러나 국제연합 규정과 다른 렌즈가 4개 설치된 신호등도 같이 사용되고 있다. 이에 국제표준의 3색 신호등 설치를 확대하고자 하는 노력이 진행되고 있다.

교통신호등은 어떠한 장치로 켜지나?

우리는 보행로를 걷다가 한번쯤은 길 가장자리 교차로 모퉁이에 설치된 교통신호제어기(Local controller)를 보았을 것이다. 교통신호제어기는 주변(교차로 4방향 접근로)에 있는 교통신호등들과 유선으로 연결되어 있다. 교통신호등은 이러한 교통신호제어기로 부터 명령을 받아 켜지고 꺼진다. 이러한 교통신호제어기 내부는 마치 컴퓨터와 같다. 교통신호등 등기 출력을 위해 사용되는 다양한 전기장치, 또 현장 교통상황 및 평일, 주말에 따라 적절하게 교통신호시간이 변할 수 있게 하는 소프트웨어 등의 전자 및 전산장비로 구성된다.

4 우리나라 경찰청 표준 교통신호제어기
(출처: 한국교통대학교 교통대학원 연구자료)

하나의 교차로에 배치된 교통신호등 세트를 교통신호제어기가 통제한다. 일반적으로 교차로 하나당 교통신호제어기 1개가 설치된다. 두 개 교차로가 가깝게 위치하는 경우 두 개 교차로신호등을 하나의 집단으로 묶어서 단일 교통신호제어기로 운영하는 경우도 있다.

이렇게 설치된 교통신호제어기가 서울시만 해도 약 3,500개에 달하며 여러 신호교차로마다 흩어져 있다. 마치 PC방 컴퓨터들이 LAN(Local Area Network)을 통해 서로 연결되어 대화를 하듯, 이들 교통신호제어기들도 유선 또는 무선 통신망을 통하여 교통신호운영센터 컴퓨터(regional computer)와 연결될 수 있다. 교통신호운영센터가 존재하는 경우 해당 컴퓨터를 사용하여 관할지역 내 교통신호제어기를 유기적이며 종합적으로 관리한다.

교통신호제어기와 센터 컴퓨터를 통해 전기적으로 교통신호기를 제어하지만 제어를 하는 전략과 운영변수를 설계해 주는 것은 결국 사람이다. 교통공학 전문지식을 가진 사람이 컴퓨터와 교통신호제어기 장비를 활용하여 꾸준하게 신호제어에 투입되고 있다.

미래의 교통신호등

최근 자율주행차량에 대한 기대가 커지면서 자율주행 환경에서 교통신호와 관련된 이슈가 대두되고 있다. 장래 자율주행차량이 교차로를 통과할 때 교통신호제어기 내부 교통신호 정보가 자율주행

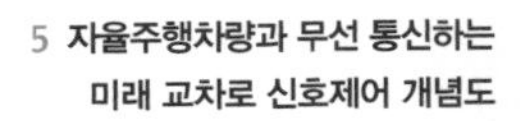

5 자율주행차량과 무선 통신하는 미래 교차로 신호제어 개념도

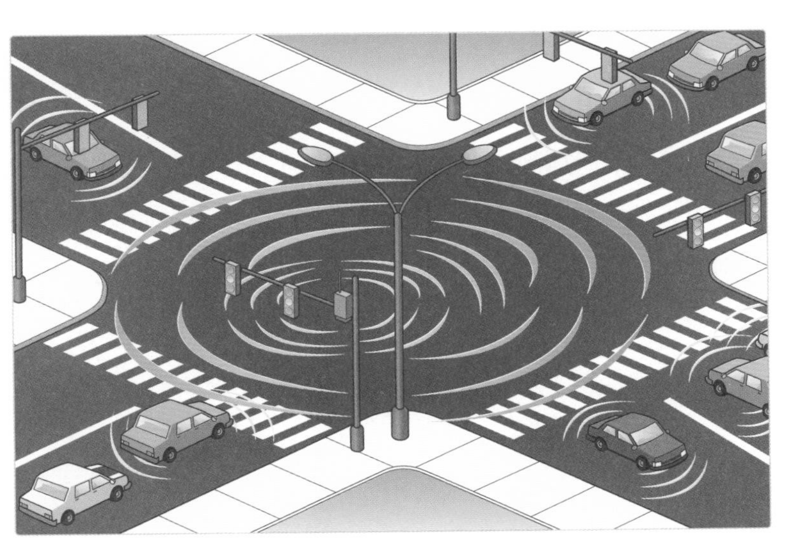

차량과 교류되어야 한다. 자율주행차량은 교통신호시스템으로부터 정보를 받아 교차로를 통과할지, 멈출지를 선택해야 하기 때문에 교통시스템과의 안정적인 연동이 필수적이다.

현재의 교통신호는 운전자들에게만 일방적으로 교통신호를 전달하면 되지만, 자율주행차량 환경의 미래 교통신호는 교차로를 통과하기 전 모든 개별 차량들에게 짧은 시간 단위로 교통신호 정보를 무선 통신하는 방법으로까지 확장하게 된다. 자율주행차량들이 교통신호 변화상황을 스스로 인식하고 안전운행 상황을 판단할 수 있어야 하기 때문에 당연히 진화하여야 하는 기술발전 방향이다.

이러한 변화로 인해 교통공학자들이 미래에 하여야 할 일이 급격히 증가할 것으로 예상된다. 지금까지의 교통신호시간 정보는 공공기관이 보수적으로 운영하는 통제하는 방식으로 관리되어 왔으나, 미래에는 첨단 자동차 생산회사 및 일반인 운전자에게도 배포되어 교통신호시간 품질개선을 고민하는 기관의 수와 개선의 기회가 모두 동시에 증가한다. 또한 자율주행차량에게 교통신호시간 정보를 배포하는 지점이 국가 영토 내 모든 신호교차로로 확대되어야 한다. 그래서 미래 교통신호를 가동하는 시스템의 규모는 지금보다 상상도 하지 못할 정도로 발전할 것으로 기대된다. 이러한 미래 교통신호 형태는 아직까지 연구 중이다. 미래지향적인 교통신호시스템 운영방식을 개발하는 것이 장래를 준비하는 교통공학 전문가들의 역할이다.

그림으로 약속해요! 교통안전표지

운전을 하면서 도로나 주변 상황에 대한 정보를 가장 먼저 얻을 수 있는 것이 바로 교통안전표지이다. 그래서 누구나 쉽게 알아볼 수 있도록 단순화한 그림으로 표현을 한다. 그런데 교통안전표지에도 여러 규칙이 있다는 것을 알고 있는가? 예를 들면 본표지와 보조표지로 구분되고, 주의표지는 정삼각형의 형태를 띠고 있다. 안전한 교통문화를 위해 교통표지에 대해 좀 더 자세히 알아보도록 하자.

| 교통안전표지란? | 운전을 하거나 길을 걷다 보면 수많은 교통표지를 만나게 된다. 이 표지를 보고 좌회전을 해도 되는지, 주차를 해도 되는지, 속도제한은 얼마인지, 미끄러운 도로인지 등의 다양한 정보를 얻을 수 있다.

교통안전표지는 단독으로 설치되거나, 노면표시 및 신호기와 유기적으로 또는 보완적으로 결합하여 설치되는 교통안전시설물로서 "도로교통법" 제2조에 의하면, "안전표지란 교통안전에 필요한 주의 · 규제 · 지시 등을 표시하는 표지판이나 도로의 바닥에 표시하는 기호 · 문자 또는 선 등을 말한다."라고 명시되어 있다.

교통안전표지의 설치목적은 도로이용자에게 일관성있고 통일된 방법으로 교통안전과 원활한 소통을 도모하고, 도로구조와 도로시설물을 보호하기 위해 필요한 각종 정보의 제공이다.

여기에서는 교통안전표지의 종류와 의미에 대하여 살펴보고자 한다(노면표시는 제외). 시대가 변함에 따라, 또 나라별로 차이가 있는지도 알아보고자 한다. 교통안전표지는 우리가 꼭 지켜야 할 약속이기 때문이다.

| 퀴즈로 알아보는 교통안전표지 | 교통안전표지는 그림으로 약속을 정한 내용이기 때문에 대부분의 사람들은 표지만 보면 무는 의미인지 알 수 있어야 한다. 먼저 다음의 문제를 다 같이 풀어보도록 하자.

표지1

표지2

표지3

표지4

표지5

표지 1은 대부분의 독자들이 짐작하였듯 자동차 주행의 최저속도를 제한하는 표지이다. 주로 고속주행 구간에 설치하여 저속으로 주행하면 교통흐름에 방해가 되거나 위험함을 알려주는 것이다. 그렇다고 과속을 하라는 것은 아니다.

표지 2는 노면이 고르지 못함을 알리는 것이다. 그럼 표지 3은 무슨 내용일까? 차에 불이 났다는 것일까? 아니다, 위험물 적재차량의 통행을 금지하는 것이다. 표지 4는 화살표 방향으로 자동차가 회전 진행할 것을 지시하는 것이다. 표지 5는 교통규제 또는 지시가 해제됨을 표시하는 것이다. 예를 들어 최저속도, 공사구간, 안개지역 등 특정지시나 알림에 대하여 더 이상 해당이 없음을 알려주는 것이다.

이 정도는 대부분의 독자들도 알고 있을 것이다. 자, 그럼 다음의 표지를 보도록 하자.
신호등 색깔이 똑같듯이 세계 각국의 교통안전표지는 모두 똑같은 모양일까? 정답은 '나라마다 조금씩 다르다'이다. 정지표지판은 영어의 'STOP'으로 표시하지만, 일본이나 중국은 자국어를 고수한다. 북한은 '섯!'이다. 우리나라는 영어와 한글을 혼용하고 있다.

다음 '미끄러운 도로'표지를 보자. 의미는 다 비슷비슷하나 자동차의 모양이나 '미끄러움'의 강도, 표지판 색상, 모양은 조금씩 다르다.

세계 각국의 미끄러운 도로표지판

흥미로운 것은 야생동물보호 표지판이다. 곰, 사슴, 거북이, 캥거루 등 다양하다. 아마도 그 나라에서 많이 볼 수 있는 동물을 표식하는 것 같다.

세계 각국의 야생동물 도로표지판

약속은 지킬 때 가치가 있다. 교통신호를 지켰을 때 나의 안전과 타인의 안전을 보장할 수 있는 것처럼 교통안전표지의 의미를 정확히 이해하고 서로 지키는 것이 성숙한 교통문화의 초석이 될 것이다.
세계 각국은 자국의 환경과 문화에 따라 교통안전표지의 색깔과 모양을 조금씩 다르게 하지만 기본취지는 교통이용자와 비교통이용자 모두를 안전하게 보호하는 것이다. 특히 어린이보호, 자전거통행보호, 주택가 교통정온화 감소(traffic calming) 등 최근의 교통이슈를 적극 반영하기도 한다.
교통안전표지를 규제와 강제의 성격으로 인식하기보다는 남을 배려하고 내가 양보하는 '교통인'의 기본덕목으로 갖추었으면 하는 바램이다.

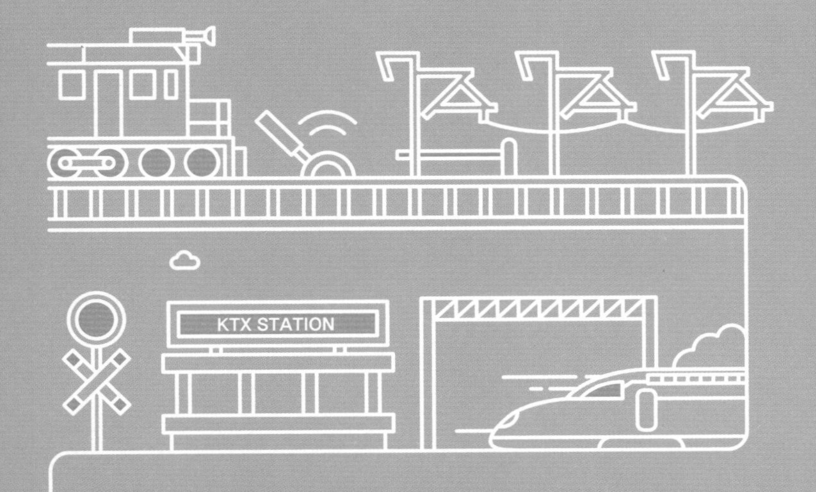

chapter 2

사람, 환경, 교통이 어울리는 **철도이야기**

철도 차량은 어떻게 변화되어 왔는가?

칙칙폭폭 기차

철도 차량은 크게 기관차(열차의 선두에서 동력으로 끌고 가는 차량), 객차(승객들이 타는 차량), 화차(화물을 싣고 가는 열차)로 구분한다. 과거의 열차들은 대부분 기관차와 객차들의 조합(여객열차)이거나 기관차와 화차들의 조합(화물열차)이었다. 최근에는 다양한 형태의 열차들이 운행되는데, 특히 여객열차는 기관차와 객차

1 우리나라 철도 차량의 연대기

구분	차량	연대
기관차	증기기관차	1899 → 1967
	디젤전기기관차	1957 →
	전기기관차	1973 →
일반/고속열차	모갈/대륙호	1899 → 1959
	3등 객차	1959 → 1966
	비둘기호	1966 → 2000
	통일호	1968 → 2004
	무궁화호	1977 →
	새마을호	1968 →
	ITX	2009 →
	KTX	2004 →
	KTX - 산천	2010 →
도시철도	노면전차	1899 → 1968
	지하철(중전철)	1974 →
	고가 경전철	2011 →

1900년 … 1960년 1980년 2000년 2020년

의 구분이 없는 동력분산식 열차도 많이 운행되고 있다. 우리가 흔히 볼 수 있는 지하철 또는 전철 차량, ITX-새마을호, 누리로 등이 동력분산식 차량들이다.

여기에서는 철도 차량의 기능적 구분에 따라 기관차의 역사, 객차의 역사, 화차의 역사로 나누어 설명한다. 그리고 현재 활발히 운행 중인 현대적 형태의 여객열차와 함께 미래의 철도 차량은 어떤 모습일지도 살펴보고자 한다.

기관차의 역사

2 **초기의 증기기관차**
(출처: pixabay)

3 **파시 증기기관차**
(출처: 크리에이티브 커먼즈)

| 증기기관차 | 증기기관차는 석탄을 가열하여 물을 끓인 후 발생하는 수증기의 힘으로 바퀴를 굴리는 동력방식인 증기기관을 이용한 기관차이다. 세계 최초의 열차도 증기기관차였던 만큼 우리나라 최초의 기관차도 증기기관차였다.

우리나라 최초의 기관차는 1899년 9월 18일에 개통해 경인선(노량진역-제물포역)의 33.2km를 오갔던 '모갈(Mogul)형 탱크 증기기관차(미국 Brooks)'이다. 보통 20~22km/h의 속도로 운행하였으며, 최고속도는 60km/h였다고 한다.

이후 일제 강점기에 국내에서 조립 생산하였던 '터우형' · '미카형(일본 가와사키) 기관차'가 운행되다가 1945년 광복 이후 우리 기술로 만든 '해방 제1호'가 등장하였다. 해방 제1호는 객차 20량을 연결하고 100km/h 속도로 달릴 수 있어 당시에는 특급여객열차로 분류되었으며 '조선해방자호'라는 별명으로 불렸다. 이 중 미카3 증기기관차는 휴전선 인근 임진각역에서 "철마는 달리고 싶다"라는 문구와 함께 전시되어 있는 유명한 모델이다.

이후 1967년 8월 31일, 68년간 운행되어 온 증기기관차는 역사 속으로 사라졌다.

| 디젤전기기관차 | 디젤전기기관차는 경유를 사용하는 디젤엔진을 가동하여 발전기를 돌리고, 생산되는 전기를 이용하여 모터를 구동하는 방식의 기관차이다. 흔히 디젤기관차라고 말하는 기관차가 바로 디젤전기기관차이다.

4 **디젤전기기관차**
(출처: 크리에이티브 커먼즈)

우리나라 디젤기관차의 역사는 한국전쟁 당시 UN군이 운용하던 디젤전기기관차 50량 중 'SW8형 2000대형 기관차(미국 GMC)' 4량을 두고 가면서 시작되었다. 이후 1957년, 미국의 차관에 의해 최고속도 105km/h인 대형기관차 'SD9형 5000대형 기관차(미국 GMC)' 20량이 도입되고, 1966년 AID차관[1]으로 4100대형, 6100대형 디젤기관차가 추가로 도입되었다.

1979년 9월 18일에는 최초의 국산 디젤전기기관차(한국 현대차량(주))가 등장하였다. 견인력 3,000마력, 최고속도 150km/h에 달하는 당시에는 매우 훌륭한 기관차였다. 그 후 7100~7400호대의 디젤전기기관차가 속속 개발되어 현재까지 무궁화호나 화물열차의 기관차로 운행되고 있다.

| 전기기관차 | 전기기관차는 전차선에서 전기를 공급받아 모터를 구동하여 움직이는 기관차를 뜻한다. 우리나라 최초의 전기기관차, '8001호(프랑스 · 벨기에)'는 1973년 석탄 · 시멘트 · 광물 등을 실어 나르기 위한 산업철도인 중앙선 · 태백선 · 영동선에 처음으로 투입되어 산업물자 대량수송과 산업발전에 크게 이바지하였다. 국산 전기기관차는 1986년 '8091호(한국, 대우중공업)' 개발로부터 시작하여 현재는 8500시리즈(2012년~, 일명 한국형 전기기관차)가 주로 화물열차의 기관차로 사용되고 있다.

5 **8101호 전기기관차(1998년)**
(출처: 크리에이티브 커먼즈)

6 **8501호 전기기관차(2012년)**
(출처: 크리에이티브 커먼즈)

1 AID(Act for International Development loan) : 개발도상국의 경제개발을 위해 미국이 제공하는 장기융자의 하나(매일경제신문 증권용어사전 정의)

객차의 역사

객차는 승객들을 태우기 위한 차량이다. 별도의 동력장치는 없으며 출입구, 좌석, 복도, 화장실 등 편의시설로 구성되어 있다. 객차는 사람이 타는 차량인 만큼 좌석의 편의성과 승차감이 중요하며, 객차의 발전 또한 이와 맥락을 같이 한다.

7 **대륙호**(출처: 위키피디아)

| 최초의 객차~1965년 | 우리나라 최초의 객차는 앞에서 소개한 1899년 경인선에 투입된 모갈1호 여객열차이다. 모갈형 탱크기관차에 연결된 객차는 당시 나무로 제작되었고, 모갈 1호는 3량의 객차를 끌고 다녔다고 한다. 일제 강점기에는 특급열차인 '아카쓰키호', '대륙호' 등의 열차가 운행되었다. 이 여객열차들은 일제 강점기를 배경으로 하는 영화에서 자주 볼 수 있는 고급열차였다. 광복 이후 1959년 처음으로 국산 3등객차(한국, 철도청)를 생산하였고, 1963년에는 차관으로 일본에서 3등객차와 2등객차를 도입하였다.

8 **비둘기호(1966년~2000년)**
(출처: 위키피디아)

| 완행열차(비둘기호) | 1966년에는 근대적 여객열차인 완행열차(비둘기호)가 탄생하였다. 원래 비둘기호는 그냥 '완행열차'로 불리다가 1984년부터 비둘기호로 명명되었는데, 마주보는 고정식 좌석 1량에 최대 116명이 앉을 수 있도록 만들어졌다. 비둘기호는 완행열차로서 모든 역을 정차하였기에 속도는 아주 느렸으며, 싼 요금으로 서민의 발이 되었다. 그러나 자동차의 보급과 함께 승객이 감소하여 2000년을 마지막으로 역사 속으로 사라졌다.

| 관광호(새마을호) | 1968년에는 '관광호' 객차를 일본에서 도입하였다. 이 관광호는 현재 새마을호의 아버지뻘되는 열차로 객차를 특실 · 보통실 · 식당차 · 침대차 등으로 다양하게 구성하였고 경부선에 1969년부터 투입되었다. 특히 우리나라 열차 최초로 전기냉난방이 설치된 열차이기도 하다. 이후 1974년, 한국기계공업(주)이

국산화에 성공하여 이때부터 새마을호라는 명칭으로 불리고 있다.

9 **새마을호**
(출처: 크리에이티브 커먼즈)

1986년 아시안게임과 1988년 서울올림픽을 대비하여 객차의 최고급화를 위해 꾸준히 연구 노력한 결과 1986년에는 한국 철도차량사의 최초로 스테인레스 차량인 신형 새마을호를 제작(대우중공업, 현대중공업)하게 되었다. 신형 새마을호는 유선형의 동체에 150km/h의 속도에도 고속주행 안정성이 좋고 소음이 적어 쾌적한 승차감을 자랑하였다. 1991년 현대중공업에서 제작한 장대형 새마을호 객차는 KTX 개통 전까지 최고급 열차로 아직도 그 명맥을 유지하고 있지만 차츰 ITX-새마을호로 대체되면서 곧 역사 속으로 사라질 예정이다.

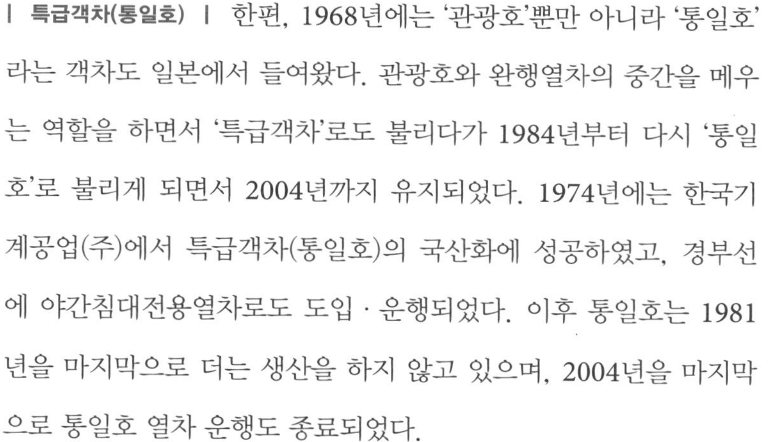

| 특급객차(통일호) | 한편, 1968년에는 '관광호'뿐만 아니라 '통일호'라는 객차도 일본에서 들여왔다. 관광호와 완행열차의 중간을 메우는 역할을 하면서 '특급객차'로도 불리다가 1984년부터 다시 '통일호'로 불리게 되면서 2004년까지 유지되었다. 1974년에는 한국기계공업(주)에서 특급객차(통일호)의 국산화에 성공하였고, 경부선에 야간침대전용열차로도 도입 · 운행되었다. 이후 통일호는 1981년을 마지막으로 더는 생산을 하지 않고 있으며, 2004년을 마지막으로 통일호 열차 운행도 종료되었다.

10 **통일호**(출처: 크리에이티브 커먼즈)

| 우등객차(무궁화호) | 1977년도에는 경제성장으로 국민 생활 수준이 향상되면서 철도 여객의 수준도 높아져 여객 서비스 설비의 질적 향상을 요구하기에 이르렀다. 이에 따라 새마을호와 통일호 사이의 간극을 메우기 위한 '우등객차'가 개발(대우중공업)되었고, 이후 1984년부터 '무궁화호'로 불렸다. 무궁화호는 다른 나라에서 들여

11 **무궁화호**(출처: 크리에이티브 커먼즈)

온 모델이 아닌 순수 국산 고유모델의 객차라는 데 큰 의미가 있다. 1980~1990년대에 가장 인기가 많았으며 운행횟수가 많은 여객열차로 지금도 전국 곳곳을 누비고 있다.

최초 개발 당시 우등객차는 최고속도 120km/h급, 좌석수 72석으로 개발되었다. 새마을호와 같은 밀폐형 창문구조와 에어컨 탑재, 좌석 형태는 편의시설은 통일호와 비슷한 형태로 두 열차와 차별화를 두었다. 특실, 보통실, 카페차량 등 다양한 형태로 생산되었다.

화차의 역사

12 **유개화차**(출처: 위키피디아)

13 **무개화차**

화차는 화물을 수송하기 위한 열차이다. 화물의 형태에 따라 여러 가지 형태를 가지게 되는데 우리나라에서는 유개차(지붕이 있는 박스형태), 무개차(지붕이 없는 박스 형태), 조차(원통형 밀폐용기), 장물차(긴 화물을 싣는 차량), 평판차(컨테이너나 일반 대형화물을 싣도록 바닥이 평평한 차량), 자동차운반용차(자동차를 싣기 위한 차량) 등이 운행되고 있다.

| 최초의 화차~한국전쟁 시기 | 우리나라 최초의 화물열차는 유개차 16량, 화물완급차 4량, 무개차 8량 등 총 28량을 증기기관차로 끄는 형태로 1899년 경인선에서 영업을 시작하였다. 당시의 화차는 미국산 차량을 조립하여 사용하였으며, 차체는 나무로 만들어졌다. 이후 1929년에 철골조로 만든 화차가 사용되었고, 화차의 수는 매년 증가하여 1931년 말 3,444량이 운용되었다.

광복 당시에는 화차가 1만 5,352량이었다. 남북이 분단된 후 남한에는 1만 1,338량이 남은 가운데 1950년 한국전쟁이 발생하고 군수물자 수송량의 급증으로 미국, 일본 등에서 각종 화차들을 긴급 도입하였다. 이때 도입된 화차들은 적재량이 대당 40톤 규모였다.

| 휴전 이후~1980년대 | 휴전 이후에도 꾸준히 화차가 도입되었다. 1962년 '제1차 경제개발 5개년 계획' 발표 이후 국토개발과 경제부흥으로 화차가 급증하였다. 특히 특정 기업이 소유하고 그 기업의 화물만 취급하는 사유화차의 시대가 이때부터 시작되어 1965년부터는 기업들이 해당기업의 품목에 맞게 자체 주문 제작한 화차들을 사용하게 되었다.

또한 1960년대 중반, 눈부신 경제발전으로 냉장차, LPG조차, 벌크차, 아스팔트조차 등 특수목적의 전용화차를 외국에서 도입하기 시작하였다. 1970년대부터는 국내에서 화차가 생산되면서 화차 제작의 경쟁시대를 맞이하였다.

| 1990년대 이후 | 1990년대 들어서면서 우리나라의 주력산업이 자동차, 가전, 중공업 등으로 발전하였고, 이에 따라 해당 목적에 필요한 화차들이 속속 모습을 드러내었다. 자동차 운반용차, 컨테이너차, 냉동컨테이너차, 코일수송장물차 등이 그러한 화차들이다.

이렇듯 화차의 역사는 우리나라 산업의 역사를 대변하였으며, 위에서 보여 준 화차 외에도 여러 가지 형태의 화차가 우리나라 각지에서 운행되고 있다.

현대의 여객열차

과거의 여객열차는 주로 기관차가 객차를 끌고 가는 동력집중식 형태를 띠었다. 그러나 요즘의 여객열차는 점차 여러 대의 객차에 각각 모터를 달고 동시에 굴리는 방식인 '동력분산식'의 형태로 발전하고 있다. 동력분산식 열차는 가·감속력이 좋고, 가벼워 궤도파손이 적고 차량의 공간 활용성이 좋다는 장점이 있어 최근 여객열차에 많이 쓰이고 있다. 최근 한국철도기술연구원에서는 동력분산식 430km/h급 초고속열차인 HEMU-430X를 개발하였다. 멀지 않은 미래에는 지하철부터 고속열차까지 모든 여객열차에 동력분산식 열차가 적용될 것으로 보인다.

14 **경성전차**(출처: 위키피디아)

| 도시 · 광역전철 | 도시철도는 도시 내에서 운행하는 철도를, 광역철도는 2개 이상의 광역지방자치단체를 걸쳐 운행하는 철도를 의미한다. 요즘 수도권의 경우 광역철도망의 발달로 도시철도와 광역철도의 구분 자체가 큰 의미가 없다. 특히 열차는 도시철도와 광역철도 구분 없이 운행하며, 대부분 전동차로 운행하기에 여기서는 도시 · 광역전철로 부르기로 한다.

15 **서울전차(1963년)**
(출처: 서울사진아카이브)

흔히 우리나라 최초의 도시철도라 하면 1974년 개통한 서울지하철 1호선을 꼽지만, 엄밀히 말하면 최초의 도시철도는 1899년 개통한 서울전차(당시 경성전차)라 할 수 있다. 서울전차는 지금은 볼 수 없는 노면전차 형태의 도시철도였고, 광복 이후 서울 도심을 중심으로 11개 노선을 운행하였으니 최초의 도시철도라 할 만하다. 그러나 자동차의 증가에 따른 교통흐름 방해, 잦은 고장 등으로 1968년 11월 30일부로 운행이 정지되었다.

16 **서울지하철1호선 전동차(1974년, 일본 히타치)**
(출처: 크리에이티브 커먼즈)

우리나라의 도시철도는 1974년 서울지하철 1호선(서울역~청량리)의 개통으로 인해 부활하였다. 지하철 1호선은 말 그대로 지하에 건설된 지하철이었고, 전동차로 운행하는 전철이었다. 서울지하철 1호선 개통 시 차량은 일본 히타치가 제조한 차량으로, 철도청(현 한국철도공사)과 서울지하철공사(현 서울교통공사)로 각각 도입되어 운행을 시작하였다. 1975년에는 대우중공업에서 최초의 국산전동차를 생산하였다.

이때 들여온 전동차는 우리나라 도시 · 광역철도의 표준 모델과 같은 역할을 하였고, 외관 및 내부 인테리어는 점차 현대화되어 가며 발전을 거듭하다가 한국철도기술연구원의 주관으로 여러 전동차 생산사들이 참여하여 개발한 '한국형 표준전동차'가 1999년 첫선을 보이게 된다. 한국형 표준전동차는 2003년 광주도시철도 1호선에 최초로 도입된 이래 부산, 대전, 대구, 서울 9호선, 공항철도, 인천 등 우리나라 도시 · 광역전철의 표준 차량으로 자리 잡았다. 물론 각 도시별 전동차의 외관은 조금씩 다르지만, 핵심 부품과 뼈대는 같다고 볼 수 있다.

17 **한국형 표준전동차 시제품(1999년)**
(출처: 크리에이티브 커먼즈)

2010년 이후에는 새롭고 다양한 형태의 소규모 도시철도가 등장하였다. 기존의 전철에 비해 작고 가볍다는 의미에서 경전철로 명명하였는데, 사실 경전철은 외국에서는 이미 널리 쓰이던 개념이다. 우리나라에는 2011년에 들어서야 부산도시철도 4호선이 최초로 개통된 이후 부산~김해, 의정부, 용인, 대구 3호선, 인천 2호선

18 **부산 3호선 전동차**
(출처: 크리에이티브 커먼즈)

19 **K-AGT 고무바퀴 방식**[2]
<부산도시철도4호선(2011년)>
(출처: 크리에이티브 커먼즈)

20 **AGT 철제바퀴 방식**
<부산-김해 경전철(2011년)>
(출처: 크리에이티브 커먼즈)

21 **K-AGT 고무바퀴 방식**
<의정부 경전철(2012년)>
(출처: 크리에이티브 커먼즈)

22 **선형 모터 굴림 방식**
<용인 경전철(2013년)>
(출처: 크리에이티브 커먼즈)

23 **모노레일 방식**
<대구도시철도3호선(2015년)>
(출처: 크리에이티브 커먼즈)

24 **AGT 철제바퀴 방식**
<인천도시철도2호선(2016년)>
(출처: 위키피디아)

2 AGT(Auto Guidance Transit) : 궤도를 따라 무인자동주행이 가능한 경전철 방식

등이 차례로 개통되었다.

경전철은 구동방식, 바퀴형태, 궤도 형태 등에 따라 다양한 방식이 있다. 각 경전철의 방식은 그림19~24와 같다.

25 KTX–산천(2010년)
(출처: 크리에이티브 커먼즈)

| 고속열차 | 고속철도는 통상 200km/h 이상의 열차를 운행하는 철도를 일컫는다. 우리나라의 고속철도는 2004년 3월 30일에 처음 개통되었다. 이때 사용한 열차는 프랑스의 고속철도 TGV에 사용되던 프랑스 알스톰 차량을 수입 · 조립하였고, 이후 KTX(Korea Train eXpress) 차량이라 불린다. KTX 차량은 최고속도 305km/h, 20량 1편성, 좌석 935석으로 구성되고, 현재도 운행 중이다.

고속철도의 국산화를 위해 국가적 연구개발 프로젝트 끝에 드디어 2008년 순수 국내기술로 국산 고속열차를 개발, 2010년 3월 2일부터 경부선과 호남선에 투입하기 시작하였다. 이 열차를 우리는 'KTX–산천'이라 부르는데, 외관이 우리나라 토종물고기인 산천어를 닮았다고 해서 '산천'이라고 이름을 지었다고 한다.

KTX–산천은 기존 KTX와 비슷해 보이지만 여러 가지로 다른 점이 많다. 우선 KTX는 20량이 한 줄로 연결된 일체형 방식이지만, 산천은 10량 1편성(동력차 2량)의 구조이다. 또한 대차(열차 바퀴를 고정 · 연결하는 하체 부위)의 형태도 KTX는 관절대차(차량과 차량 사이를 대차가 연결) 방식이고, 산천은 일반대차(대차 위에 차량을 얹은 방식) 방식이다. 이 밖에도 여러 가지 다른 점이 많은데, KTX–산천은 최고속도 305km/h, 10량 1편성당 363석으로 구성되어 KTX보다 좌석수는 적으나, 가속성능과 견인동력은 더 높아졌다. 또한 필요시 2편성을 연결하여 20량으로 중련편성하여 운행할 수도 있기 때문에 분기점에서 편성을 분리, 분기하여 함께 가다가 나누어서 갈 수도 있는 장점이 있다.

| 동력분산식 일반철도 여객열차 | 현재 국내 운행 중인 동력분산식 여객열차는 누리로, ITX-새마을호, ITX-청춘 등이 있다. 여기서 ITX는 Intercity Train eXpress의 약자로 도시 간 급행철도를 의미한다.

26 **누리로(2009년~, 현대로템)**
(출처: 크리에이티브 커먼즈)

누리로(현대로템 제작)는 2009년부터 장항선에서 운행되기 시작하였으며, 4량 1편성의 미니급 열차이다. 무궁화호의 미래 모습이라고 할 수 있으며, 현재 장항선, 충북선 등 2개 노선에서 운행 중에 있다.

ITX-새마을호는 새마을호를 대체할 목적으로 등장하였으며 2014년 5월 12일부터 영업 운행을 시작하였다. 모델명은 EMU-150으로 여기서 EMU는 Electric Multiple Unit의 약자로 동력분산식 열차를 의미하고, 150은 최고속도 150km/h급 열차임을 의미한다. ITX-새마을호는 6량 1편성으로 구성되며 기존 새마을호와 함께 여러 노선에서 운행되고 있다.

ITX-청춘은 2012년 2월 28일 영업 운행을 시작하였다. 최고속도 180km/h급의 도시 간 급행열차이며 8량 1편성으로 구성되어 있다. 8량 중 2량(4호차, 5호차)은 국내 최초의 2층 열차로 구성되어 있어 독특한 형태를 지니고 있다. ITX-청춘은 경춘선 용산-청량리-춘천 구간 등에서 운행되고 있는데, 빼어난 풍경을 자랑하는

27 **ITX-새마을호(2014년~, 현대로템)**
(출처: 크리에이티브 커먼즈)

28 **ITX-청춘(2012년~, 현대로템)**
(출처: 크리에이티브 커먼즈)

경춘선에 청춘을 싣고 간다는 뜻을 가진 열차이다. 이 열차는 기존 새마을호, 무궁화호 등 일반 여객열차의 요금구조와는 다른 요금체계를 가지고 있고, 통근 및 관광기능을 동시에 수행하는 특별한 형태의 열차라 할 수 있다.

미래의 철도 차량

미래의 철도 차량은 요즘은 볼 수 없는 다양한 형태로 발전할 것으로 예상된다. 마치 자동차의 모양이나 용도가 과거에 비해 많이 다양해진 것처럼 철도 차량도 용도, 목적, 기능별로 다양화될 것으로 예상된다.

고속철도 차량은 점점 속도의 한계를 넘어설 것으로 보인다. 현재 우리나라에서는 최고속도 430km/h로 주행 가능한 차량을 개발하였다(HEMU-430X). 외국에서는 600km/h까지 달릴 수 있는 열차를 개발 중이라고 하니, 조만간 서울~부산을 1시간 이내로 달릴 수 있는 고속철도를 이용할 수 있을 것이다.

일반철도 차량은 선로를 신규로 건설하지 않고도 기존 선로에서 속도를 더 높일 수 있는 열차로 진화할 것으로 예상된다. 이미 우리나라에서는 커브 구간에서 열차의 바깥쪽 차축을 높여 빠른 속도로 곡선 구간 통과가 가능한 틸팅열차를 개발하였다. 틸팅열차는

29 **HEMU-430X**
(출처: 크리에이티브 커먼즈)

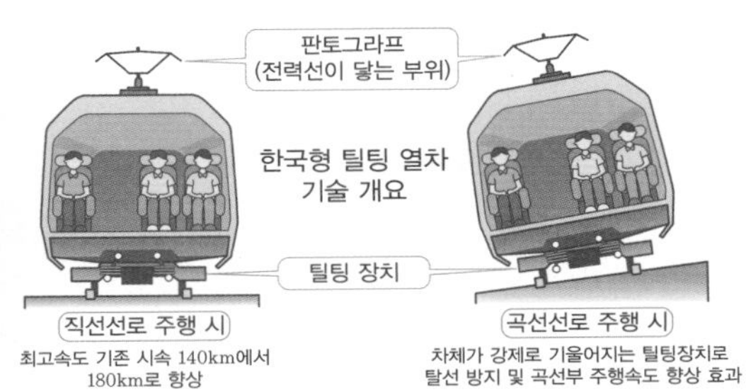

30 **한국형 틸팅열차 시스템**

31 **무가선 트램**(출처: pixabay)

32 **자기부상 열차**(출처: Revi)

추가 선로 건설 없이도 속도를 높인다는 점에서 유용한 열차라고 할 수 있다.

도시에서는 이때까지 볼 수 없었던 트램을 자주 볼 수 있을 것이다. 현대식 노면전차인 트램은 외국 도시에서는 도시철도로 활발하게 사용되고 있지만 우리나라에서는 이제 막 도입되려는 도시철도시스템으로, 버스의 장점과 지하철의 장점을 고루 갖춘 친환경교통수단이다. 멀지 않은 미래에 우리 기술로 만든 무가선트램(전선이 없이 배터리를 이용하여 움직이는 노면전차)이 도시 곳곳을 누빌 날이 올 것이다.

또한 전자석의 힘으로 열차를 궤도에서 띄워 안락하고 빠르게 움직이는 자기부상열차도 등장할 것으로 보인다. 공중에 떠서 달리는 방식이라 마찰이나 소음이 없어 조용하고 쾌적하며 유지보수비용도 적게 들어간다고 한다. 지금 우리나라에서는 시운전 단계이지만 가까운 미래에 볼 수 있을 것으로 생각된다.

이처럼 미래에는 지금까지 볼 수 없었던 다양한 철도 차량을 접할 수 있을 것이다. 물론 이 모든 새로운 열차들은 수년간 많은 노력 끝에 탄생한 연구개발의 성과이다. 과학기술의 발전과 더불어 철도 차량도 무한한 발전의 가능성이 열려 있다 하겠다.

혁신 아이디어, 하이퍼루프

하이퍼루프는 미국의 억만장자 엘론 머스크(Elon Musk)가 2012년에 제안한 초고속 진공튜브 열차를 말한다. 현재까지 알려진 바로는 콩깍지 모양의 캡슐열차로 평균 속도 600mph(시속 약 970km), 최대속도는 760mph(시속 약 1,200km)까지 낼 수 있으며, 미국 LA에서 약 560km 떨어진 샌프란시스코까지 35분 만에 주파할 수 있다고 한다.

엘론 머스크는 미국의 트럼프 시대에 가장 주목받는 기업인 중 한 사람이다. 2002년 화성여행을 위한 최초의 민간 우주개발 회사인 'Space X'를 설립했고, 2003년에는 전기자동차 생산을 위해 'Tesla Motors'를 설립했다. 이어 2006년에는 태양광발전소 건설업체인 'Solar City'를 인수하여 현재 네바다 사막 한가운데에 'Gigafactory'라는 가공할 만한 배터리공장을 건설하고 있다. 엘론 머스크가 2012년에 진공튜브를 이용한 제5세대 교통수단인 'Hyperloop'를 제안하기까지 공상과학소설과 같은 상상의 세계로 지구촌 사람들을 초대하고 있으며 그의 꿈은 차례로 현실이 되어가고 있다. 그의 관심 분야는 인터넷, 지속가능한 에너지의 생산과 우주개발이다.

사실 진공튜브를 이용한 최초의 교통수단은 하이퍼루프가 아니다. 1799년 영국의 조지 메드헐스트(George Medhurst)는 공기압을 이용한 기송관(pneumatic tube)에 관한 특허권를 신청한 바 있으며, 1836년에는 윌리엄 머독(William Murdoch)에 의해서 진공튜브를 이용한 우편과 소포배달이 이미 실용화되었다. 이후 19세기 말까지 은행과 병원, 상점 등에 많이 보급되어 일상적인 배송수단으로 활용해 왔으며, 2011년에는 미국 미네소타주의 맥도날드 점포에서 사용했다는 기록도 발견됐다.

2013년 8월, 테슬라의 웹사이트를 통해 발표한 'Hyperloop Alpha' 제안서는 하이퍼루프가 지속가능한 교통수단이 되기 위해서는 5가지 요건을 만족해야 한다고 주장한다. 즉, 기후 변화와 관계없이 전천후 운행이 가능한 교통수단, 고도의 안전성을 갖는 교통수단, 비행기 속도의 2배를 넘는 초고속 교통수단, 에너지 소모가 적은 경제적 교통수단 그리고 24시간 운행이 가능하도록 에너지 저장시설의 확보를 전제로 하고 있다. 엘론 머스크는 이러한 전제 조건을 충족하는 교통수단을 개발하기 위해서 지구에 현존하고 또 가능한 모든 첨단기술을 동원하고 있다.

목표를 향한 엘론 머스크의 '미친(crazy)' 노력에도 불구하고 개발의 한계는 끊임없이 나타나고 있다. 하이퍼루프의 기술적 한계는 트랙과 튜브의 마찰과 공기저항에서 시작된다. 트랙과의 마찰을 줄이기 위해 제안했던 공기쿠션(air bearing)은 자기부상 방법으로 교체되었으며, 추진력을 얻기 위해 설치했던 에어 콤프레셔는 리니어 인덕션 모터(linear induction motor)로 대체되었다. 운반 캡슐도 지름이 3.3m에서 4m로 확대되었다. 하지만 좁고 폐쇄된 공간에서 장시간 진공상태로 여행하는 불안감, 불쾌감, 소음 및 진동, 오작동 및 사고 등에 대한 비상대책, 불확실한 건설 및 운영비용, 검증되지

33 Water loop(출처: 크리에이티브 커먼즈)

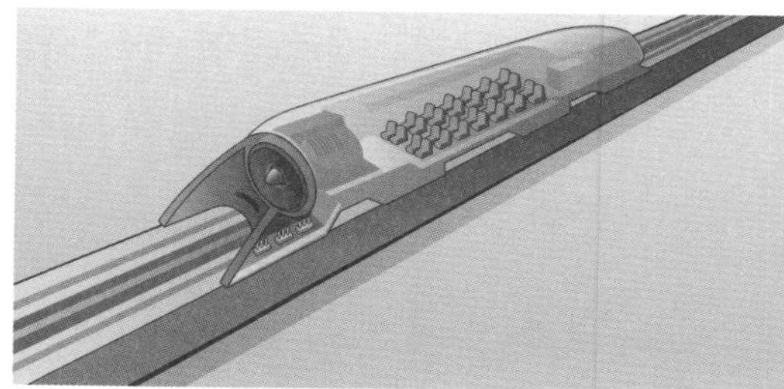

34 Hyperloop

않은 초고속 공기흐름의 공학적 해석 등 인류가 아직 경험해 보지 못한 조건들이 지적되면서 그 가능성에 의문이 제기되고 있다.

무모하고 부정적 도전이라는 비판에도 불구하고 엘론 머스크의 하이퍼루프 건설계획은 전 세계를 열광시키고 있다. 발틱해 해저터널을 이용해 헬싱키~스톡홀름 간 계획, 러시아의 모스크바와 중국의 훈춘 간 계획, 인도의 첸나이-벵갈루루 계획, 파리~암스테르담 계획, 토론토~몬트리올 계획, 최근 브라티스라바~비엔나~부다페스트를 연결하는 슬로바키아 정부와의 계약 등 아직은 건설 타당성 조사나 실험계획의 단계이긴 하지만 지구촌 곳곳에서 하이퍼루프 건설계획에 폭발적인 관심을 보이고 있는 것이다.

엘론 머스크의 최종 목표는 인류의 화성 정착이다. 태양광 발전소는 화성에서 거주하기 위한 동력장치이며, 화성으로 사람을 실어 나르기 위해서는 장거리 진공상태를 통과할 수 있는 초고속 캡슐열차의 개발과 에너지 저장시설의 개발이 필수적이다. 엘론 머스크가 살아 있는 동안 하이퍼루프의 건설은 거의 확실시된다.

새로 건설하는 서울~세종 간 고속도로의 설계속도가 120km/h에서 140km/h로 향상되었다고 한다. 우리는 고속도로의 설계속도를 20km/h 올리는 데 무려 60년이 걸렸다. 일부 전문가는 고속도로의 설계속도는 적어도 독일의 아우토반과 같은 180km/h가 되어야 하며, 고속열차의 속도도 하이퍼루프의 그것과 비교할 수 있는, 적어도 1,000km/h는 되어야 한다고 이야기한다. 기술혁신을 통해서 제주도와 해저터널, 중국과 일본과의 해저터널의 개통을 앞당길 수 있고 실질적인 대동아공영권을 우리가 먼저 실현할 수도 있다.

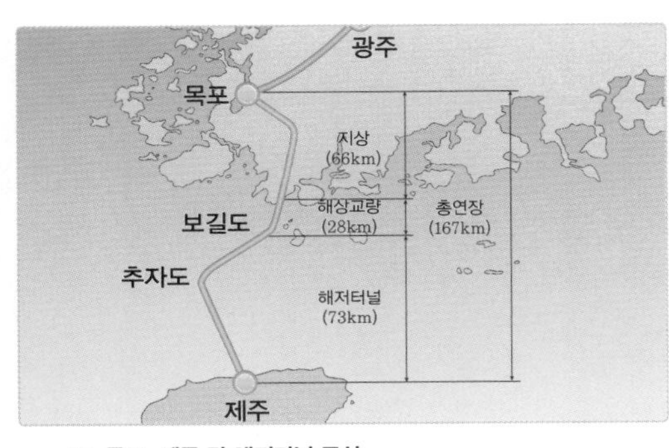

35 목포-제주 간 해저터널 구상

철도산업은 어떻게 발전되어 왔는가?

기차여행의 시작

| 산업혁명 이후 본격화된 철도시대 | 철도의 시작에 대해서는 의견이 분분하다. 16세기 무렵 유럽의 광산에서 석탄 수송을 위해 나무 또는 돌로 된 궤도와 그 위를 사람 또는 가축의 힘으로 움직이는 수레와 같은 시설물들이 설치되어 운영되었던 사례를 시초로 말하기도 한다. 특히 말이 끄는 수레를 목재로 만든 궤도 위에 올려 다니게 하는 마차철도가 유행하였는데, 기술이 발전하면서 목재 궤도보다는 성능이 양호한 철제 레일을 사용하는 식으로 개량되었다.

18세기 중반부터 19세기 초반에 걸쳐 영국에서 시작된 산업혁명의 원동력은 증기기관의 발명에 있다. 증기기관은 증기력을 이용

눈이 번쩍 뜨이는 **교통이야기**

최초의 철도

기원 전 500년경 고대 그리스인들이 레일을 이용하여 배를 운반했다고 하는데 1430년 독일의 탄광철도가 최초의 철도로 기록되어 있다. 증기기관차는 1804년 리처드 트레비틱이 처음 제작하여 운행되었으며 1825년 조지 스티븐슨은 영국의 스탁턴~달링턴(Stockton~Darlington) 간 40km 거리에 최초로 공공 증기 철도를 개통하여 석탄수송을 하였다.

하여 철도차량을 움직이는 각종 기관차의 개발로 이루어졌다. 기관차의 발명은 철도의 대표적 장점인 대량수송을 가능하게 하였다. 1825년에 만들어진 최초의 공공철도인 스탁턴 앤드 달링턴 철도(Stockton and Darlington Railway)는 당시 수로로 석탄을 운송하던 방법에 비해 운송시간과 비용을 크게 낮출 수 있었기 때문에 건설되었다.

| 일제 침탈의 역사 속에서 시작한 우리나라 철도 | 19세기 말에 이르러 우리나라에서도 개화와 산업발전을 위해 수도 서울과 인접한 항만인 제물포를 잇는 경인선 철도가 구상되었다. 그러나 자본과 기술 등이 부족하여 독자적으로 건설할 상황은 되지 않았다. 정부는 이에 미국 기업가에게 철도부설권을 부여하였다. 하지만 처음부터 이 노선을 소유하고자 했던 일본 정부의 방해 등으로 공사 기간 중에 철도부설권은 일본 철도회사에 넘겨져 1899년 9월 18일 인천역~노량진역에 이르는 단선철도 33km 구간이 개통되었다.

표준궤간을 사용하는 미국의 회사가 설계함에 따라 경인선도 표준궤간으로 건설되었다. 한때 일본은 우리나라에 부설될 철도의 궤간을 자국에서 사용하는 협궤로 변경할 계획을 검토하였다. 하지만 인접 국가인 중국 철도가 표준궤를 사용하고 있었기 때문에 중국 진출을 염두에 두고 국내 부설 철도에 대해 표준궤를 적용하였다.

1899년 경인선을 부설한 일본은 대한제국의 철도망을 장악하기 위하여 한반도의 2대 간선축인 경부선(서울~부산)과 경의선(서울~신의주) 철도를 건설하였다. 경부선 431.7km를 건설하는 데 약 3년 6개월이 걸렸고, 경의선 537.8km은 이보다 더 빠른 2년 만에 완성되었다. 경부선 개통 이후 일본은 호남선 철도를 단기에 건설하여 1914년에 전 구간을 개통하였다. 호남평야 등에서 생산되

는 쌀을 일본으로 수송하는 것이 시급했기 때문이다.

비록 공사 기간은 짧았지만, 일본은 사전에 충분한 검토를 통해 이들 노선들이 한국의 경제 중심지를 경유하도록 하여 경제적 침탈

눈이 번쩍 뜨이는 **교통이야기**

철도의 날과 서울시 노면전차

현재 우리나라에서는 경인선 개통일인 9월 18일을 철도의 날로 지정하여 매년 행사를 하고 있다. 일부에서는 이보다 앞서 개통한 서울시 노면전차 개통일인 1899년 5월 20일을 철도의 날로 지정해야 한다는 주장도 있다.

서울시 노면전차는 일제 강점기 서울 시내를 배경으로 하는 영화에 자주 등장할 정도로 서울시 내부의 대표적인 교통수단이었으나, 서울시 교통혼잡 수준이 심화하면서 1968년에 운행이 중지되었다.

최근 일부 지방자치단체에서 최신 노면전차로 평가되는 트램(Tram)이라는 대중교통수단의 도입 여부에 대해 검토하고 있다.

서울시 노면 전차 초기의 모습
(출처: 위키피디아)

을 도모하고, 군사적 측면에서 만주로 빠르게 접근할 수 있도록 노선을 계획하였다. 이렇듯 일제 강점기에 건설된 간선철도들은 당시 국민들에게는 부정적 대상이었으나, 아이러니하게도 도시 성장의 계기를 제공하는 데 기여하여 오늘날 국내 주요 도시들의 대부분은 이들 간선철도 주변에 위치해 있다.

| 5개년 경제개발계획 견인한 산업철도 | 1950년대는 한국전쟁으로 훼손된 철도 복구에 주력하면서 산업선을 건설하기 시작한 시기였다. 그러나 본격적인 산업선 건설은 5개년 경제개발계획이 시작된 1960년대부터 시작되었다. 그 당시 우리나라 주요 수출품이 지하자원이었기 때문에 태백선, 정선선, 경북선 등의 철도들이 산악지역에 단선 형태로 건설되었다.

1970년대에 들어서면서 경제개발계획의 성공에 힘입어 수출이 획기적으로 증가하는 등 경제가 발전하면서 산업선의 수송용량을 늘려야 할 상황이 되었다. 그런데 주요 노선들이 산악지역에 건설되었기 때문에 이들 노선을 복선으로 건설하기에는 지형적 제약이 컸다. 그리고 빠른 시일 내에 용량을 늘려야 하는 상황이라 정부는 전기의 힘으로 화물열차를 운행하여 열차의 수송력을 늘리는 전철화 사업을 실시하게 되었다.

2 철도 화물수송량 변화 추이
(출처: 철도통계연보)

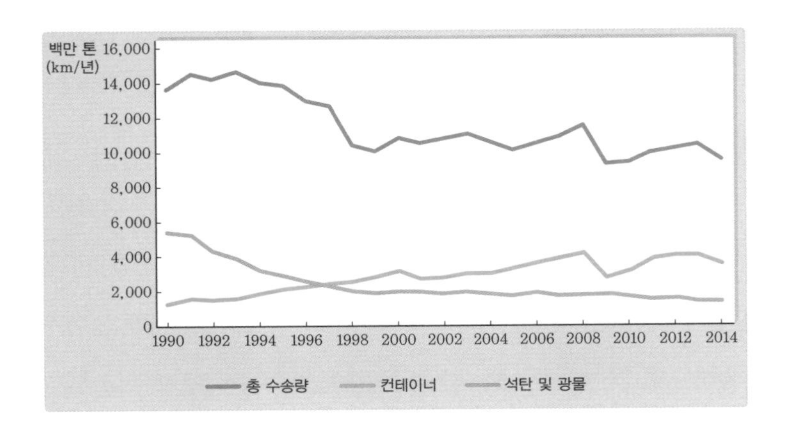

1990년대 자동차 시대가 도래하면서 철도화물 수송량은 점진적으로 감소추세를 보였다. 국가 산업구조의 변화에 따라 수출 품목이 달라지면서 철도 화물수송의 주요 품목 또한 기존의 석탄이나 광물과 같은 지하자원에서 공산품과 같이 컨테이너를 이용한 수출 품목으로 전환되었기 때문이다.

경제 발전은 도시로 인구 집중을 촉진하여 도시교통의 여러 문제를 초래하기 시작하였다. 일례로 광복 당시 서울의 인구는 90만 명 수준이었으나, 제1차 경제개발5개년계획(1962~1966년)이 완료되었을 때에는 400만 명에 근접하였다. 도로 공간 확장에 어려움을 겪고 있던 서울 도심의 경우 인구의 급속한 증가로 기존 교통수단으로는 교통문제를 해결할 수 없다는 판단하에 지하철 건설이 추진되었다.

1974년에 개통된 서울지하철 1호선은 9.5km로서 당시 가장 혼잡한 지역에 해당되는 청량리역과 서울역을 연결하였다. 1980년대에는 강남개발 등과 맞물려서 서울시 주요 지역을 순환하는 서울지하철 2호선을 건설하였으며, 이어서 순환형 철도의 단점을 보완하기 위해 서울 중심부를 관통하는 방사형의 3호선과 4호선을 건설하였다. 1990년대에는 승용차 보유 대수가 크게 늘면서 서울 시내 교통혼잡이 매우 심각해지자 서울시 전역에서 지하철을 이용할 수 있도록 지하철 5~8호선을 건설하였다. 2000년대에 들어서서는 민간자본을 일부 투입하여 지하철 9호선을 건설하였다.

지역의 도시들에서도 대도시 지역으로의 인구집중과 승용차 보급의 증가로 교통혼잡이 심각해지자 1980년대 후반에서 1990년대에 걸쳐 도시철도 건설사업이 시작되었으며, 2000년대에 들어서도 지속적으로 건설하여 2015년 기준 643.5km 수준에 이르고 있다.

3 **국내 지하철 총 연장 추이(km)**
(출처: 국가통계포탈)

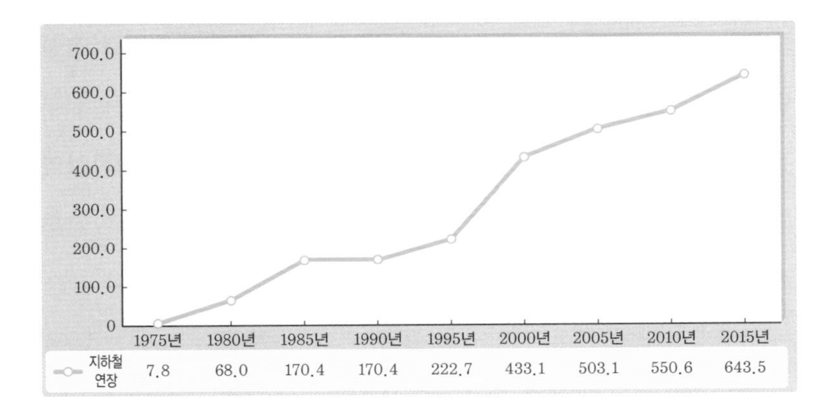

2-1 도시철도와 경전철
도시철도는 "도시철도법"에 근거하여 지방자치단체가 주관하여 건설 · 운영하는 철도를 말하며, 경전철은 도시철도에 운행되는 차량 시스템의 한 종류를 말한다. 대도시 지역의 지하철에서 운행되는 대형 전동차에 비해 경전철은 차량의 크기가 작아서 1회 수송인원은 적지만 건설비가 상대적으로 적게 들고, 무인운전이 가능한 기술적 장점을 갖고 있어서 의정부, 용인, 김해 등의 대도시 주변 지역에서 운행 중에 있다. 대도시 지역에서도 대구 3호선(2015년), 인천 2호선(2016년) 등의 도시철도를 경전철로 건설하였으며, 현재 서울시에도 경전철이 건설되고 있다.

도시철도[2-1]는 현재 "도시철도법"에 근거하여 지방자치단체가 사업을 추진하고 있는데, 중앙정부는 건설비의 40~60%를 지원해 줄 뿐 운영의 책임은 지방자치단체에 있다. 그런데 지방자치단체가 운영하는 도시철도의 경우, "노인복지법" 규정에 의하여 65세 이상의 고령자들은 무료로 이용할 수 있는데 이에 대한 중앙정부 차원의 지원은 없는 실정이다. 따라서 낮은 운임수준, 승차인원의 부족, 무임 승차인원 증가 등으로 인해 운임 수입만으로는 운영비를 감당할 수 없어 대부분의 도시철도 운영회사에서 경영적자가 발생하고 있다.

의정부, 용인, 김해 지역에 건설된 도시철도(경전철)의 경우 민간이 총 사업비의 50% 이상을 부담하는 방식으로 건설되었는데, 당초 예측한 이용수요보다 실제 수송실적이 현저히 적어 운영 적자가 발생하고 있다. 민간회사와 지방자치단체 간의 협약에 따라 운영 적자를 지방자치단체가 부담하거나 또는 민간회사가 부담하는 방식으로 되어 있다. 어떠한 방식이든지 간에 도시철도 사업의 경우 지방자치단체 입장에서는 운영 적자에 대한 부담이 클 수밖에 없다.

| 신도시 개발과 함께 수도권전철 건설 | 경제개발계획 과정에서 서울로 인구가 집중하고 이 때문에 주택문제 등이 발생하자 정부는 인구 분산을 위해 1980년대부터 수도권에 신도시를 건설하기 시작하였다. 그리고 수도권 신도시에서 서울로 출퇴근하는 통행자들의 교통 편의를 위해 수도권 전철을 병행하여 건설하는 정책을 시행하였다.

1990년대에 건설된 일산선(일산신도시), 분당선(분당신도시), 과천선(평촌신도시) 등은 대규모 신도시 개발과 함께 건설된 대표적인 수도권 전철에 해당된다. 그리고 수도권 동부에 위치한 구리시, 남양주시 등의 택지개발 지역들은 신도시보다 개발 규모가 작아 기존의 일반철도인 경춘선, 중앙선의 일부 구간을 광역철도로 지정하여 복선전철 수준으로 시설을 개량하였다.

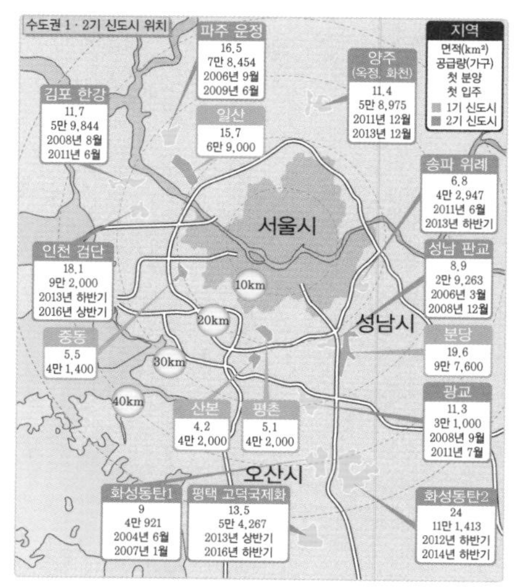

4 수도권 지역 신도시 개발 사례
(출처: 한국토지주택공사)

광역철도는 수도권 전철 중에서 1997년에 제정된 "대도시 광역교통관리에 관한 특별법"에 의해 지정된 노선으로서 중앙정부와 지방자치단체의 역할에 대한 내용이 기존의 수도권 전철과 다를 뿐 이용자 입장에서는 차별성이 없다. 일례로 경춘선, 중앙선의 경우 동일한 열차가 수도권 전철 구간과 광역철도 구간을 운행하고 있으며, 이용자들이 지불하는 운임은 수도권 통합 환승운임제도에 의해 동일한 방식으로 산출된다. 다만, 일반철도 구간이더라도 운행되는 열차가 새마을호, 무궁화호 등 좌석이 지정되어 있는 열차의 경우는 환승운임이 적용되지 않고 열차 종류에 따라 별도의 운임이 부과된다.

2010년 이후에 개통된 신분당선은 민간투자사업으로 건설되었다. 민간사업자가 총 사업비의 약 50% 수준을 분담하고 나머지

50%의 대부분은 성남의 판교신도시와 수원의 광교신도시를 개발한 사업자가 광역교통시설 부담금의 형태로 분담하였다. 민간사업으로 건설된 신분당선은 민간사업자의 수익성을 확보할 수 있도록 운임을 다른 광역철도에 비해 높게 부과하고 있다. 즉, 2016년 기준 광역철도의 최저운임은 도시철도와 동일하게 1,250원이지만 신분당선은 900원을 추가하여 2,150원을 최저운임으로 받고 있다.

수도권 전철과 광역철도

현재 광역철도로 지정되지 않은 수도권 전철 노선들은 일반철도에 해당된다고 볼 수 있으며, 만일 새로운 시설투자 사업을 시행할 경우에는 광역철도로 지정될 수 있다. 한편 광역철도는 국가가 시행하는 노선과 지방자치단체가 시행하는 노선으로 구분되는데, 현재 광역철도로 지정되어 운행 중인 7개의 노선들은 모두 국가가 시행하는 노선이다.

운영기관	수도권 전철			광역철도	
	노선	구간	연장(km)	구간	연장(km)
코레일	경부(장항선)	서울~천안(신창)	122.9		
	경인선	구로~인천	27		
	경원선	소요산~청량리(지하)	42.9	의정부~동두천	21.9
	중앙선	용산~용문	71.2	청량리~덕소	17.2
	안산선	오이도~금정	26		
	과천선	남태령~금정	14.4		
	분당선	왕십리~수원	52.9	왕십리-선릉, 오리~수원	27.8
	일산선	지축~대화	19.2		
	경의선	서울~문산	55	공덕~문산	45
	경춘선	상봉~춘천	81.3	망우~금곡	14.6
	수인선	오이도~송도	13	오이도~송도	13
코레일 공항철도	공항철도	서울~인천공항	58		
네오트랜스	신분당선	강남~광교	31	강남~광교	31
합계	13개		1,140.6		170.5

(출처: 국토교통부 2015 통계자료집)

| 속도 경쟁력을 갖춘 고속철도 건설 | 급속한 경제성장 과정에서 서울과 부산을 잇는 경부고속도로에 차량이 집중되면서 혼잡으로 인한 물류비용이 매년 큰 폭으로 증가하였다. 정부는 이에 국가 전체의 물류비용 손실을 줄이기 위하여 1970년대부터 고속철도 도입을 검토하였다. 그리고 1980년대에 인천국제공항 건설사업과 함께 고속철도 건설을 2대 국책사업으로 선정하여 1992년에 경부고속철도 기공식을 개최하였다. 당시에는 국내 차량기술 수준이 부족하여 프랑스의 TGV 열차 및 시스템을 도입하였다.

철도역까지의 접근시간이 길다는 철도의 근원적 약점을 극복하기 위해 고속철도는 본선 구간의 운행속도를 300km/h 수준까지 높여서 건설하였다. 2004년 4월에 경부고속철도 1단계 구간(광명역~동대구역) 신선 건설 사업이 완료되어 영업을 개시하였으

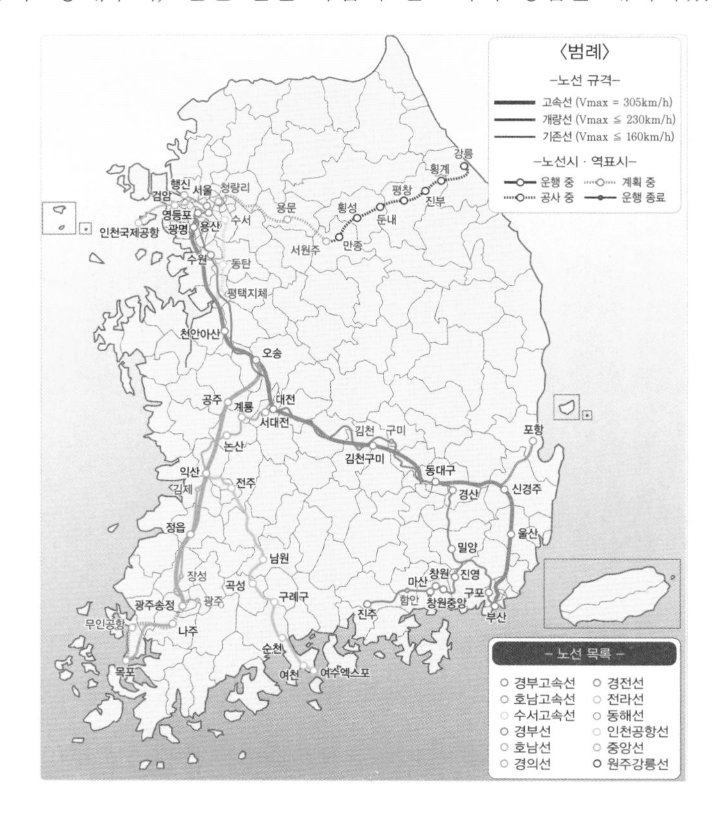

5 국내 고속열차 운행구간 현황 및 계획
(출처: ko.wikipedia.org)

며, 2010년 말에는 2단계 구간(동대구역~부산역) 신선 건설사업이 완공되었다. 2015년 4월에는 오송역~광주 송정역까지 연결하는 182.3km 호남고속철도 신선이 개통되었고, 2016년 12월에는 서울 수서역과 평택 지제역을 연결하는 61.1km 수도권 고속철도가 개통되었다. 특히 수도권 고속철도 개통과 함께 (주)SR이 부산 및 목포까지 SRT 열차를 운행함에 따라 KTX 열차를 운영하는 한국철도공사(코레일)와 함께 고속열차 서비스 경쟁이 가능하게 되었다.

승용차 이용이 보편화된 시대임에도 불구하고 고속철도의 뛰어난 속도 경쟁력은 감소추세에 있던 철도여객 수송실적을 반등하게 만들었다. 이에 따라 정부는 고속철도와 기존의 일반철도를 직결 운행하여 다양한 지역의 주민들에게 고속열차 서비스를 제공하고 있다. 경전선 창원 · 진주 방면, 전라선 전주 · 여수 방면, 동해선 포항 방면 등의 고속열차 운행이 대표적인 예이다. 고속열차 서비스 지역을 확장하는 정책은 향후에도 지속될 예정인데, 동계올림픽이 개최된 2018년에는 서울에서 강원도 강릉 지역까지 고속열차가 운행되었다. 그리고 현재 서울에서만 출발하는 고속열차를 인천 송도 지역이나, 수원 지역에서도 출발할 수 있도록 계획하고 있다.

6 국내 고속열차 수송실적 추이
(출처: 한국철도공사 철도통계연보)

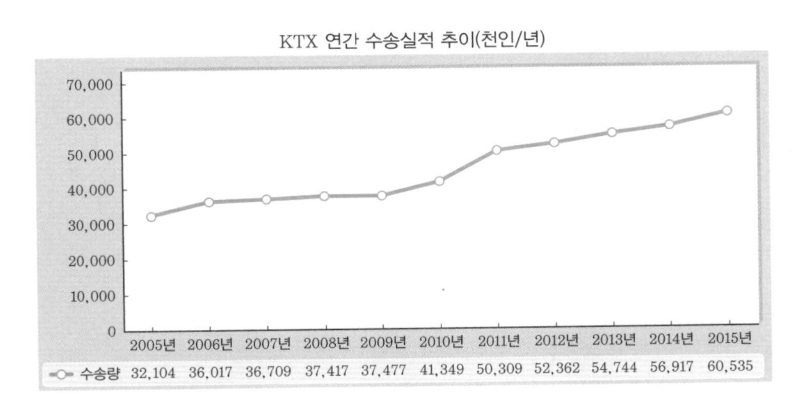

| 미래 철도정책의 방향 | 철도는 에너지 절감효과가 크고, 친환경적이며, 사회적 효용을 높이는 데 유리한 교통수단이다. 그러나 승용차에 비해 경쟁력이 낮아 이용자들이 매력을 느끼지 못할 경우에는 수송실적을 증대하는 데 많은 어려움이 발생한다. 이에 정부는 비용이 저렴하면서 빠르게 이동할 수 있는 철도, 출발지와 도착지 근처에서 쉽게 이용할 수 있는 철도, 언제나 안전하게 운행하는 철도가 될 수 있도록 매년 막대한 예산을 철도에 투자하고 있다.

국가가 주관하여 건설하는 철도인 고속철도, 일반철도, 광역철도에 대해 체계적인 시설투자를 할 수 있도록 정부는 2006년부터 매 5년 단위로 "국가철도망 구축계획"을 수립하고 있다. 1차와 2차 계획기간인 2006~2015년에 걸친 철도시설투자의 결과로 도시철도와 고속철도의 연장이 크게 늘었으며, 일반철도의 복선화 및 전철화 등 시설수준이 향상되었다.

2016년에 수립된 "제3차 국가철도망 구축계획"(2016~2025년)에서는 일반철도에 집중 투자하여 국내 어디를 가든지 3시간 이내에 도착할 수 있도록 고속열차가 운행할 수 있는 시설수준(230~250km/h급)으로 건설할 계획이다. 이는 미래 철도의 경쟁

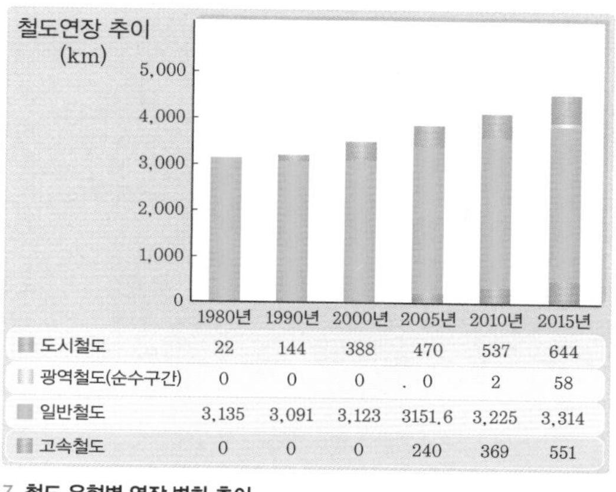

	1980년	1990년	2000년	2005년	2010년	2015년
도시철도	22	144	388	470	537	644
광역철도(순수구간)	0	0	0	0	2	58
일반철도	3,135	3,091	3,123	3151.6	3,225	3,314
고속철도	0	0	0	240	369	551

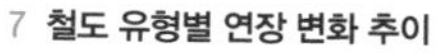
7 **철도 유형별 연장 변화 추이**

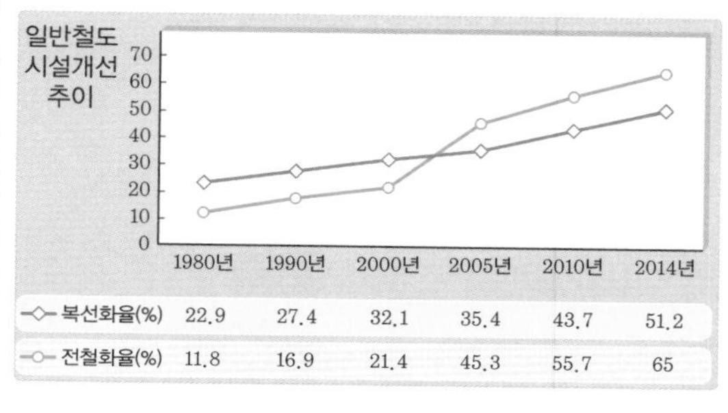

	1980년	1990년	2000년	2005년	2010년	2014년
복선화율(%)	22.9	27.4	32.1	35.4	43.7	51.2
전철화율(%)	11.8	16.9	21.4	45.3	55.7	65

8 **일반철도 복선화 및 전철화 추이** (출처: 국토교통부 2015 통계자료집)

9 **제3차 국가철도망 계획에 따른 통행시간 단축 효과 비교**
(출처: 국토교통부(2016))

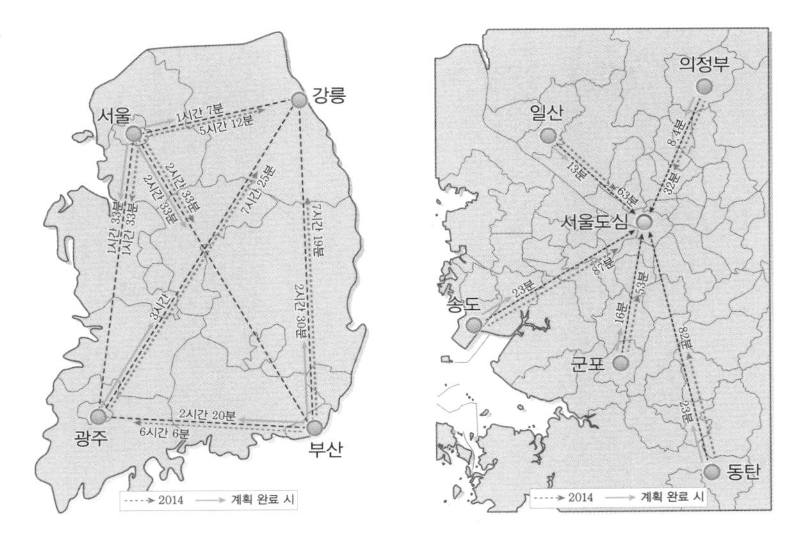

력 요소를 빠른 속도로 설정하여 이를 전국으로 확대, 추진하겠다는 의지의 표현이다.

그리고 수도권의 교통난 해소를 위해 수도권 주요 도시에서 서울까지 30분 이내에 도착할 수 있도록 광역철도사업에 예산을 집중 투자할 계획이다. 수도권은 우리나라 사회 · 경제지표의 약 50%가 집중되어 있는 국가 경쟁력을 상징하는 지역이기 때문에 수도권의 경쟁력을 높이기 위해 기존의 광역철도에 비해 현저히 속도가 빠른 광역급행철도[2-2] 노선을 건설할 계획이다.

2-2 광역급행철도
광역급행철도는 200km/h에 가까운 속도로 운행하는 열차로서 몇 개의 주요 역만 정차하되, 지하철처럼 자주 운행하는 방식으로 운영되는 철도를 의미한다. 따라서 광역급행철도가 건설될 경우에는 수도권에서 철도의 속도 경쟁력이 크게 개선되어 철도 위주의 교통체계를 구축하는 데에 기여할 것으로 예상된다.

미래에는 고령인구의 증가, 소득수준의 향상에 따른 통행시간에 대한 가치가 높아지면서 쾌적성, 고속성, 정시성 등 철도의 서비스 질에 대한 국민들의 기대수준이 더욱 높아질 것으로 예상된다. 철도정책 또한 국민들의 만족도를 향상시키는 방향으로 수립될 것이며, 정책 집행과정에서 소요되는 예산의 경우 한정된 국고를 보완하기 위해 민간자본의 참여를 적극적으로 유도할 계획이다.

철도사업의 계획

철도사업의 시작은…

| 철도 투자의 필요성 | 철도는 도로와 함께 국가의 대동맥을 이루는 주요한 교통수단으로, 도로의 대체수단으로서 추진되어 왔다. 그러나 소득수준이 높아지면서 개인승용차가 크게 늘어난 1980년대 이후 도로 수요가 크게 증가하였다. 국가는 이에 대응하기 위하여 도로 위주의 교통투자를 펼치면서 전국적인 도로망이 추진되었고 철도투자는 상대적으로 지지부진하였다.

1 인구 1,000명당 승용차 등록대수 변화 추이(출처: 국가지표체계)

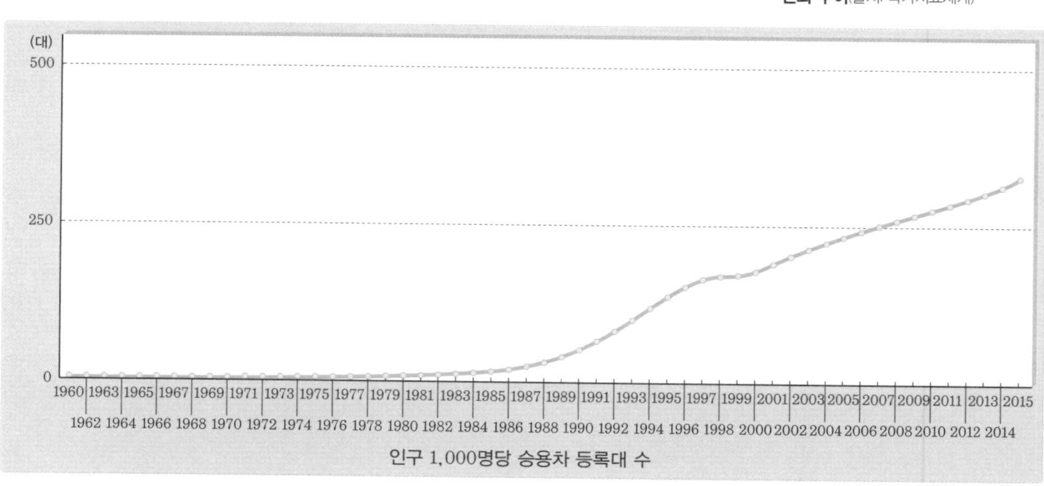

인구 1,000명당 승용차등록 대수를 살펴보면, 1970년대까지 증가폭이 미미하였다. 그러나 1980년대 들어서면서 소득수준의 향상으로 승용차가 급격하게 늘어나면서 도로 위주의 투자정책이 펼쳐지게 되었다.

철도와 도로의 연장(km) 증가 추세를 살펴보면, 1960년 철도와 도로는 사실 큰 차이가 없었다. 하지만 이후 도로가 지속적으로 건설되고, 철도는 2000년대까지 증가가 없다가 2000년대 이후 고속철도 개통에 따라 연장이 조금 증가한 데 그치고 있다. 현재 우리나라는 도로 중심의 국가교통체계가 구축되어 있는 실정이다.

도로 중심의 교통체계는 승용차의 증가를 가속화하였으며, 그 결과 현재 대기오염에 따른 환경 파괴, 교통 혼잡에 의한 비용 증가 등 다양한 문제점을 야기하고 있다. 이런 가운데 정부는 2000년대 이후 지속적인 유가 상승, 환경오염에 대한 전 세계적 관심 증대, 온실가스 감축 논의(교토협약)에 따라 친환경 지속가능교통체계 구축에 적극 나서면서, 도로 중심의 교통체계에서 철도 중심의 교통체계로 전환하기 위해 철도교통 투자를 늘리기 시작하였다.

철도는 도로교통수단에 비해 이동효율성, 환경건전성, 안전성

2 **도로와 철도의 연장 변화 추이**
(출처: 국가통계포털)

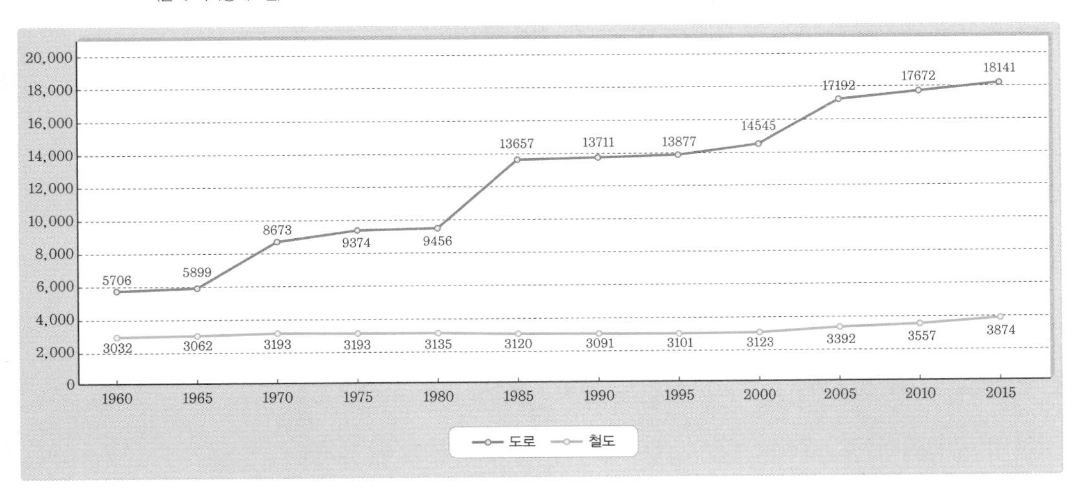

및 정시성 등 다양한 장점이 있다. 우선 이동효율성 측면에서 승용차 대비 353배의 수송력을 가지고 있으며, 1명을 수송하는 데 드는 비용도 승용차의 1/14 수준으로 수송비용 절감효과가 있는 것으로 알려져 있다. 또한 최근 기술의 발달로 승용차에 비해 2배 이상 높은 속도로 운행할 수 있어 빠른 속도로 대량수송이 가능하다. 환경건전성 측면에서 이산화탄소 배출량을 살펴보면, 철도는 도로 대비 1/30 수준이며, 환경오염비용은 도로 대비 1/40 수준으로 적고, 연료는 승용차 대비 1/16 수준으로 낮아 친환경수단으로서 인정받고 있다. 안전성 및 정시성 측면에서 철도는 고정된 선로에 중앙통제에 따라 운행함으로써 사고발생 빈도가 낮고, 정해진 시간표에 따라 운행함으로써 정시성을 확보할 수 있는 장점이 있다.

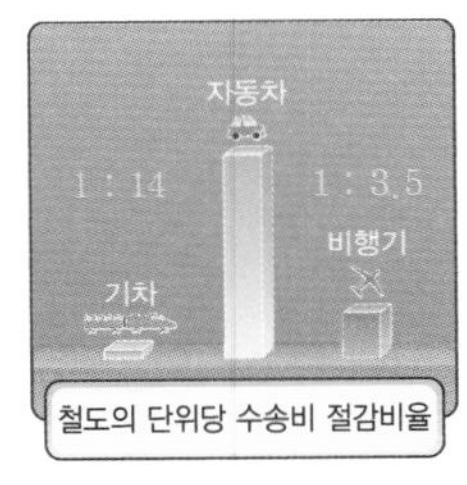

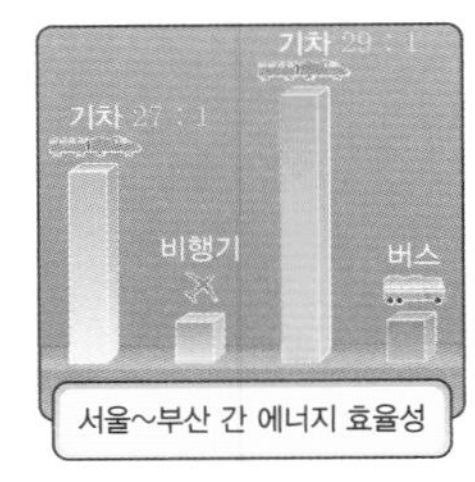

3 **철도와 다른 교통수단의 비교**
(출처: 한국철도시설공단)

이러한 철도의 다양한 장점이 부각되면서 최근 철도수요 증대 및 철도중심 투자를 위해 기존 철도의 고속화, 철도 접근성 향상, 철도중심의 국가교통체계 구축 등 다양한 정책이 추진되고 있다.

유럽, 일본 등 주요 선진국에서는 이러한 철도의 친환경 및 지속가능성을 일찍부터 깨닫고, 철도투자를 적극적으로 추진해 왔다. 반면 우리나라는 그렇지 못해 철도연장이 주요 선진국에 비해 턱없이 낮은 수준이다. 늦은 감이 있지만 이제라도 지속적인 철도투자를 통해 철도중심의 국가교통체계를 구축할 필요가 있다.

| 철도계획 및 사업추진 과정 | 철도사업은 통과노선 구상을 시작으로 정차역의 위치 선정, 운행계획, 설계 등 도로에 비해 훨씬 더 많은

4 **국가별 1인당 및 1,000km²당 철도 연장**(출처: 한국철도시설공단)

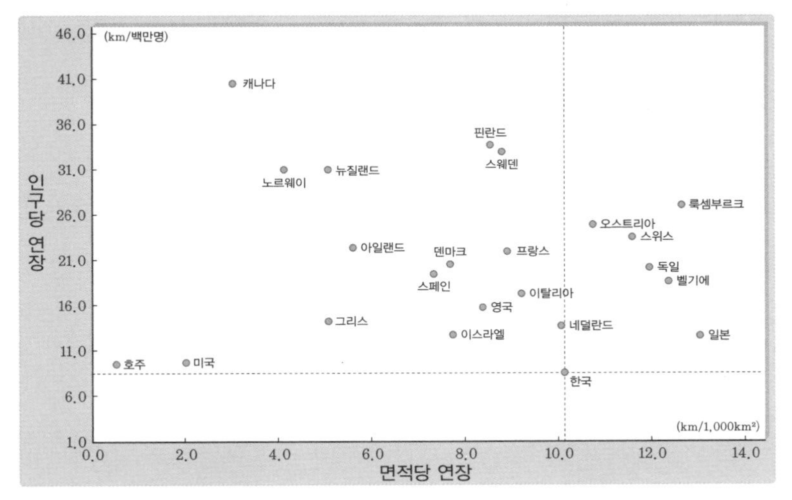

요소들을 고려해야 하므로 장기간의 계획과 설계가 이루어진다.

철도건설에는 선로, 전기, 통신, 관제, 정거장 등 도로에 비해 더 많은 시설투자가 필요하다. 개통 이후에도 도로에 비해 많은 인력과 비용이 소요되므로 최대한 효과적인 비용투입이 이루어질 수 있도록 체계적인 계획과 건설, 운영이 필요하다. 따라서 철도망 구축, 철도사업계획 수립, 예비타당성조사, 타당성 평가 및 기본계획, 기본설계, 실시설계, 착공 등 여러 단계를 거치면서 마침내 철도가 운행하게 된다.

철도사업은 큰 틀에서 국가가 구간을 선정하고, 여러 단계를 거치면서 노선이 점점 구체화된다. 철도노선은 기존 건물, 논, 밭, 산 등을 통과하기 때문에 지역주민과 마찰이 있을 수 있고, 철도역의 위치에 따라 철도를 이용하는 사람들의 선호도가 달라질 수 있으므로 최대한 많은 사람의 편의성과 경제성 등을 종합적으로 고려하여 구상하고 공사를 시행하게 된다.

우선 국가철도망의 큰 그림을 그리기 위해 10년 기간의 '국가철도망 구축계획', '도시철도망 구축계획' 등을 수립하여 10년 동안 국가 및 지방자치단체가 건설해야 할 노선을 계획한다. 이후 통과지역이나 정차역, 철도차량 및 시스템 등을 계획하여 국가예산을 투입하는데 예산투입의 적정성 여부를 판단하기 위하여 예비타당성 조사를 수행한다. 실제로 국가예산이 투입되었을 때 국민이 얼마나 혜택을 받는지를 분석하여 국가예산이 무분별하게 사용되지 않도록 국가기관 및 주요 전문가들이 모여 판단하고 결정한다.

국가예산 투입이 어려운 가운데서도 철도 건설이 필요하다고 판단되는 경우 민간재원을 활용하여 계획을 수립하기도 한다. 국가예산이 제한적일 경우 국가가 일부금액을 보조하고 민간이 주도하여 철도사업에 투자하는 경우를 말한다. 이른바 민간투자정책인데 국가와 협상을 통해 철도를 운영하여 수익을 창출하고 민간이 투자한 금액을 회수할 수 있도록 하는 것이다. 서울 도시철도 9호선, 신분당선, 부산~김해 경전철 등이 그 대표적인 예이다. 국가가 일부금액을 보조하고 민간 주도로 철도사업을 추진하여 일정 기간(일반적으로 30년) 민간에게 철도운영권을 인정함으로써, 국가예산을 절약

5 재정사업과 민간투자사업의 비교

구분	재정사업	민간투자사업
재원	국가 또는 지방자치단체 조세 (또는 공채)	민간자본
부담원칙	수익자와 부담자 유리	수익자 부담
사업추진관점	경제성(B/C, 편익비용비) 위주 (비용은 계산되나 수익의 중요성은 낮음)	재무성(R/C, 수익비용비) 위주 (사업자 수익의 중요성 높음)
소유권	정부(국가 또는 지방자치단체)	정부(국가 또는 지방자치단체)
운영권	정부(공기업 위탁운영)	민간사업자
장점	• 공공성 중심의 사업추진으로 지역사회의 교통서비스제공 추구 • 정부통제에 따라 낮은 이용료로 철도운영 가능	• 단기적인 정부부담 최소화 및 적시 철도사업 추진 가능 • 민간의 창의적인 활용을 통해 서비스 수준 향상
단점	• 과도한 재정지출로 정부부담 가중 • 기초적인 서비스 제공에 따른 서비스 개선 요구	• 장기적으로 재정부담의 미래 전가 • 공공성보다 수익성을 우선시 하므로 높은 이용료 요구

하고 민간의 창의적인 건설 및 운영기법을 통해 철도산업이 발전할 수 있도록 하는 정책이다.

예비타당성조사를 통해 국가예산이 결정되면 공사방법, 공사비용, 노선의 통과지역, 열차운행방식, 차량기지, 정거장 등 세부적인 계획을 세워 철도사업을 실제로 추진하기 위한 타당성 평가 및 기본계획을 수립하게 된다. 이때 철도노선 통과지역과 운행방법이 확정되는데, 이를 위해 여러 관계기관 또는 주민, 전문가 등의 의견을 반영하여 최적의 철도노선을 계획한다. 이후 공사 시 사용하게 될 주요 공사재료, 구조물 형식, 공사 절차 등을 확정하기 위해 기본설계와 실시설계를 수행하고 착공한다. 이 과정에서 주민들의 피해를 최소화하고 이용하기 편리하며 환경 및 문화재 파괴가 적은 방법으로 공사가 이루어질 수 있도록 효과적인 방안을 찾아 설계를 수행하게 된다. 철도사업은 기계 · 전기/전자 · 통신 · 건축 등 공학적인 요소가 총 망라된 종합시스템이기 때문에 모든 조건을 충족하

6 **철도사업 추진체계**

추진단계	추진절차	소요기간	추진내용
구상단계	철도망 구축	1~2년	주요 통행축선을 토대로 철도가 필요한 구간을 선정하여 큰 틀에서의 철도망 구축
	사업계획 수립 (사전조사)	1년	구축된 철도망에서 개별노선별 정거장 위치, 운행간격, 차량형식 등 건설 및 운영방안 마련
구체화 단계	예비타당성 조사	6개월	계획된 개별노선별 사업계획에 국가 및 지방자치단체 재정투입 필요성을 평가
	타당성평가 및 기본계획	1~2년	사업계획의 적정성, 지역주민의 이용편리성, 환경파괴 등을 고려하여 철도사업 건설의 타당성을 평가하고, 세부추진계획을 수립
건설단계	기본설계	2년	주요 구조물의 형식, 건설공법 검토, 지반 및 토질 등 기본적인 설계
	실시설계	2년	공사 시작 전 시공에 필요한 공사재료, 공법, 구조계산 등 전문적인 설계
	착공~준공	5~6년	실시설계서를 바탕으로 공사 진행
운영단계	개통	–	• 개통 전 시운전을 통해 운영상 문제점 도출 및 개선 • 개통 및 영업운전 시행

기 위해 많은 시간이 걸린다. 우리가 지금 이용하고 있는 철도는 최소한 10년 이상의 기간에 걸쳐 조사 · 연구 · 계획 · 설계 등을 통해 건설 · 운영되고 있는 것이다.

| 철도투자를 위한 수요예측 | 철도건설을 계획할 때 사람들이 얼마나 이용할 것인지, 즉 수요를 예측하는 것은 아주 중요하다. 철도건설의 효과성과 직결되기 때문이다. 철도수요예측은 승용차나 버스를 이용하던 사람들이 얼마나 철도로 수단을 바꿔 이용하게 될지, 역별로 얼마나 많은 사람들이 타고 내리는지, 철도노선에 얼마나 많은 사람들이 몰리게 될지를 예측하는 것이다. 그리고 이러한 예측 결과를 토대로 필요한 철도차량의 수, 운행간격 등이 결정된다. 따라서 철도수요예측은 전문적인 지식이 요구되는 하나의 학문으로 볼 수 있다.

철도수요예측은 기본적으로 각 개인이 어떻게 움직이는지를 예측하는 방법과 큰 틀에서 단위그룹으로 묶어 유형별로 사람들이 어떻게 움직이는지를 예측하는 방법이 있다. 그러나 각 개인의 움직임을 예측하려면 시간이 많이 걸리기 때문에 철도사업이 그만큼 늦

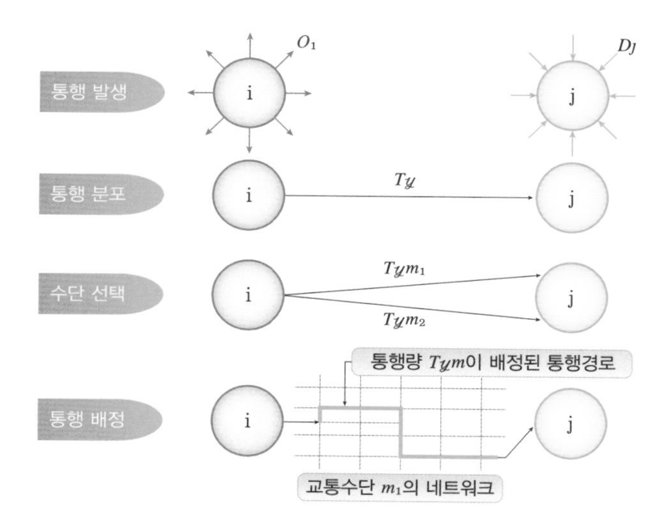

7 교통(철도)수요예측의 4단계

어질 수 있다. 따라서 대표성을 가지고 있는 단위그룹으로 묶어 유형별로 사람들이 어떻게 움직이는지를 예측하는 방법을 일반적으로 사용하고 있다.

철도수요예측은 통행이 얼마나 발생하는지(통행발생), 어디로 가는지(통행분포), 무엇을 타고 가는지(수단선택), 어떠한 경로를 이용하는지(통행배정) 등 기본적으로 4가지 단계를 거쳐 예측하게 된다. 철도수요예측은 장래 인구가 어떻게 증감하는지에 대해서도 살펴야 한다. 인구변화가 철도이용수요에 큰 영향을 미치기 때문이다. 단위그룹을 일반적으로 읍 · 면 · 동의 행정구역과 일치시켜 분석하므로 해당 지역의 인구 변화 추이에 따라 철도를 이용하는 사람이 늘지 말지 결정된다고 이해하면 될 것이다.

전문가의 예측에는 다양한 기법이 적용된다. 적용방법에 따라 철도수요예측 결과가 크게 달라질 수 있으므로, 국가는 철도수요를 예측을 위한 가이드라인과 자료를 제공한다. 가이드라인에는 "도로 · 철도 부문 사업의 예비타당성조사 표준지침 수정 · 보완 연구"(한국개발연구원), "교통시설 투자평가지침"(국토교통부) 등이 있다. 이와 함께 국가교통데이터베이스(http://www.ktdb.go.kr)에서 제공하는 수단별 통행자료 및 교통네트워크 자료도 활용된다. 전문가들은 앞에서 말한 가이드라인(지침)과 자료 등을 통해 철도의 이용수요를 예측하고 효과를 산정하게 된다.

| 철도사업의 평가방법 | 철도사업은 크게 경제성 분석 결과와 정책적 분석 결과, 지역균형발전 분석 결과를 종합하여 평가한다.

경제성 분석은 비용과 편익의 비율인 B/C(benefit/cost)로 판단한다. 편익은 앞에서 언급한 철도수요예측 결과를 토대로 산정(계량화)하는데, 철도사업에 투자되는 예산이 얼마나 많은 효과를

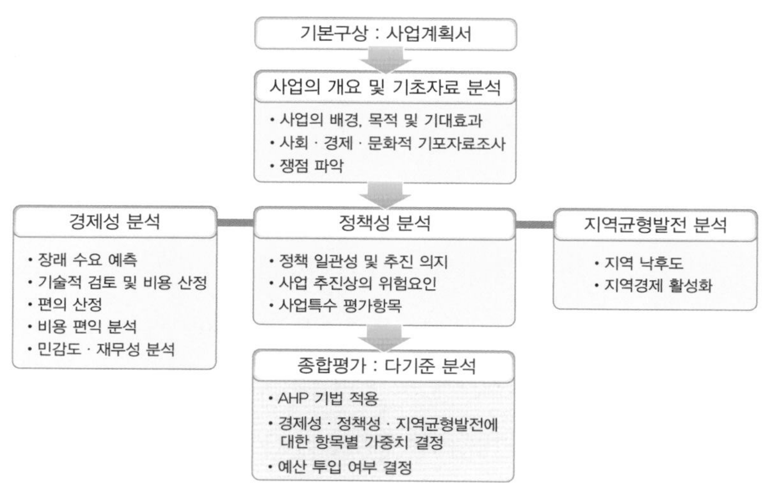

8 철도사업 의사결정체계

발휘하는지 금액으로 나타낸 것이다. 정책적 분석은 국가 정책과 본 철도사업이 일치하는지, 사업 추진할 때 위험요인은 없는지, 사업 추진을 얼마나 바라는지 등을 평가하는 것으로 다양한 의견을 통해 전문가 들이 숫자로 평가하게 된다. 지역균형발전 분석은 철도사업 추진 지역이 타 지역에 비해 얼마나 낙후되었는지, 건설 또는 개통 이후에 지역의 생산유발효과, 고용창출효과, 부가가치효과 등이 얼마나 발생하는지를 상대적으로 평가하게 된다.

경제성 분석과 정책적 분석, 지역균형발전 분석 중 경제성 분석이 평가의 약 50% 정도를 차지한다. 철도사업이 추진되어 이용자들에게 얼마나 큰 혜택이 돌아가는가에 따라 철도가 건설될지 안

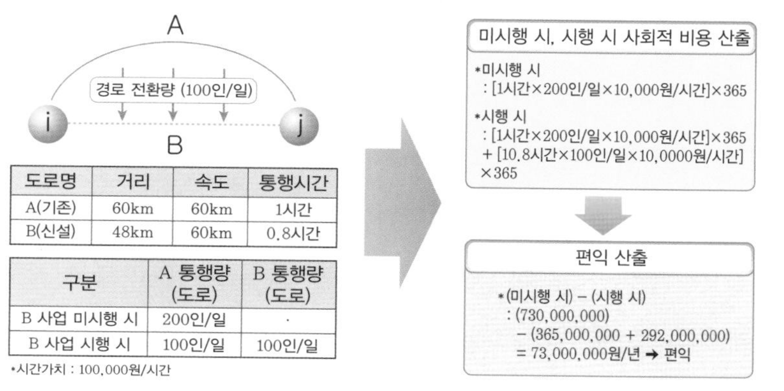

도로명	거리	속도	통행시간
A(기존)	60km	60km	1시간
B(신설)	48km	60km	0.8시간

구분	A 통행량 (도로)	B 통행량 (도로)
B 사업 미시행 시	200인/일	·
B 사업 시행 시	100인/일	100인/일

*시간가치 : 100,000원/시간

9 편익산정의 예

10 편익산정의 예

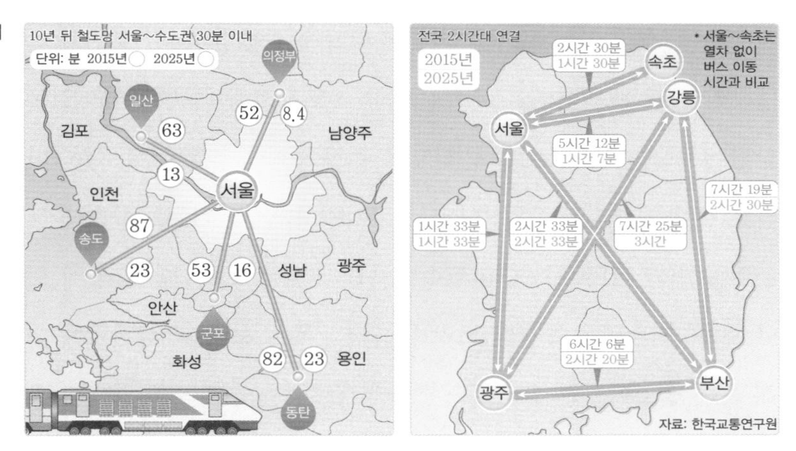

될지 결정된다고 볼 수 있다.

그럼 철도 개통으로 사람들이 느끼게 되는 효과(편익)를 어떻게 계산할까? 편익은 통행시간 절감에 따른 편익, 운행비용 절감에 따른 편익, 환경비용 감소에 따른 편익, 교통사고 감소에 따른 편익 등 크게 4가지로 구분된다. 이 중 통행시간 절감에 따른 편익이 일반적으로 가장 큰 비중을 차지한다. 통행시간 절감에 따른 편익은 말 그대로 철도가 개통됨으로써 사람들이 얼마나 많은 시간을 절감하는가를 금액으로 환산한 것이다. 가령 1명이 1시간을 절감하는 데 1만 원의 효과가 있다고 가정할 경우 철도 개통으로 0.2시간을 절감했다면, 1명당 1년간 7,300만 원의 절감효과가 있는 것으로 산정할 수 있다.

| 철도사업의 미래 방향 | 최근 철도산업의 발전을 위한 다양한 철도사업이 추진되고 있는데 그 유형은 철도의 고속화, 실크로드 익스프레스, 해저터널 등으로 압축되고 있다. 우선 국가철도망의 가장 큰 이슈인 철도의 고속화정책에서는 경부고속철도와 호남고속철도를 큰 축으로 설정하고 이외 기존 철도들은 200km/h 이상 운행이 가능하도록 고속화사업을 추진하는 것이다. 계획대로라면 철도를

이용하여 2025년까지 2시간대에 전 국토를 통행할 수 있게 된다.

또한 전 세계적으로 고속철도의 속도경쟁이 가속화하고 있는 상황에서 유럽과 일본을 중심으로 속도경쟁이 치열하며, 우리나라도 예외는 아니다. 우리나라는 국가연구개발사업(R&D)을 통해 430km/h급 HEMU-430 고속열차를 개발하여 시험운행 중에 있다. 자체 기술력을 보유한 프랑스, 일본, 독일 등 주요 선진국에 비해 늦은 출발이지만 고속철도 속도경쟁에서는 선진국 대열에 합류할 수 있을 정도의 최고속도를 보유하고 있다.

11 **각국의 고속철도 개발현황**
(출처: 한국철도기술연구원)

구분	프랑스	중국	일본	한국	독일
이름	AVG	CHR380	신칸센	HEMU-430X	Velaro-E
최고 시험속도	575km/h	486km/h	443km/h	430km/h	407km/h
달성 시기	2007년	2010년	1996년	2012년	1988년
수송 능력 (편당 최대 승객수)	460	494	571	456	404

우리나라는 3면이 바다로 이루어져 있고, 대륙으로 나가는 길을 북한이 가로막고 있어 국제철도 운행이 불가하다. 하지만 장래 북한의 철도개방을 고려하여 유럽으로 철도를 운행하기 위한 연구개발이 진행 중이다. 2013년 10월 유라시아 국제 컨퍼런스에서 박근혜 정부가 제안한 '실크로드 익스프레스(SRX)'는 부산-북한-중국-중앙아시아-러시아-유럽으로 이어지는 철도노선으로, 지난 정부는 이 제안이 실현될 경우 유럽과 아시아 간 물류비 절감을 통

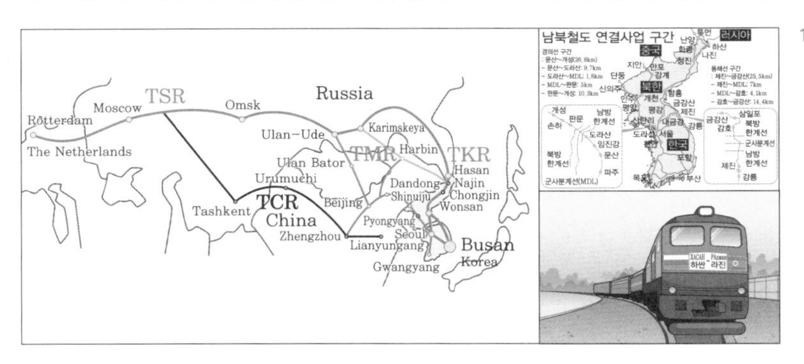

12 **유라시아 철도망 구상**

13 남북철도 연결사업

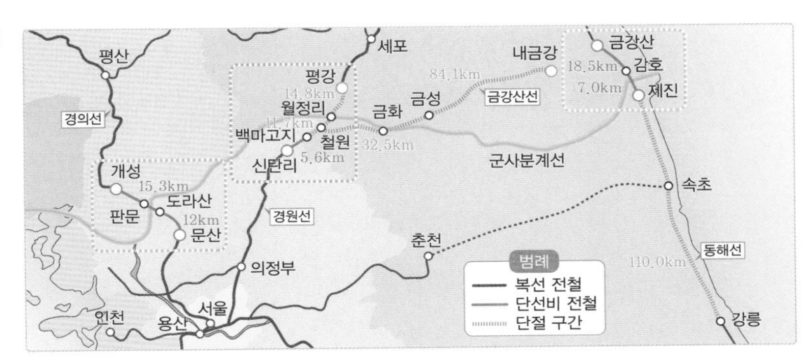

해 경제활성화와 일자리 창출 등을 도모할 수 있다고 밝혔다.

실크로드 익스프레스(SRX)를 실현하기 위하여 당면한 최우선 과제는 북한의 철도개방과 남북철도 연결복원사업이다. 우리나라는 북한의 철도개방을 대비하여 단절된 경의선, 경원선, 동해선 철도연결사업을 추진하고 있다. 철도가 연결될 경우 부산을 출발하여 유럽으로 가는 직통열차가 운행할 수 있게 된다.

14 한 · 중 해저터널 구상

3면이 바다인 우리나라의 지리적 특성에 따라 일본과 중국, 제주를 연결하는 해저터널 사업 또한 구상 중에 있다. 일본과 중국, 제주 간에 비즈니스 및 여행, 친지방문 등 많은 항공수요가 발생하고 있는 상황에서 기상조건에 제약을 받는 항공노선의 한계를 극복하고자 일본, 중국, 제주 간 해저터널을 통해 철도를 연결하는 사업을 구상하고 있다. 이 사업이 추진될 경우 물자와 사람의 통행에 기상조건의 제약이 사라지며, 상시 통행이 가능하여 아시아 강대국으로서의 발판이 마련될 것으로 예상된다.

철도운행의 주요 시설

철도선로의 구성

철도는 철도차량 · 선로 · 철도역과 에너지 공급시설 · 철도운영관리시스템 등이 종합적으로 맞물려져야 비로소 움직일 수 있는 과학기술의 집합체이다. 이 중 철도선로(railway)는 열차 또는 차량을 운행하기 위한 시설을 총칭하며, 궤도, 노반, 선로구조물로 구별한다.

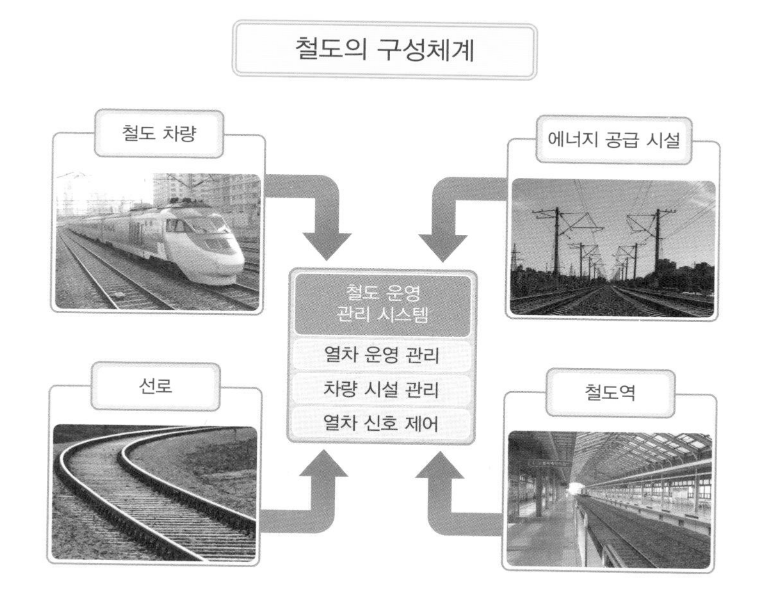

1 철도운영의 구성요소

2 **선로 구조도**

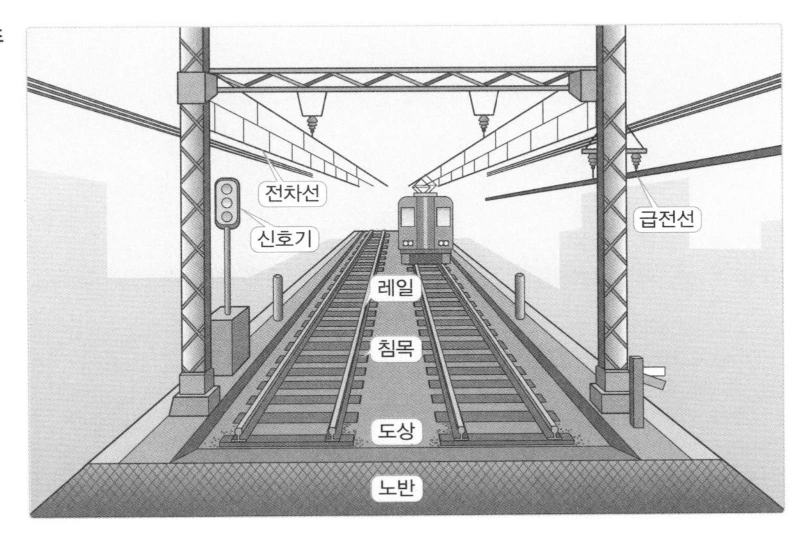

| 궤도(Track) | 궤도는 레일과 그 부속품, 침목 및 도상으로 구성된다. 견고한 노반 위에 도상을 일정한 두께로 포설하고 그 위에 침목을 일정 간격으로 부설하여 침목 위에 두 줄의 레일을 일정 간격으로 평행하게 체결한 것으로 노반과 함께 열차하중을 직접 지지하는 역할을 한다.

눈이 번쩍 뜨이는 **교통이야기**

궤간(Rail Gauge)

궤간은 레일 내측(內側間) 최단거리를 말하며 1,435mm(4ft 8½ in)를 표준궤간(標準軌間)이라 하며 이보다 넓은 것을 광궤(廣軌), 좁은 것을 협궤(狹軌)라고 한다. 우리나라와 전 세계 철도의 60%는 1,435mm(4ft 8½ in)의 표준궤간으로 되어 있다. 광궤는 협궤에 비해 건설비는 많이 들지만 대형기관차와 차량을 운전할 수 있기 때문에, 수송력을 증대와 높은 운전속도를 낼 수 있으면서도 열차의 안전도가 훨씬 큰 이점이 있다. 러시아 · 핀란드(1,524mm), 아일랜드(약 1,600mm), 스페인 · 포르투갈 · 인디아 · 파키스탄(약 1,676mm) 등에서 채택하고 있다.

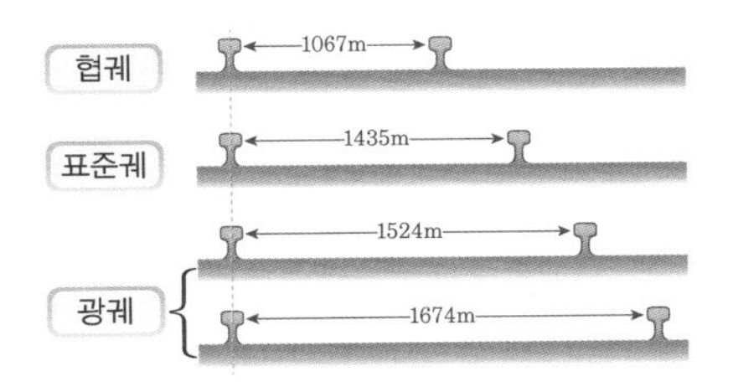

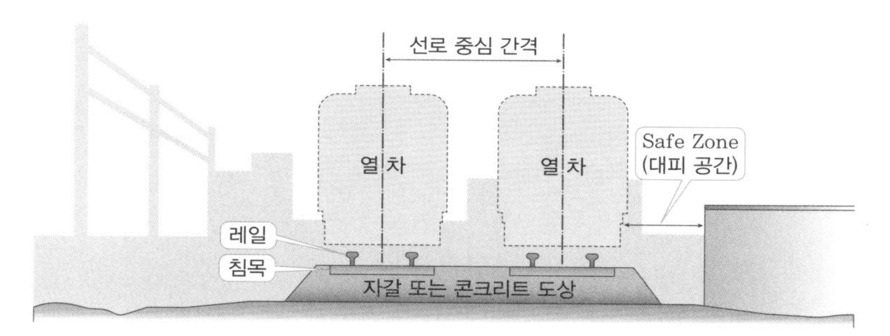

3 선로 구조도

침목(tie)은 도상에 일정 간격으로 분포되어 레일을 고정시키는 역할을 하며 레일과 침목이 일체화된 구조물을 궤광(track panel)이라고 한다. 궤광은 레일에서 받은 열차 하중을 도상에 골고루 분산시켜 주는 역할을 한다.

도상(ballast)은 레일 및 침목으로부터 전달되는 열차 하중을 넓게 분산시켜 노반에 전달하고 침목을 소정의 위치에 고정시키는 역할을 하는 하부구조로서 자갈 도상과 콘크리트 도상으로 대별된다. 요즘은 콘크리트 궤도가 실용화되어 구조적 안정성과 유지보수 등에서 성능이 향상되는 궤도구조 기술에 큰 변화를 가져와 앞으로 더욱 넓어질 것으로 판단된다.

| 노반(road bed) | 선로의 궤도를 지지하는 구조물로 주로 흙으로 되어 있으나 최근 열차의 고속화에 따른 지반의 안전성과 유지보수

4 자갈 도상과 목 침목

5 자갈 도상과 PC침목

6 콘크리트 도상

눈이 번쩍 뜨이는 **교통이야기**

모노레일(Mono-Rail)

모노레일이란 1개의 주행로(궤도 거더) 위에 고무타이어 차량이 과좌식 또는 현수식으로 주행하는 열차를 말한다. 궤도 거더를 타고 달리는(차체의 중심이 궤도 주형의 상부에 있다) 방식을 과좌식 모노레일(straddled type), 궤도 거더를 달리는 대차에 차체가 매달리는(차체의 중심이 궤도 거더의 하부에 있다) 방식을 현수식 모노레일(suspended type)이라고 한다.

과좌식 모노레일

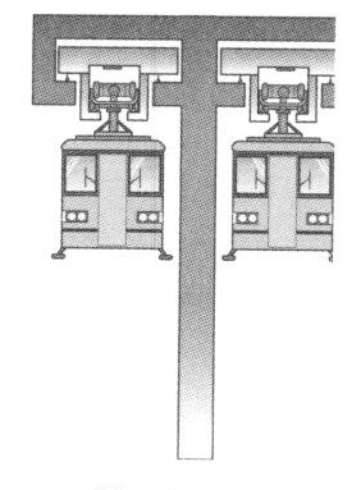

현수식 모노레일

7 노반의 구조

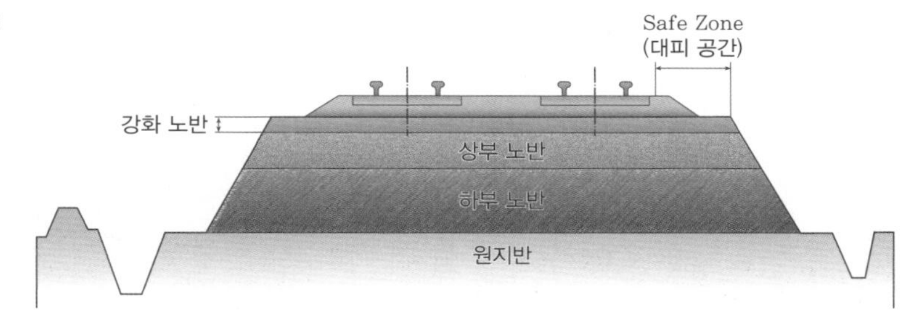

성을 고려하여 쇄석 또는 콘크리트 등이 많이 사용된다.

| 정거장(역, station) | 철도정거장은 철도 영업의 주요 거점으로 열차의 도착, 출발 장소이며, 열차 운행을 위한 열차의 조성, 차량의 입환, 열차의 교행 또는 대피 기능과 철도영업을 위한 여객의 승강, 화물의 적하 장소를 말한다.

정거장의 종류에는 열차 운행상 기능에 따라 여객과 화물을 취급하는 일반역(station), 열차의 교행을 목적으로 하는 신호장(signal station), 열차의 조성과 분해 또는 입환 목적의 조차장(shunting yard)으로 대별되며 사용 목적과 위치에 따라 세분된다.

8 철도 정거장의 종류

지상(지평) 정거장(Ground Station)
(출처: 위키피디아)

고가 정거장(Elevated Station)
(출처: 위키피디아)

지하 정거장(Underground Station)
(출처: 크리에이티브 커먼즈)

| 차량기지 | 차량 운영을 위한 차량 보수, 정비, 유치 및 청소, 세척 등을 행하는 거점인 동시에 승무원의 거점(운용, 훈련, 지도, 휴식 등)으로서 차량기지 및 정비창 등의 건물, 궤도 등 제반시설을 갖춘 장소를 말한다. 차량의 검수, 유치조성에 따른 차량운영에 효율적인 시설배치와 각 분야의 작업요원, 승무원 등의 운영과 입지

9 **차량기지의 종류**
(출처: 크리에이티브 커먼즈)

조건 등이 종합적으로 검토되어야 한다.

| 신호보안 설비(Signal Protection Device) | 철도 열차가 레일 위를 주행할 때 충돌, 탈선 등의 사고를 예방하고 진행 방향을 알기 위해 진행 · 정지, 속도, 진로 등의 운전조건을 기계적, 전기적으로 지시 또는 전달하는 장치를 총칭하여 신호보안 설비라 한다. 현재 사용하고 있는 신호보안 설비는 폐색장치, 신호장치, 연동장치, 궤도회로, 열차제어장치 등이 있다.

즉, 열차가 레일 위를 안전하게 주행하기 위한 허용거리만큼은 선행열차가 없어야 한다. 그 허용구간을 폐색구간이라 하며 이때 신호기를 설치한다든지 차상신호를 부여하여 열차 운행가부를 지시하게 된다.

철도교통 관제 _ 철도차량의 운행정보 제공, 철도차량 등에 대한 운행통제, 적법운행 여부에 대한 지도 · 감독, 사고발생 시 사고복구 지시 등 철도교통의 안전과 질서를 유지하기 위하여 필요한 조치를 할 수 있도록 철도교통관제시설을 설치 · 운영하고 있다.

즉, 철도관제센터의 주된 업무는 간단히 말해 '계획된 스케줄대로 열차를 안전하게 운행시키는 것'이다. 이를 위해 관제사는 관제설비를 이용해 담당선로를 운행하는 모든 열차를 제어 · 감시 · 통제하고 운행선로에서 발생되는 각종 사고나 장애의 복구 및 대응 조치를 수행해야 한다.

열차운행 통제 흐름도

초기에는 정거장에서 기관사에 의해 운전하는 방식 → 열차 폐색(Block)시스템을 도입(각 정거장 폐색취급자에 의한 선로전환기와 신호를 취급)하여 운행 → 중앙관제(구 사령실, 현 관제실)시스템을 도입하여 운행[초기: 폐색전화기를 통한 열차운전 통제, 현재: 대형패널(LDP)를 활용한 열차집중제어(CTC)로 발전됨]

철도 관제센터

철도교통 관제센터 내부 전경
(출처: 크리에이티브 커먼즈)

열차운전의 폐색장치 _ 폐색장치란 열차의 추돌을 방지하기 위하여 열차와 열차 사이에 항상 일정한 시간 또는 거리를 두는 것으로 역과 역 사이를 1개 또는 여러 개의 구간으로 분할하여 1구간에 1개의 열차만을 허용하여 운행토록 하여 열차의 안전운행을 확보하는 시스템을 말한다.

10 자동폐색장치의 개념도

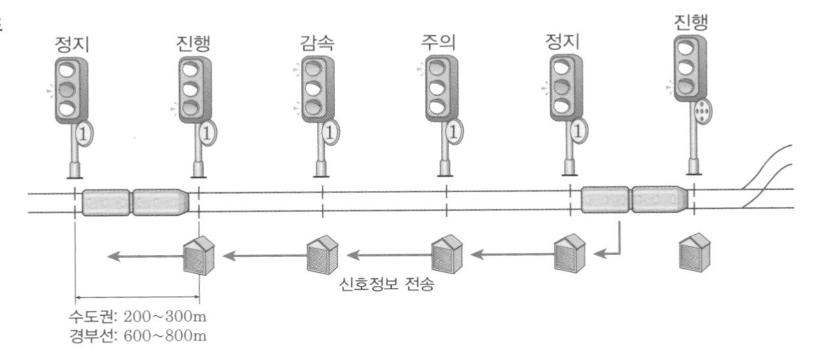

신호장치 _ 운전자에게 시각이나 청각을 이용하여 진행/정지, 속도나 진로 등의 운전조건을 지시 또는 전달하는 장치를 총칭하여 철도신호라고 한다. 일반적으로 철도 운전에 필요한 Sign을 철도신호라 말하고, 신호, 전호(傳號), 표지(標識) 등 3종류로 나누고 있다.

현재 가장 많이 채용하는 지상 신호기의 신호현시는 G(진행), Y(주의), 정지(R) 3위식이다.

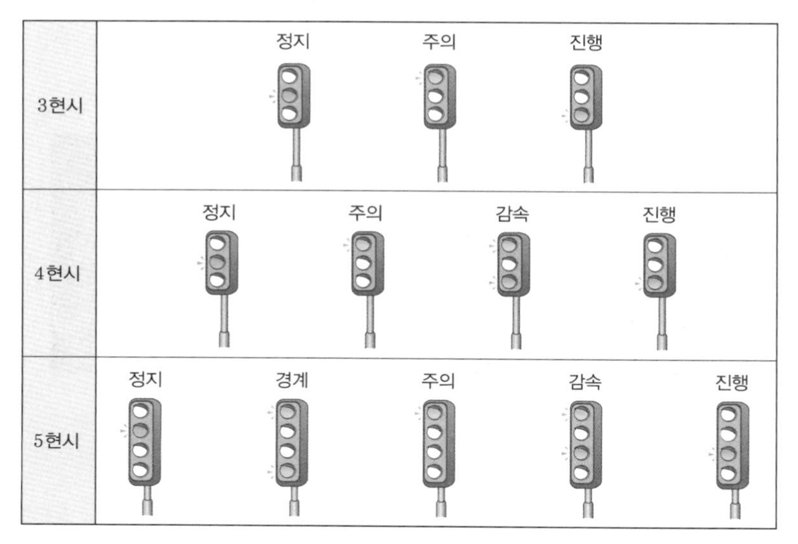

11 지상 신호기의 신호현시

자동열차제어장치 _ 철도 열차가 주행할 때 여러 운전조건을 기계적, 전기적으로 지시 또는 전달 사항을 여러 장치를 통해 제어하는 장치로 자동열차정지장치(Automatic Train Stop, ATS), 자동열차제어장치(Automatic Train Control, ATC), 자동열차운전장치(Automatic Train Operation, ATO) 등이 있다.

- 자동열차정지장치(ATS): 정지신호를 현시하고 있는 상치신호기에 열차가 접근할 때 열차의 제동거리 이상의 지점에서 차상설비에서 경보(적색등 또는 벨)를 주고 적절한 조치가 없으면 열차에 자동적으로 제동력이 작용되어 그 신호기 전방에 정지시키는 시스템이다.

  정지신호를 현시하고 있는 상치신호기에 열차가 접근하면 경보(적색등 또는 벨)를 알리고 기관사가 일정시간(5초) 브레이크와 확인 취급을 하지 않으면 자동적으로 브레이크가 작동되어 열차는 정지된다.

- 자동열차제어장치(ATC): 열차가 속도 제한 구역에서 그 이상으로 운행하게 되면 자동적으로 속도를 제어 제한속도 이하로 운행하게 하는 신호보안 장치이며, ATS가 정지신호 오인방지가 주 목적인데 반하여 ATC는 속도제어를 통한 열차 안전운행 유도를 목적으로 하는 시스템이다.

  ATC는 신호현시에 따라 그 구간의 제한속도 지시를 연속적으로 열차에 주어 열차속도가 제한속도를 넘으면 자동적으로 제동이 걸리고 제한속도 이하로 되면 제동이 풀린다.

- 자동열차운전장치(ATO): ATC에 자동운전기능을 부가하여 열차가 정차장을 발차하여 다음 정차장에 정차할 때까지 가속, 감속 및 정차장에 도착할 때 정 위치에 정차하는 일을 자동적으로 수행하는 시스템이다.

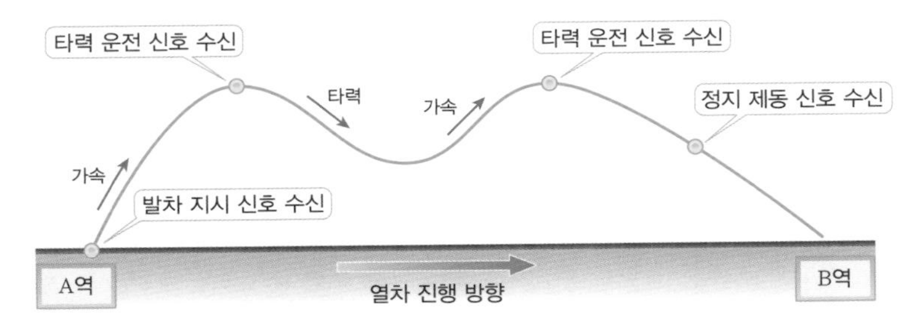

사람, 환경, 교통이 공감되는 세계의 도시철도 · 지하철역 탐방

뉴욕의 자유의 여신상, 런던의 런던브리지, 파리의 에펠탑……. 이들은 도시를 대표하는 상징물이다. 폴란드 소포트의 쇼핑몰인 삐뚤어진 집, 프라하의 춤추는 집은 관광객이 일부러 찾는 곳이기도 한다.

최근 들어 공공디자인의 중요성이 부각되고 있는 가운데 교통시설물 역시 단순한 시설물이 아니라 이용자들이 잠깐의 휴식처로서 즐거움과 여유를 느낄 수 있도록 설계, 설치되고 있다. 공항이나 기차역 같은 교통시설물은 수십 년간 사용할 시설물이기 때문에 조금만 신경을 쓴다면 사람과 환경, 교통이 조화되고 공감될 수 있도록 할 수 있다.

이에 세계의 독특하고 감성적인 지하철과 도시철도역을 소개하고자 한다.

| 세계의 도시철도, 지하철역 디자인 |

먼저 디자인 전문회사인 디자인붐이 2009년에 선정한 세계에서 가장 아름다운 지하철 역사를 소개하고자 한다.

스웨덴 스톡홀름 지하철 중앙역 내부
(출처: 크리에이티브 커먼즈)

벨기에 브뤼셀의 콤테 데 플랑드르 역
(출처: 크리에이티브 커먼즈)

독일 뮌헨의 베스트프리트호프 역
(출처: 크리에이티브 커먼즈)

■ 스웨덴 스톡홀름 시의 블루라인의 지하철 역사 내부는 마치 커다란 동굴 안에 있는 느낌이다. 세계에서 가장 긴 아트갤러리라고도 불리는 스톡홀름의 지하철역은 140여 명의 아티스트들이 참여하여 지하철역 100개 중 90개 이상을 독특한 예술작품으로 꾸몄다고 한다.

■ 벨기에 브뤼셀의 모든 지하철역에는 다양한 미술작품이 설치되어 있어 이용객들을 즐겁게 한다. 콤테 데 플랑드르 역의 천장에는 다섯 명의 날아다니는 사람 작품을 설치하였다.

■ 독일 뮌헨의 지하철역은 색을 강조한 점이 특징이다. 베스트프리트호프 역은 푸른빛의 철로공간과 승객대기공간의 은은한 노란색이 빛의 대비를 이루고 있다. 뮌헨 U1노선의 게오르크 브라우흘레 링 역은 승강장 벽면에 뮌헨의 역사적 풍경과 지하철역사 개발 이력 등의 이야기 요소로 꾸며 이용객들의 관심을 유도하고 있다.

러시아 모스크바의 꼼소몰쓰까야 역
(출처: 위키피디아)

오스트리아 빈의 케텐브뤼켄가세 역
(출처: 크리에이티브 커먼즈)

평양의 용강 지하철역
(출처: 크리에이티브 커먼즈)

■ 러시아 모스크바 지하철역은 화려하고 아름답기로 유명하다. 꼼소몰쓰까야 역은 마치 왕국에 들어와 있는 느낌이다. 화사한 파스텔톤의 높은 천장과 기둥이 인상적이다. 모스크바의 지하철역은 비상시 방호시설로 이용하기 위해 깊은 곳에 위치한다고 한다.

■ 음악의 도시 오스트리아 빈은 역사적인 시설물을 보존하고 활용하고 있는 좋은 사례이다. 건축외관과 로비를 보존하면서 내부공간은 리모델링하기도 한다. 케텐브뤼켄가세 역은 궁전이나 박물관으로 들어가는 느낌을 잘 살렸다.

■ 지하철역을 이야기할 때 빼놓지 말아야 할 곳이 바로 평양이다. 평양의 지하철은 서울보다 1년 빠른 1973년에 개통되었다. 평양의 지하철역은 모스크바 지하철역의 영향을 받아 대리석 구조물로 되어 있어 지하궁전이라는 별칭이 있다. 평양에는 현재 2개의 지하철 노선이 운영 중이다.

■ 고대 문명의 발상지 그리스 아테네의 지하철역은 많은 복제유물과 미술품을 전시하고 있어 마치 박물관에 들어와 있는 착각이 든다. 아테네의 신태그마 역은 고대 벽화, 유물 등이 전시되어 있다.

■ 캐나다 토론토의 뮤지엄 역은 누가 봐도 이번 역은 박물관임을 알 수 있게 승강장 기둥을 고대 유물로 장식했다.

■ 구겐하임 재단이 세운 구겐하임 미술관은 뉴욕, 베네치아, 베를린 그리고 스페인 빌바오에 있다. 구겐하임 미술관은 철강도시인 빌바오의 도시재생의 아이콘으로 유명하다. 빌바오 지하철역은 여행가 사진의 단골 메뉴이다. 주력 사업인 철강업과 조선업의 도시이미지를 이용하여 철강프레임과 깔끔한 곡면 유리구조로 지하철역사 입구를 단장하였다.

그리스 아테네의 신태그마 역
(출처: 위키피이아)

캐나다 토론토의 뮤지엄 역
(출처: 크리에이티브 커먼즈)

스페인 빌바오의 지하철역
(출처: 크리에이티브 커먼즈)

독일 프랑크푸르트의 보켄하이머 바르테 역
(출처: 위키피디아)

프랑스 파리의 포르트도핀 역
(출처: 위키피디아)

문화역 서울 284
(출처: 크리에이티브 커먼즈)

■ 독일 프랑크푸르트의 보켄하이머 바르테 역은 지하철이 땅에서 튀어나오는 듯한, 한편으로는 땅으로 들어가는 듯한 영화적인 역사로 이용자들의 시선을 사로잡고 있다.

■ 예술과 낭만의 도시 파리로 가 보자. 몇몇 군데에 남아 있는 아르누보 양식의 지하철 출입구는 관광객의 필수코스이다. 파리의 포르트도핀 역은 출입구 캐노피를 식물의 줄기와 같은 유연한 곡선으로 생동감을 표현하여 판타지 영화속으로 빨려 들어가는 느낌이 난다.

■ 우리나라에도 유럽의 아름답고 멋진 역사와 견줄만한 기차역이 있다. 르네상스 양식의 옛 서울역사가 원형복원 후 복합문화공간인 '문화역서울284'로 새롭게 태어났다. 1900년에 건축되어 2004년 KTX의 개통으로 새로운 서울역에 그 자리를 넘겨 줄 때까지 굴곡진 역사를 지켜봐 온 역이다.

있는 그대로를 활용하여 환경과 교통이 조화되고, 그것을 이용하는 사람이 하나가 되도록 설계하고 운용하는 것이 지속가능한 교통, 지속가능한 사회가 아닐까 생각한다.
한편으로는 그 지역의 특성을 반영하고 이용자에게 재미를 선사하는 교통시설물이 되어 오래오래 기억에 남고 모두가 즐거운 교통생활이 되면 좋겠다.

chapter 3

하늘의 길, **항공이야기**

공항은 어떻게 운영되나?

공항이란?

비행장은 항공기의 이륙(수상에서 출발하는 이수 포함)과 착륙(수상으로 도착하는 착수 포함)을 위하여 사용되는 육지 또는 수면의 일정한 구역을 말한다. 공항은 이 중에서 공항시설을 갖춘 공공용 비행장으로서 국토교통부장관이 지정하는 비행장을 의미한다. 공항은 항공기를 운영하기 위한 필수적인 시설로서 활주로, 터미널 등의 기본시설과 공항에 접근하기 위해 필요한 장애물 없는 주변 공간 그리고 공항에 접근하기 위한 접근로, 편의시설과 같은 기타

1 **공항전경**(출처: 크리에이티브 커먼즈)

시설로 구성된다. 이외에 도심공항터미널도 넓게는 공항의 확장으로 보기도 한다.

2 공항시설 구분

구분	내용
기본시설 (공항시설법 시행령 제3조)	• 활주로 · 유도로 · 계류장 · 착륙대 등 항공기의 이 · 착륙시설 • 여객터미널 · 화물터미널 등 여객시설 및 화물처리시설 • 항행안전시설 • 관제소 · 송수신소 · 통신소 등의 통신시설 • 기상관측시설 • 공항이용객 주차시설 및 경비보안시설 • 공항이용객에 대한 홍보 및 안내시설
지원시설	• 항공기 및 지상조업장비의 점검 · 정비 등을 위한 시설 • 운항관리시설, 의료시설, 교육훈련시설, 소방시설 및 기내식 제조 · 공급 등을 위한 시설 • 공항의 운영 및 유지 · 보수를 위한 공항 운영 · 관리시설 • 공항 이용객 편의시설 및 공항근무자 후생복지시설 • 공항 이용객을 위한 업무 · 숙박 · 판매 · 위락 · 운동 · 전시 및 관람집회 시설 • 공항교통시설 및 조경시설, 방음벽, 공해배출 방지시설 등 환경보호시설 • 공항과 관련된 상하수도 시설 및 전력 · 통신 · 냉난방 시설 • 항공기 급유시설 및 유류의 저장 · 관리 시설 • 항공화물을 보관하기 위한 창고시설 • 공항의 운영 · 관리와 항공운송사업 및 이와 관련된 사업에 필요한 건축물에 부속되는 시설 • 공항과 관련된 "신에너지 및 재생에너지 개발 · 이용 · 보급 촉진법" 제2조 제3호에 따른 신에너지 및 재생에너지 설비
도심공항터미널	• 공항구역 밖에서 항공여객 및 항공화물의 수송 및 처리에 관한 편의를 제공하기 위하여 설치 · 운영되어지는 시설

공항은 크게 항공기 이동지역(air-side)과 일반업무지역(land-side)으로 구분한다. 쉽게 생각하면 출발승객이 보안검색을 마치고 출입하는 지역과 도착승객이 짐을 찾아 나오기 이전 지역 모두는 항공기이동지역(통상 에어사이드라 칭함)이다. 그 외의 지역은 일반업무지역(통상 랜드사이드라 칭함)으로 보면 된다. 에어사이드에서는 여객의 탑승이나 화물의 탑재와 함께 항공기 운항에 대한 전반적인 과정이 이루어진다. 랜드사이드에서는 체크인을 하고 수하물을 부치고, 출발 · 도착 승객을 환송 및 환영하는 등의 항공기 탑승을 위한 활동이 이루어지는 자유로운 공간이다.

항공기는 운항에 제약을 받는 조건들이 있기 때문에, 공항은 제시된 시설만으로 운영이 보장되는 것은 아니다. 공항이 제대로 운영되기 위해서는 조종사의 시각적인 판단이 보장되고 항공기 이착륙이 가능할 수 있도록 기상조건이 양호해야 한다. 물론 이착륙에 지장을 주는 바람의 영향과 조류와 항공기가 충돌하는 위험요인이 적어야 한다. 따라서 공항을 계획하고 건설할 경우에는 항공기 운항에 관련된 여러 영향 요인들을 면밀히 따져야 한다.

우리나라에서는 현재 15개의 공항이 운영되고 있다. 민간공항과 민간과 군이 공동으로 사용하는 공항, 국제선이 취항하는 공항과 국내선만 취항하는 공항으로 구분할 수 있다.[3]

구분		공항명
기능별 (15)	국제 (8)	인천, 김포, 제주, 김해, 청주, 대구, 양양, 무안
	국내 (7)	광주, 울산, 여수, 포항, 군산, 사천, 원주
소유 주체별 (15)	민간 (7)	인천, 김포, 제주, 울산, 여수, 양양, 무안
	민 · 군 겸용(8)	김해, 광주, 청주, 대구, 포항, 군산, 사천, 원주

3 **공항의 구분**
울진비행장은 공항이 아닌 비행장으로 대상에서 제외. 현재 울진비행장은 원래 국내 공항으로 건설되어 2003년에 개항할 예정이었지만, 수요가 없어 개항을 포기하고 2010년 비행교육 훈련센터 용도로 전환되어 재개항하였다.

인천국제공항, 김포국제공항, 제주국제공항, 울산공항, 여수공항, 양양국제공항, 무안국제공항이 민간전용공항이며, 인천국제

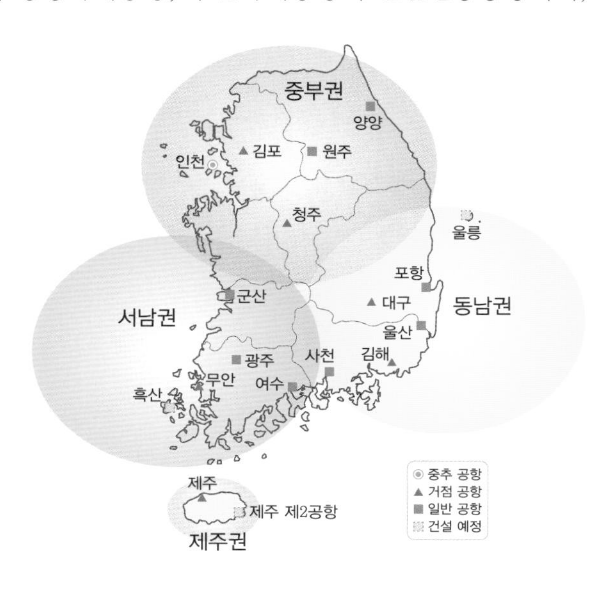

4 **권역별 공항 분포도**
(자료: 국토교통부, 『제5차공항개발중장기 종합계획 수립 연구』, 2016, p.188)

공항, 김포국제공항, 제주국제공항, 김해국제공항, 청주국제공항, 대구국제공항, 양양국제공항, 무안국제공항에서 국제선이 취항하고 있다. 정부가 5년마다 수립하는 공항개발중장기 종합계획에서는 공항권역을 중부권, 서남권, 동남권, 제주권으로 크게 구분하고 있다.[4]

공항에서 사람과 화물은 어떻게 이동하나요?

공항에 도착하면 국제선과 국내선에 따라 여객은 이동하는 절차가 다르다. 국제선을 이용하여 출국할 경우에는 다른 국가로 이동하는 것이므로 출국심사를 최종적으로 받아야 한다. 이 전에 반드시 보안검색을 통과해서 금지된 물품을 가지고 있지 않음이 입증되어야 하며, 세관 신고가 필요한 경우도 있다. 반대로 입국할 때에는 검역을 통과해서 입국심사를 받고 수하물을 수취하며, 신고를 하고 필요한 경우 세관 검사를 받아야 한다. 이는 우리나라를 기준으로 한 절차이며 터미널의 운영형태, 해당 국가의 정책에 따라 달라질 수 있다. 국제선을 이용할 경우에는 항상 해당 공항의 절차를 여행 전에 파악해 두어 당황하는 일이 없어야 할 것이다.

반면 국내선은 출입국심사나 세관 관련 업무가 없기 때문에, 국제선과 달리 간단한 절차로 항공기에 탑승할 수 있다. 출발승객의 수하물은 보안검색과 수하물 분류장을 통해서 항공기에 실린다. 도착승객의 수하물은 반대로 수하물 분류장과 보안검색을 차례로 통과하여 수하물 인도장으로 이동하게 된다. 수하물은 안전과 보안을 위해서 반드시 수하물을 맡긴 승객과 일치해야 항공기에 탑재된다. 주인 없는 수하물이 발견되거나 승객이 탑승을 못하는 경우에는 해당 수하물을 항공기에 탑재하지 않는다.

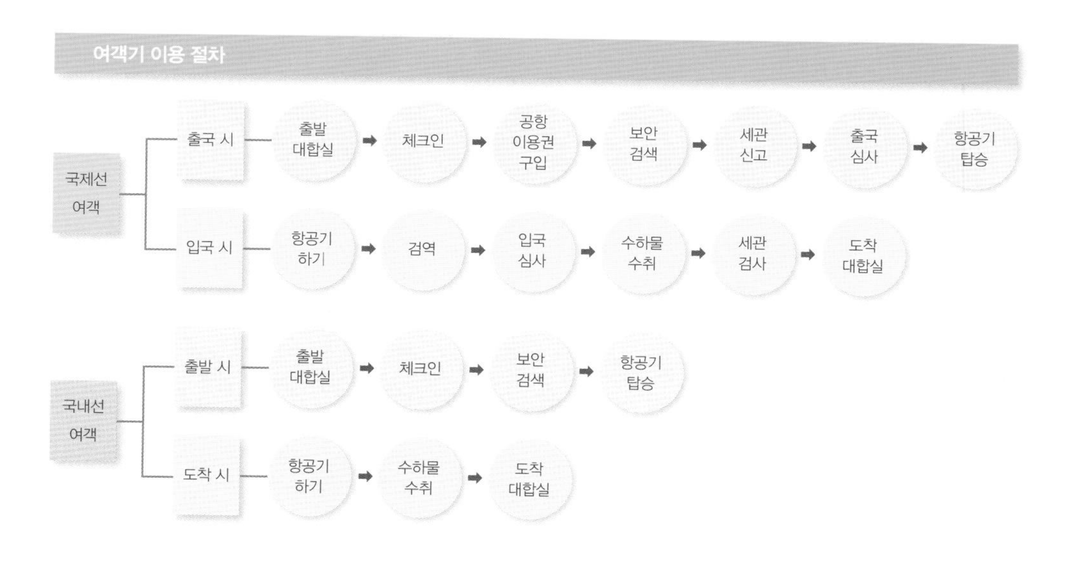

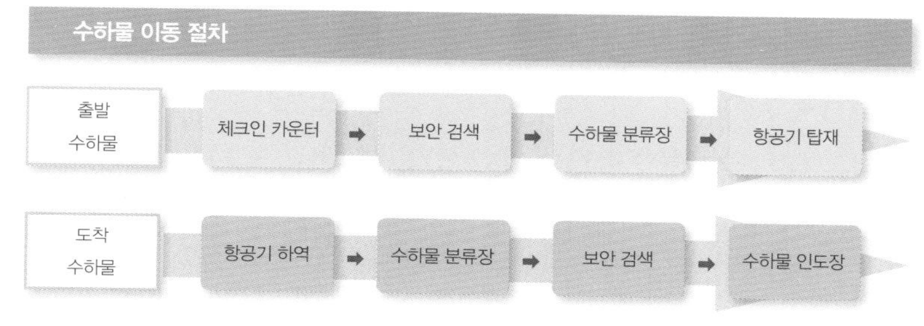

5 여객과 수하물 이동 절차
(출처: 국토교통부, 『항공교통분야 지능형교통체계 계획 2020』, p.174)

공항을 운영하기 위한 시스템은?

공항은 접근부터 운항까지 복잡한 과정을 통하여 운영된다. 이러한 과정을 위해서 공항은 다양한 시스템을 이용하는데, 크게 항공기 공항이용시스템, 여객의 탑승 및 하기시스템, 화물의 탑재 및 하기시스템으로 구분할 수 있다. 공항이용시스템 중에서도 여객들이 가장 직접적으로 이용하는 시스템은 운항정보표출시스템(Flight Information Display System, FIDS)이다. 승객들은 이 시스템을 통하여 탑승할 비행기에 대한 실시간 운항정보를 직접적으로 확인할 수 있게 된다.

공항운영자 측면의 시스템은 운항정보관리시스템(Flight

Information Management System, FIMS)[1], 공항운영관리시스템(Airport Operation Management System, AOMS)[2], 통합주차관제서비스[3] 등이 있다. 특히 수하물처리시스템(Baggage Handling System, BHS)은 공항의 서비스 평가 척도를 결정하는 주요한 시스템이다. 이외에도 인천국제공항의 자동출입국 수속 시스템과 같이 서비스 수준을 높이기 위한 다양한 시스템들이 도입 · 운영되고 있다.

6 공항이용시스템
(출처: 한국항공대학교출판부, 『항공교통개론』, 2014, p.68)

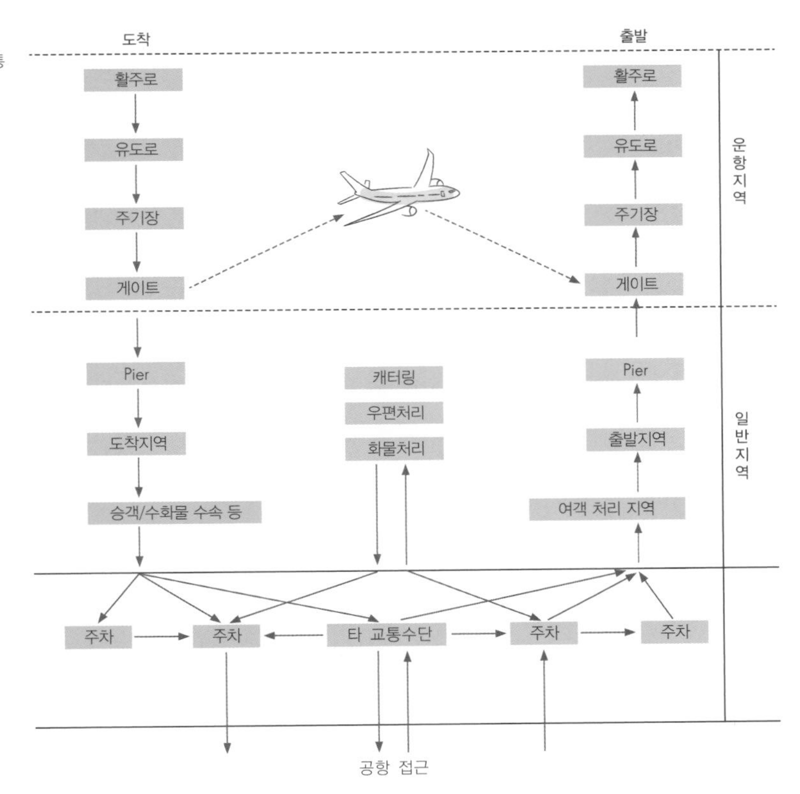

1 운항정보관리시스템: 항공기의 운항 스케줄 자동 관리와 체크인카운터, 주기장 등 핵심 공항 자원관리를 실시간으로 수행하는 시스템이다.

2 공항운영관리시스템: 공항운영센터의 총괄 관리를 위한 소프트웨어 시스템으로서, 공항 자원상태의 실시간 감시 및 수집정보를 관련 부서로 자동 전파, 항공편과 여객 및 화물 운송 실적 등 관련된 항공통계 생성, 여객과 항공편에 대한 예고 및 추적관리를 통한 혼잡 방지 등의 기능을 수행한다.

3 통합주차관제서비스: 24시간, 365일 무중단 관제를 통해 통합주차관제 및 실시간으로 차량정보를 관리하는 서비스를 의미한다.

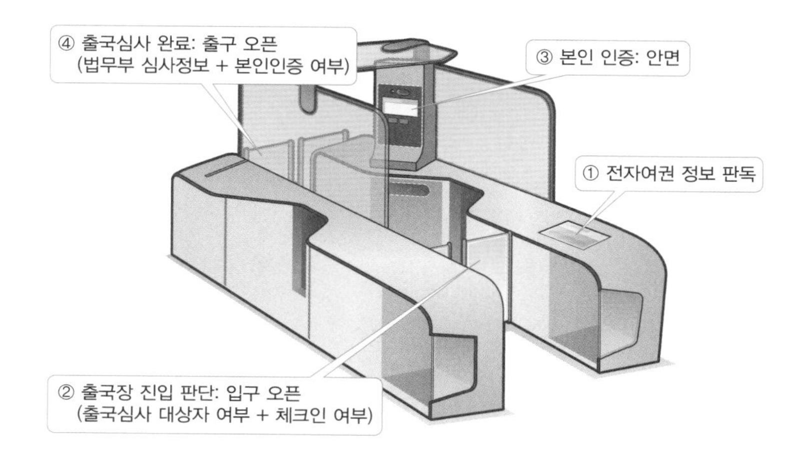

7 자동출입국 시스템 예시

항공기는 어느 나라라도 갈 수 있을까?

공항이 건설되었더라도 국제선의 경우에 항공기는 자유롭게 취항할 수 없다. 항공기가 공항을 이용하기 위해서는 출발공항과 도착공항이 있는 국가들 사이에 '항공협정'이 체결돼 있어야 한다. 국제항공의 자유화를 위한 '항공자유화정책(open sky policy)'에 따라 미국을 중심으로 항공협정 개정이 많은 국가들 사이에 이루어졌으며, 우리나라도 큰 방향에서 이에 동참하고 있다.

항공협정에서는 운수권(여객 · 우편물 또는 화물을 운송할 수 있는 권리)에 대한 합의가 이루어지게 된다. 여기서 운수권은 다음과 같은 9가지 자유로 분류된다. 양자 간 협정에서는 ① 어떤 권리를(운송권 허가), ② 어떤 조건으로(유보조건), ③ 어떤 절차를 통해(규칙준수), ④ 어떤 항공사에 의해(지정 항공사), ⑤ 어떤 기재와 어느 정도의 편수로(제공수송력), ⑥ 어떻게 결정된 운임으로(운임결정 방식), ⑦ 어떤 노선에서(운항노선) 상호 허가하는지 결정된다.[4]

4 무라카미 히데키 외 편저, 『항공경제학』, 서울경제경영, 2011, p.168 인용

8 항공 9자유 분류

(자료: 무라카미 히데키 외 편저, 『항공경제학』, 서울경제경영, p.165~168 인용)

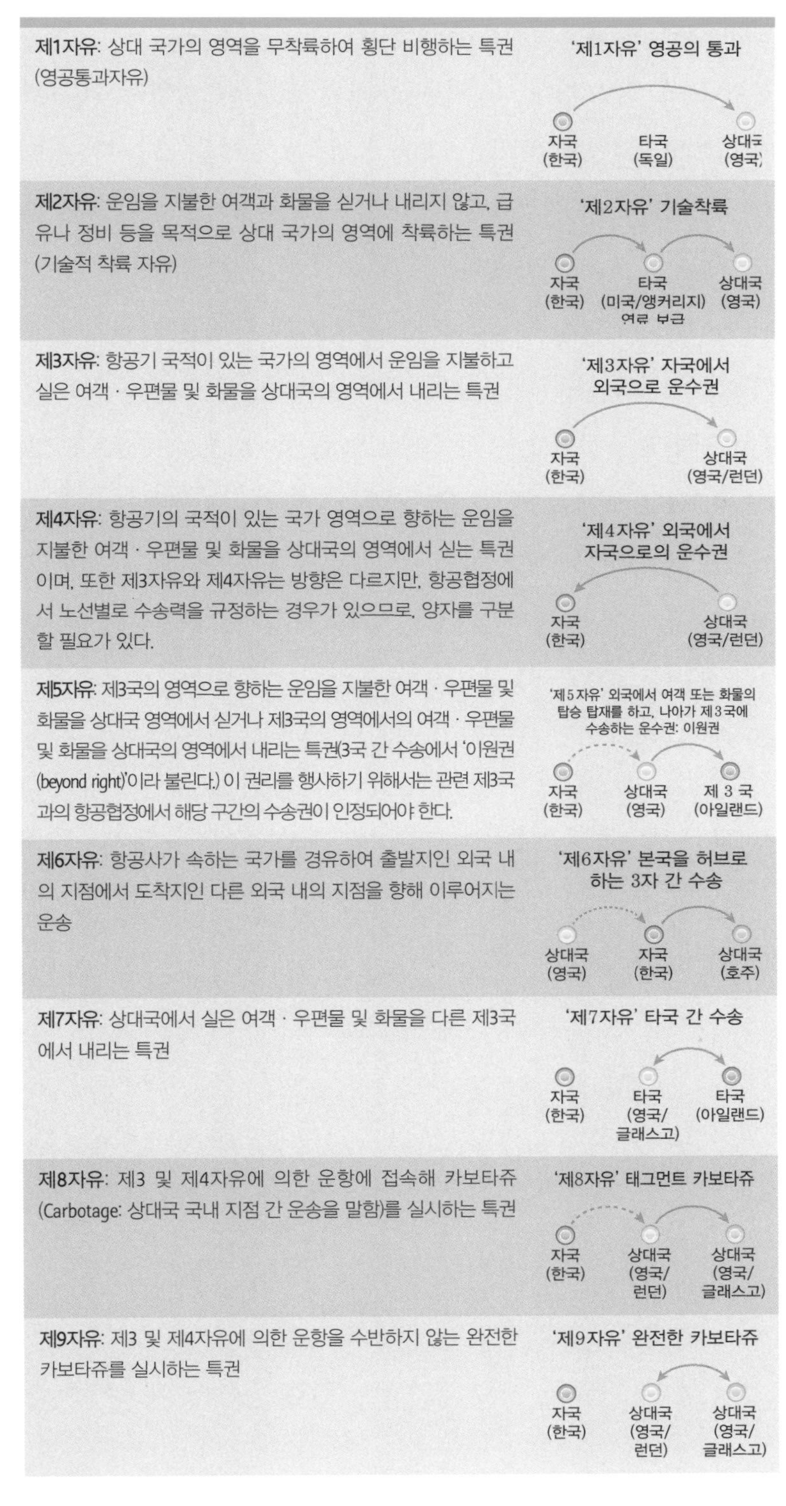

분류	도해
제1자유: 상대 국가의 영역을 무착륙하여 횡단 비행하는 특권(영공통과자유)	'제1자유' 영공의 통과 자국(한국) → 타국(독일) → 상대국(영국)
제2자유: 운임을 지불한 여객과 화물을 싣거나 내리지 않고, 급유나 정비 등을 목적으로 상대 국가의 영역에 착륙하는 특권(기술적 착륙 자유)	'제2자유' 기술착륙 자국(한국) → 타국(미국/앵커리지) 연료 보급 → 상대국(영국)
제3자유: 항공기 국적이 있는 국가의 영역에서 운임을 지불하고 실은 여객 · 우편물 및 화물을 상대국의 영역에서 내리는 특권	'제3자유' 자국에서 외국으로 운수권 자국(한국) → 상대국(영국/런던)
제4자유: 항공기의 국적이 있는 국가 영역으로 향하는 운임을 지불한 여객 · 우편물 및 화물을 상대국의 영역에서 싣는 특권이며, 또한 제3자유와 제4자유는 방향은 다르지만, 항공협정에서 노선별로 수송력을 규정하는 경우가 있으므로, 양자를 구분할 필요가 있다.	'제4자유' 외국에서 자국으로의 운수권 자국(한국) ← 상대국(영국/런던)
제5자유: 제3국의 영역으로 향하는 운임을 지불한 여객 · 우편물 및 화물을 상대국 영역에서 싣거나 제3국의 영역에서의 여객 · 우편물 및 화물을 상대국의 영역에서 내리는 특권(3국 간 수송에서 '이원권(beyond right)'이라 불린다.) 이 권리를 행사하기 위해서는 관련 제3국과의 항공협정에서 해당 구간의 수송권이 인정되어야 한다.	'제5자유' 외국에서 여객 또는 화물의 탑승 탑재를 하고, 나아가 제3국에 수송하는 운수권: 이원권 자국(한국) → 상대국(영국) → 제 3 국(아일랜드)
제6자유: 항공사가 속하는 국가를 경유하여 출발지인 외국 내의 지점에서 도착지인 다른 외국 내의 지점을 향해 이루어지는 운송	'제6자유' 본국을 허브로 하는 3자 간 수송 상대국(영국) → 자국(한국) → 상대국(호주)
제7자유: 상대국에서 실은 여객 · 우편물 및 화물을 다른 제3국에서 내리는 특권	'제7자유' 타국 간 수송 자국(한국), 타국(영국/글래스고) ↔ 타국(아일랜드)
제8자유: 제3 및 제4자유에 의한 운항에 접속해 카보타쥬(Carbotage: 상대국 국내 지점 간 운송을 말함)를 실시하는 특권	'제8자유' 태그먼트 카보타쥬 자국(한국) → 상대국(영국/런던) → 상대국(영국/글래스고)
제9자유: 제3 및 제4자유에 의한 운항을 수반하지 않는 완전한 카보타쥬를 실시하는 특권	'제9자유' 완전한 카보타쥬 자국(한국), 상대국(영국/런던) ↔ 상대국(영국/글래스고)

얼마나 많은 사람들이 공항을 이용하는가?

우리나라는 2016년에 항공여객수요 1억 명을 돌파하였다. 2011년 약 6,400만 명에서 2015년 9,000만 명으로 공항을 이용하는 사람들이 급증하였다. 이러한 수요의 증가는 저비용항공사 활성화, 중국인 방문객 증가 등의 영향으로 볼 수 있다. 인천국제공항은 우리나라의 관문 공항으로서 국제선은 연평균 9%의 높은 이용 수요 증가율을 보이고 있다. 김포국제공항은 국제선이 취항할 수 있는 노선이 제한되어 있어 2.2%의 성장률을 보이는 대신 국내선은 6.6%의 증가율을 보이고 있다. 제주노선에 대한 수요가 연평균 10% 증가율을 보이고 있기 때문이다. 이외에도 국내선만 운영되는 공항을 제외한 국제공항인 청주국제공항, 김해국제공항, 대구국제공항, 무안국제공항, 제주국제공항 모두 국내선과 국제선 모두 빠른 증가율을 보이고 있다.

(단위: 천 명, %)

9 공항별 여객 실적(2011~2015)

구분		2011	2012	2013	2014	2015	연평균 증가율
인천	국내	525	620	697	605	561	1.7%
	국제	34,538	38,351	40,786	44,907	48,720	9.0%
김포	국내	14,835	15,335	15,943	17,484	1,9134	6.6%
	국제	3,679	4,095	3,961	4,083	4,013	2.2%
청주	국내	1,188	1,165	1,163	1,236	1,611	7.9%
	국제	150	144	215	467	508	35.7%
김해	국내	5,210	5,163	5,200	5,513	6,424	5.4%
	국제	3,539	4,034	4,472	4,866	5,958	13.9%
대구	국내	1,012	963	944	1,315	1,696	13.8%
	국제	166	148	140	223	332	18.9%
무안	국내	15	17	18	32	129	71.2%
	국제	76	79	114	146	183	24.6%
제주	국내	16,483	17,358	18,493	20,940	24,244	10.1%
	국제	719	1,085	1,562	2,258	1,994	29.0%

구분		2011	2012	2013	2014	2015	연평균 증가율
양양	국내	–	–	–	61	20	–
	국제	6	23	38	177	107	105.5%
원주	국내	72	83	80	76	75	1.0%
울산		595	520	473	457	561	–1.5%
포항		260	262	240	112	운휴	–24.5%
사천		143	138	115	124	135	–1.4%
광주		1,376	1,380	1,332	1,470	1,605	3.9%
여수		627	631	475	434	414	–9.9%
군산		172	161	175	154	205	4.5%
합계	국내	21,257	21,898	22,674	25,007	28,407	7.5%
	국제	42,873	47,959	51,288	57,127	61,815	9.6%
	전체	64,130	69,857	73,962	82,134	90,222	8.9%

주) 국내선은 이용객이 출발 · 도착지에서 중복 계산되기 때문에 총합 계산 시 반값을 취하여 보정함

항공화물은 화물전용기 외에도 여객기 동체 하부의 화물실을 활용하여 운송될 수 있다. 높은 운임 때문에 부가가치가 높거나 빠르게 운송해야 할 중요한 제품 등이 항공화물로 운송된다. 우리나라의 항공화물은 2012년 이후부터 다소 증가하기 시작하여 연평균 1.9%의 증가율을 보이고 있다. 국제선 화물운송의 대부분은 인천국제공항에서 이루어지고 있다.

(단위: 천 톤, %)

10 공항별 화물운송 실적(2011~2015)

구분		2011	2012	2013	2014	2015	연평균 증가율
인천	국내	7.2	8.2	9.7	9.2	9.0	5.7%
	국제	3,092.5	3,051.1	3,087.9	3,233.9	3,321.7	1.8%
김포	국내	190.9	177.3	172.6	172.6	195.4	0.6%
	국제	69.3	77.2	73.7	76.8	75.6	2.2%
청주	국내	12.8	11.2	10.6	12.5	13.8	1.9%
	국제	3.4	5.2	2.4	5.2	6.0	15.3%
김해	국내	65.0	60.2	52.4	57.3	59.3	–2.3%
	국제	61.7	61.1	63.8	66.0	87.4	9.1%

구분		2011	2012	2013	2014	2015	연평균 증가율
대구	국내	17.8	16.6	14.8	16.3	16.9	−1.3%
	국제	1.9	1.7	1.6	2.5	3.6	17.3%
무안	국내	0.08	0.08	0.09	0.2	0.6	65.5%
	국제	0.9	0.9	1.2	1.6	2.1	23.6%
제주	국내	243.5	233.3	222.0	252.4	257.6	1.4%
	국제	8.4	11.3	15.3	23.0	21.1	25.9%
양양	국내	–	–	–	0.6	0.2	–
	국제	0.07	0.2	0.4	0.4	1.2	103.5%
원주	국내	0.4	0.5	0.5	0.5	0.4	0%
울산		3.4	2.8	2.6	2.5	2.6	−6.5%
포항		0.9	0.9	0.9	0.4	운휴	–
사천		0.7	0.7	0.6	0.6	0.6	−3.8%
광주		15.3	14.7	15.1	15.4	15.8	0.8%
여수		2.6	2.6	2.1	2.1	2.0	−6.3%
군산		1.6	1.5	1.5	1.0	1.3	−5.1%
합계	국내	562.2	530.6	505.5	543.6	575.5	0.6%
	국제	3,238.2	3,208.7	3,246.3	3,409.4	3,518.7	2.1%
	전체	3,800.4	3,739.3	3,751.8	3,953.0	4,094.2	1.9%

주) 국내선은 이용객이 출발 · 도착지에서 중복 계산되기 때문에 총합 계산 시 반값을 취하여 보정함

이러한 운송실적을 기반으로 장래 수요예측이 이루어지는데, 이는 공항과 관련된 미래 정책 수립에도 활용된다. 장래 수요예측을 위한 기법들은 추세분석, 회귀모형 등 다양한 모형들이 있다. 수요예측이 필요한 기간이 단기(1년 이내), 중기(1년에서 5년), 또는 장기(5년 이상)인지 아닌지에 따라 적정한 모형이 선택 · 적용된다. 단기에는 주로 추세분석 기법이 쓰이고 중장기에는 회귀모형이 적용된다. 이러한 수요예측 모형은 크게 시계열분석과 인과모형을 이용한 정량적 분석, 델파이기법 등을 활용한 정성적 분석 그리고 여러 방법이 함께 적용되는 결정분석(결합기법)으로 구분할 수 있다.[11]

11 **항공수요 예측모형**

전 세계적으로 인구 500만 명 이상의 대도시 비율이 늘어나고 있다. 이에 따라 하루 1만 명 이상이 장거리 항공노선을 이용하는 항공메가도시도 많아져[12] 항공교통수요가 지속적으로 증가할 것으로 보인다. 이러한 추세에서 우리나라 정부는 공항개발중장기 종합계획에서 중장기적인 회귀모형 등을 이용하여 장래 수요를 예측하고 있다. 가장 최근에 수립된 "제5차 공항개발중장기 종합계획(안)"(2016~2020)에 따르면 2035년이 되면 한 해 1억 4,000만 명

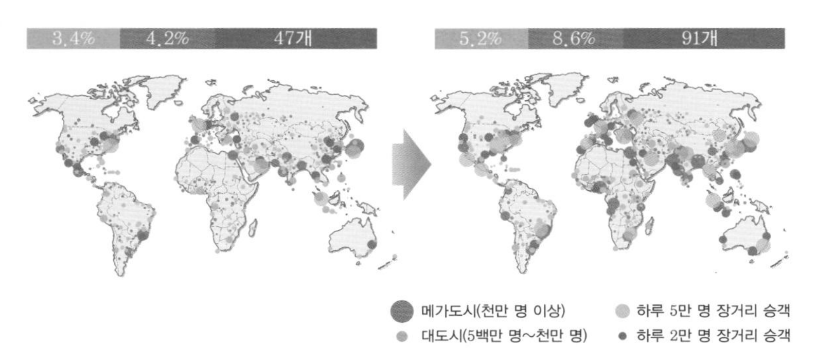

12 **대도시와 항공메가도시 변화 (2013년에서 2034년으로의 변화)**
(자료: AEROPORTS DE PARIS, 2015 Airbus, Global Market Forecast 2014-2033, 2015 인용)

이 국제선을 이용하고, 4,000만 명이 국내선을 이용할 것으로 전망된다. 정부는 이처럼 지속적으로 증가하는 항공수요를 처리하기 위해 공항시설 확충, 항공전문 인력 확보, 항공 관제시스템의 선진화 등 효율적이며 안전한 항공기 운항을 위한 대비책 마련에 노력을 기울이고 있다.

13 제5차 공항개발 중장기 종합계획(안) 수요전망

구분		2015	2020	2025	2030	2035
여객	국내선	2,846	3,603	4,271	4,659	4,652
	국제선	6,183	8,432	10,324	12,493	14,116
화물	국내선	576	801	1,000	1,177	1,176
	국제선	3,519	4,690	5,594	6,636	7,492

주 1) 국내선은 출 · 도착이 중복 반영되어 있기 때문에 반값을 취하여 보정함
2) 화물은 수하물 포함

하늘에는 길도 없고 신호등도 없는데, 항공기는 어떻게 다니나?

항공교통이란?

하늘을 자유롭게 날고자 했던 인류의 오랜 소망이 1903년 라이트 형제에 의하여 본격적으로 점화된 지도 100년이 넘어간다. 항공기는 다른 교통수단에 비해 가장 늦게 등장하였으나, 제2차 세계 대전 이후 급격한 발전을 이루면서 전 세계를 하나로 묶어주는 필수 교통수단이 되었다.

항공기가 운항하기 시작한 초기에 하늘에는 장애물도 없고 더군다나 3차원 공간이어서 자유롭게 이동할 수 있을 것만 같았다. 그러나 항공기의 특성인 공간적인 이동의 자유는 역설적으로 안전을 위협하게 되었고, 속도가 빨라지고 덩치가 커지면서 항공기를 운영하기 위한 복잡한 체계가 구축되었다. 넓은 의미에서 이러한 체계를 항공교통이라 부르는데, 항공교통은 구성요소와 지원시스템으로 이루어진다. 항공교통 구성요소는 항공기 자체와 조종사를 포함한 항공종사자, 항공기가 다니는 길(항공로), 항공기가 뜨고 내리는 공항이다. 항공교통 지원시스템은 하늘을 관리하고 항공기에게 길을 안내하는 항공교통업무지원시스템, 공항을 운영하기 위한

1 라이트 형제의 항공기 이륙 시도 테스트
(출처: 위키피디아)

시스템, 항공기 운항을 위한 시스템, 공항에서 항공기가 운항할 수 있도록 준비하는 항공기 정비와 지상조업시스템으로 이루어진다.

항공교통을 구성하는 요소란?

우리나라 "항공안전법"에서는 항공기를 "비행기, 비행선, 활공기, 회전익항공기, 그 밖에 대통령령으로 정하는 것으로서 항공에 사용할 수 있는 기기"로 정의하고 있다. 이외에 경량항공기, 초경량비행장치로 구분하고 있으며, 국제민간항공기구(International Civil Aviation Organization, ICAO)에서는 경항공기, 중항공기로 구분하고 무동력과 동력으로 구분하는 등 다양한 종류의 항공기가 있다. 마찬가지로 항공종사자도 "항공안전법"에 따라 운송용조종사, 사업용조종사, 자가용조종사, 부조종사, 경량항공기 조종사, 항공사, 항공기관사, 항공교통관제사, 항공정비사, 운항관리사로 구분하고, 이와 관련된 자격 제도를 운영하고 있다.

초기에 항공기가 움직이는 장소를 공간이라고 하였으나 안전이 중요해지고 국제운송을 담당하는 항공기의 특성상 국가가 공간을 관리하게 되었다. 이에 따라 항공기가 국가의 승인을 받아 움직일 수 있는 장소를 공역[1]이라고 하게 되었다.[2] 공역은 자국 영토와 영해 상공의 공간을 의미하는 영공과는 차이가 있다. 항공기 운항에서는 대표적으로 비행정보구역(Flight Information Region, FIR)이 있다. 비행정보구역은 항공기 운항을 관리하기 위한 해당 국가의 책임분담구역이라 할 수 있다. 우리나라는 인천비행정보구역을 공역으로 운영하고 있다. 해당 공역은 국토교통부 항공교통센터에서 운영하고 있으며, 국제법에 따라 인정된 공간이다.

2 **인천 비행정보구역(FIR)**
(출처: 항공교통센터)

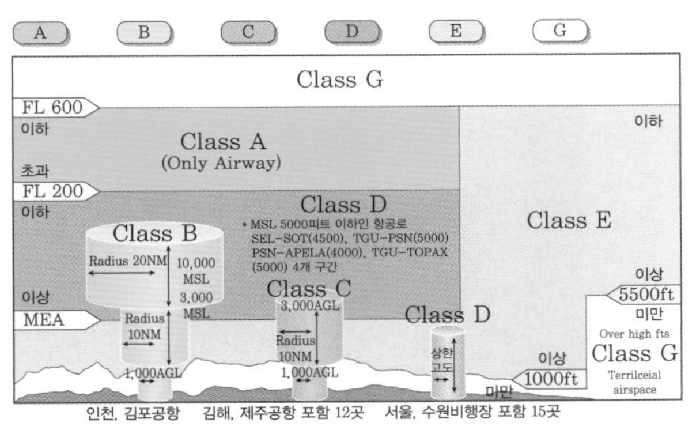

3 **우리나라 공역의 구분**
(출처: 항공교통센터)

주) FL은 Flight Level의 약자로 항공기의 정상 운행 고도를 의미함

1 엄밀한 의미에서 공역이란 항공기, 초경량 비행장치 등의 안전한 활동을 보장하기 위하여 지표면 또는 해수면으로부터 일정높이의 특정범위로 정해진 공간으로서, 국가의 무형자원 중의 하나로 항공기 비행의 안전, 우리나라 주권보호 및 방위목적으로 지정하여 사용한다.

나아가 우리나라는 인천비행정보구역을 A, B, C, D, E 및 G 등급 공역으로 세분화하고 있다.[3] 등급에 따라 비행방식과 항공교통업무 제공 범위 등을 지정 · 고시하여 시행하고 있다. 더불어 공역의 사용목적에 따라 관제공역, 비관제공역, 통제공역, 주의공역으로 구분함으로써, 공역에 대한 사용용도를 명확히 하고 있다.[4,5]

구분		내용
관제공역	A 등급	모든 항공기가 계기비행을 하여야 하는 공역
	B 등급	계기비행 및 시계비행을 하는 항공기가 비행 가능하고, 모든 항공기에 분리를 포함한 항공교통관제업무가 제공되는 공역
	C 등급	모든 항공기에 항공교통관제업무가 제공되나, 시계비행을 하는 항공기 간에는 비행정보업무만 제공되는 공역
	D 등급	모든 항공기에 항공교통관제업무가 제공되나, 계기비행을 하는 항공기와 시계비행을 하는 항공기 및 시계비행을 하는 항공기 간에는 비행정보업무만 제공되는 공역
	E 등급	계기비행을 하는 항공기에 항공교통관제업무가 제공되고, 시계비행을 하는 항공기에 비행정보업무가 제공되는 공역
비관제공역	G 등급	모든 항공기에 비행정보업무만 제공되는 공역

4 공역의 구분

구분		내용
관제공역	관제권	"항공안전법" 제2조 제25호에 따른 공역으로서 비행정보구역 내의 B, C 또는 D 등급 공역 중에서 시계 및 계기비행을 하는 항공기에 대하여 항공교통관제업무를 제공하는 공역
	관제구	"항공안전법" 제2조 제26호에 따른 공역(항공로 및 접근관제구역을 포함한다)으로서 비행정보구역 내의 A, B, C, D 및 E 등급 공역에서 시계 및 계기비행을 하는 항공기에 대하여 항공교통관제업무를 제공하는 공역
비관제공역	조언구역	항공교통조언업무가 제공되도록 지정된 비관제공역
	정보구역	비행정보업무가 제공되도록 지정된 비관제공역
통제공역	비행금지구역	안전, 국방상 그 밖의 이유로 항공기의 비행을 금지하는 공역
	비행제한구역	항공사격 · 대공사격 등으로 인한 위험으로부터 항공기의 안전을 보호하거나 그 밖의 이유로 비행허가를 받지 아니한 항공기의 비행을 제한하는 공역
	초경량비행장치 비행제한구역	초경량비행장치의 비행안전을 확보하기 위하여 초경량비행장치의 비행활동에 대한 제한이 필요한 공역
주의공역	훈련구역	민간항공기의 훈련공역으로서 계기비행항공기로부터 분리를 유지할 필요가 있는 공역

5 공역의 사용목적에 따른 구분

구분		내용
주의공역	군작전구역	군사작전을 위하여 설정된 공역으로서 계기비행항공기로부터 분리를 유지할 필요가 있는 공역
	위험구역	항공기의 비행 시 항공기 또는 지상시설물에 대한 위험이 예상되는 공역
	경계구역	대규모 조종사의 훈련이나 비정상 형태의 항공활동이 수행되어지는 공역

공역이 있다 하더라도 항공기가 자유롭게 다닐 수 있는 것은 아니다. 항공기도 다른 교통수단과 마찬가지로 다니는 길이 정해져 있는데, 이를 항공로(airway)라 한다. 우리나라 "항공안전법"에서는 항공로를 '국토교통부장관이 항공기의 항행에 적합하다고 지정한 지구의 표면 상에 표시한 공간의 길'이라 정의하고 있다.[6] 도로나 철도와 달리 항공로는 눈에 보이지는 않지만, 엄연히 하늘에 놓인 길로서 항공기는 정해진 길로만 다닌다. 때문에 다른 교통수단처럼 혼잡도 발생한다. 이처럼 공역과 하늘길이 복잡하게 연계되어 항공기가 다닐 수 있는 준비가 이루어지며, 지도화되어 항공기 운항과 관련된 종사자들이 참고하게 된다.

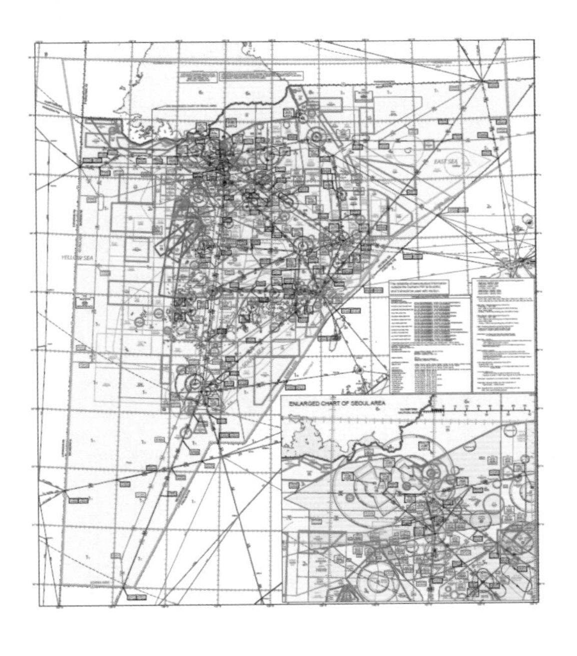

6 우리나라 공역과 항공로 지도
(출처: 국토교통부)

초단파전방향무선표지(VHF Omni-Directional Range, VOR)
(출처: 크리에이티브 커먼즈)

거리측정장치(Distance Measurement Equipment, DME)
(출처: 크리에이티브 커먼즈)

하늘에 놓인 길은 보이지 않기 때문에 반드시 길에 대한 안내가 필요하다. 보이지 않는 통로가 보이도록 무선항행안전시설(VOR, DME 등)의 전파 등을 이용한다.[7] 지표면에 위치가 알려진 곳에 무선항행안전시설을 설치하고 지속적으로 전파를 송신하도록 한다. 근처를 지나가는 항공기는 전파를 수신해, 진행하는 방향과 위치를 파악하여 보이지 않는 길을 따라갈 수 있게 된다.

7 무선항행안전시설 예시

항공교통업무란?

항공로는 항공기가 다니는 길이다. 따라서 도로의 신호등, 철도의 관제 시스템과 같이 항공기 흐름에 대한 안전하고 효율적인 관리가 필요하다. 국가는 이를 위해서 항공교통관리(Air Traffic Management, ATM)를 수행하게 된다. 항공교통관리는 항공교통 흐름에 대한 관리, 공역에 대한 관리, 기본적인 항공교통업무를 포함한다. 여기서 항공교통업무는 항공기의 안전운항에 기본이 되므로 가장 중요한 신호등 역할을 한다고 할 수 있다.

항공교통업무는 항공기 운항과 관련된 정보를 제공하는 비행정보업무, 항공기 운항을 통제하는 항공교통관제업무, 비상상황에 대한 경보업무로 구성된다.[8]

항공교통관제업무는 비행기가 출발하여 도착할 때까지, 관제를

8 **항공교통업무 구성도**

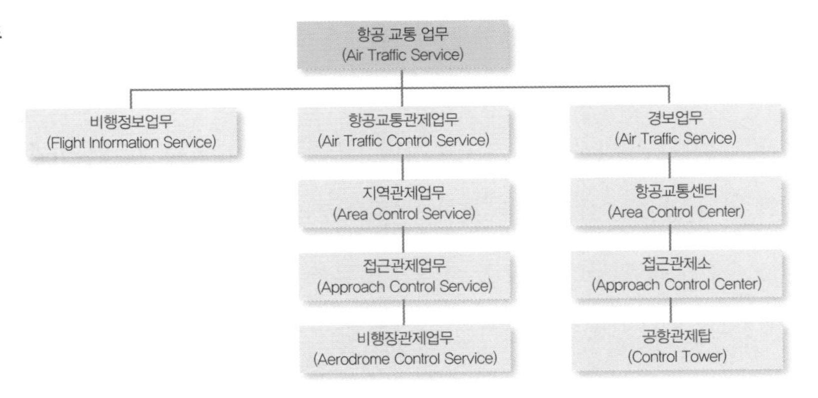

담당한 업무자(관제사)가 정해진 공간에서 항공기 움직임을 살펴보면서 허가와 지시, 조언과 정보를 제공하는 것이다. 일정 공간에서 항공기 전체 움직임을 통제할 수 없기 때문에, 공항(비행장)에서 이루어지는 관제(비행장관제업무), 공항을 떠난 직후나 도착을 위해 이루어지는 접근에 대한 관제(접근관제업무), 항공로를 이동하고 있는 항공기에 대한 관제(지역관제업무)로 구분될 수 있다. 특히 항공기는 국가 간에 이동이 이루어지기 때문에 국제민간항공기구(ICAO)에서는 항공관제와 관련된 국제 기준과 절차를 정하고 국가들이 이를 따르도록 하고 있다.[9]

9 **항공교통관제업무**

1) 관제석: 관제사들이 관제업무를 수행하는 공간

2) 관항공로: 항공기가 통행하는 길을 의미

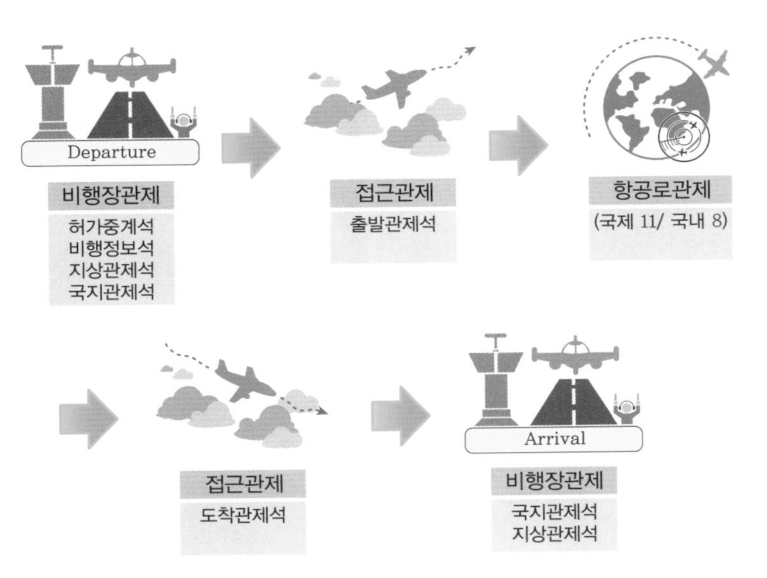

비행장관제업무는 공항관제탑에서 공항 이동지역 내와 주변 공역의 이동하는 모든 물체에 대하여 이루어진다. 비행장 이동지역에서는 항공기뿐만 아니라 차량, 장비, 사람 모두 공항관제탑의 허가와 지시 없이는 이동할 수 없다. 한마디로 일반 승객이 항공기에 타는 순간부터 이륙하는 일정 시점까지 모든 움직임은 관제탑에서 통제한다. 접근관제는 항공기가 공항을 출발하거나 도착할 때 비행장관제와 지역관제 사이의 일정 구간에서 이루어진다. 지역관제는 비행장관제업무와 접근관제가 이루어지지 않는 해당 비행정보구역에서 항공교통업무를 수행하는 것을 의미한다.

항공교통의 미래는?

전통적인 항공교통은 무선통신과 음성통신에 기반하고 있으나, 가까운 미래에는 데이터 통신과 위성통신을 이용해 더욱 정밀하고 안전하게 항공기 운항을 지원하게 된다. 간단하게 설명하면, 그림[10]에서와 같이 지상에서 송신하는 전파에 의존한 전통적인 항공기 운영은 지상에 설치된 무선항행안전시설(예 VOR, DME, 그림[7] 참조)의 상공을 통과하여야 하는 기능상의 제약 때문에 최단거리로 운영을 하지 못하였다. 하지만 차세대 항공기 운영방식은 위성통신에 기반을 둠으로써 정밀하고 효율적으로 항공로를 구성할 수 있다.

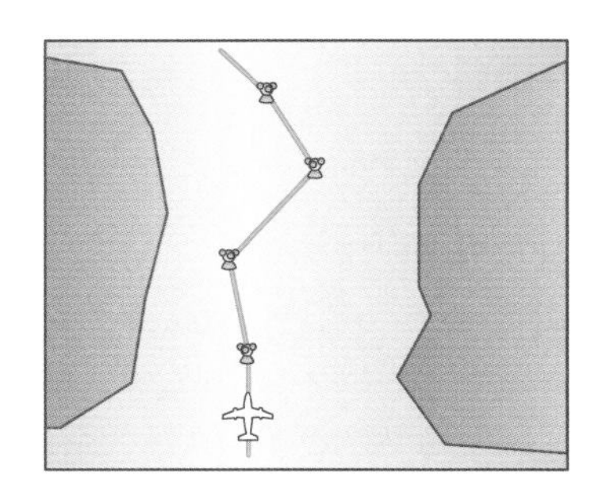

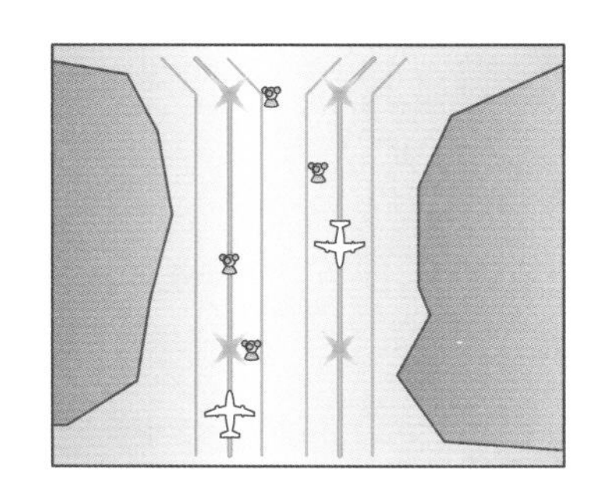

10 항공기 운영 방식의 변화

나아가 기존에는 공역을 여러 구역으로 나누어 현재 위치를 파악하고 장래 위치를 예측하는 방식이었다면, 미래에는 항공기가 다니는 길을 중심으로 출발부터 도착까지를 연속적으로 관리할 수 있게 된다. 이에 따라 항공기는 더욱 정밀한 제어를 받으며 자유롭게 움직일 수 있게 되므로 효율성이 커지고, 더불어 안전성도 높아질 것으로 보인다. 이를 위해 국제민간항공기구를 중심으로 항공기 운항을 위한 차세대 시스템이 국제표준시스템으로서 추진되고 있다.

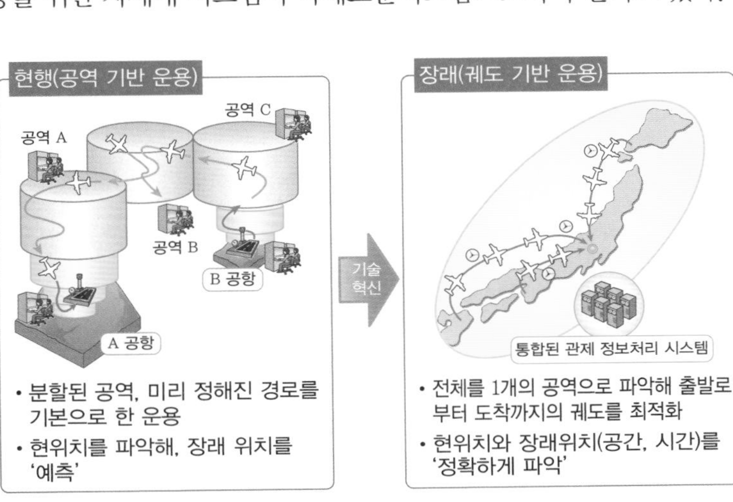

11 차세대 항공교통관리 개념도
(출처: 국토교통부, 『항공교통분야 지능형교통체계 계획 2020』, 2011, p.54)

항공종사자는?

항공종사자의 정의

항공종사자란 항공업무에 종사하는 사람을 일컫는데 반드시 자격증명을 받아야 한다. “항공안전법” 제34조 제1항에 따르면 항공업무에 종사하고자 하는 사람은 ‘항공종사자 자격증명’을 받아야 한다고 명시하고 있다. 국내 “항공안전법”에서 명시하는 항공종사자는 항공업무에 종사하려는 사람 또는 경량항공기를 사용하여 비행하려는 사람으로 국토교통부령으로 정하는 바에 따라 국토교통부장관으로부터 항공종사자 자격증명을 받은 자를 말한다. 국내 “항공안전법”에서 정의하는 항공종사자의 자격증명의 종류는 다음과 같다.

① 운송용조종사, ② 사업용조종사, ③ 자가용조종사, ④ 부조종사, ⑤ 경량항공기조종사, ⑥ 항공사, ⑦ 항공기관사, ⑧ 항공교통관제사, ⑨ 운항관리사 ⑩ 항공정비사

항공종사자로서 직업의 종류

항공종사자는 “항공안전법”상 10가지 자격증명의 종류가 있다. 10가지 자격증명 중 3가지 주요 항공종사자인 항공교통관제사, 항공기조종사, 객실승무원에 대해 알아본다.

| 하늘의 지휘자 항공교통관제사 | 뻥 뚫린 하늘에도 길이 있다? 그렇다. 하늘에도 길이 있다. 신호등도 안 보이고 도로도 안 보이는데 이게 대체 무슨 소리냐고? 하늘에는 하루에도 수백, 수천 대의 비행기가 이륙하고 착륙을 한다. 우리는 눈에 보이지는 않지만 여기에도 나름의 규칙이 있다. 하늘 위 교통을 관리하는 직업이 바로 '항공교통관제사'이다.

항공교통관제사의 역할

- 안전한 이착륙을 돕기 위해 기상, 풍속 등의 정보를 제공하고 항공교통을 지휘
- 활주로 및 공항주변의 기상상태 점검
- 조종사와 목적지, 항공기상태 및 연료의 잔류량 등에 대해 교신
- 이착륙 활주로, 예정시간, 순서 등을 배정해 유도하고 허가
- 비상상황 발생 시 비상착륙방법 및 비상활주로 안내
- 항공기의 항로 상태를 파악하여 고도상승 및 강하수준 지시

1 **공항관제탑**
(출처: Max Pixel)

항공교통관제사의 적성 및 흥미

- 고도의 집중력과 판단력
- 기상이변 등 비상상황 대처능력과 외국어 구사 능력
- 항공통신장비 및 첨단 장비에 대한 흥미
- 작은 실수가 항공 사고로 연결되므로 책임감 필요

항공교통관제사가 되기 위한 준비 방법

[정규 교육과정]

- 전문대학 이상의 교육기관에서 관련학과 전공

[직업 훈련]

- 국토교통부 지정 전문교육기관에서 교육과 훈련 가능
- 한국항공대학교 항공교통관제교육원, 한서대학교 항공교통관제교육원, 한국공항공사 항공기술훈련원, 공군교육사 항공교통관제사 교육원 등의 전문교육기관에서 과정 이수해야 항공교통관제사 시험응시 자격
- 항공교통관제사 자격증, 공인 영어 능력성적 필요

항공교통관제사에 대한 고려사항

- 공무원 신분으로 정규고용 및 고용 유지의 수준이 매우 높은 편
- 호봉제에 의한 승진 및 직장이동의 가능성은 낮은 편
- 3교대 근무시간, 공항에서 근무
- 일자리 창출과 성장이 제한적이며, 취업경쟁 치열한 편

| 항공기 조종사 | 조종사는 크게 승객과 화물을 운송하는 민간항공기 조종사, 군에 소속되어 전투기나 수송기를 조종하는 군 조종사로 구분할 수 있다. 그러나 이외에도 비행학교 교관, 항공사진 촬영을 담당하는 조종사 등 조종사의 종류는 다양하다.

일반 회사의 직급 체계와는 달리 조종사는 계급이나 서열이 복잡하게 나누어져 있지 않다. 기장(Pilot in Command, PIC 또는 Captain)은 비행과 항공기에 대해 최종적인 책임과 권한을 갖는 사람으로서 비행기의 최고 책임자이니만큼 막중한 임무를 수행한다. 그렇기 때문에 기장이 되기 위해서는 오랜 시간에 걸친 경력과 지식 습득이 요구된다. 부기장(First Officer)은 비행기와 운항에 관한 기량, 지식과 자격을 갖추고 기장과 함께 안전한 비행을 위해 최선을 다하는 사람이다.

직급상 기장과 부기장으로 구분하지만 실제 비행에서는 PF(Pilot Flying)와 PM(Pilot Monitoring)으로 나뉜다. PF는 말 그대로 직접적인 조작을 하며 항공기를 조종하는 사람이고, PM은 PF의 조작이 정확하게 이루어지고 있는지 모니터링하며 항공교통관제사(Air Traffic Controller, ATC)와의 교신을 책임지는 사람이다. PF와 PM은 직급에 국한하지 않고 상황에 따라 유기적으로 바뀐다. 이때 조종간(control)을 이양하기 위해 영화에서 보듯이 'I have control'-'You have control'과 같은 말이 오고 간다.

2 **항공기 조종석 계기판**
(출처: pixabay)

항공기 조종사가 되기 위한 진로과정 _ 조종사가 되려면 우선 건강한 신체와 비행에 맞는 적성을 가져야 한다. 비행관련 용어가 모두 영어로 되어 있으므로 일정 수준 이상의 영어실력은 큰 도움이 된다. 특히 EPTA(English Proficiency Test for Aviation)라는 영어시험을 보게 된다. 조종사가 되고 싶은 사람들에게 진로에 대한 조언을 한다면 민항기 조종사가 될 것인지 군 조종사가 될 것인지에 따라 크게 두 갈래로 나뉜다.

군 조종사가 되고자 하면 공군사관학교 또는 항공운항 관련학과가 있는 대학교에 진학하여 공군 조종 장교로 복무하는 방법이 있다. 민항기 조종사가 되고 싶다면 항공운항 관련학과에 진학하고 자격을 갖춘 뒤 면장(license) 취득 후 항공사에 입사하는 방법, 개인적으로 비행학교나 학원에서 자격을 갖추고 면장을 취득 후 항공사에 입사하는 방법, 공군 조종사로서 일정기간 복무 후에 항공사에 입사하는 방법이 있다. 이러한 방법이 조종사가 되기 위한 보편적인 진로이다. 물론 국가나 회사마다 각자의 선발 절차는 차이가 있다.

항공기 조종사에게 특별한 것

- 기장과 부기장의 기내식은 다르다: 기장과 부기장이 서로 다른 음식을 먹어야 한다는 것은 많이들 알고 있는 사실이다. 같은 음식을 먹어서 걸릴 식중독의 위험을 예방하기 위해 기장과 부기장은 다른 음식을 먹는다.
- 조종사도 생리적인 현상은 어쩔 수가 없다: 조종석 내부에는 화장실 사용 여부가 표시되는 등(light)이 있다. 조종석 내부에 누군가 침투할 일을 미연에 방지하고자 조종사들은 이 등이 꺼지면 밖에 아무도 없는지 확인한 후에 빠르게 문을 닫

고 화장실을 이용한다.

- 조종사 업무는 비행만 하면 끝인가?: 비행을 위해서 조종사들은 적어도 2~3시간 전에는 공항에 있는 사무실로 출근을 한다. 비행이 끝난 후에도 승객들이 모두 내리길 기다리고 사무실에 들러 비행 자료를 반납하고 정리를 하는 시간도 1시간은 소요된다. 실제로 비행시간이 5시간이면 총 8~9시간은 근무하게 된다.
- 조종사는 전 세계 곳곳을 여행한다: 일정 자격이 주어지면 모든 기종에 투입되는 객실(캐빈) 승무원과는 달리 조종사들은 특정 기종이 정해진다. 따라서 본인이 조종하는 기종의 비행에만 투입되기 때문에 비행하는 노선도 정해져 있게 된다. 조종사가 되면 세계 여행을 마음껏 할 수 있겠다고 즐거운 상상을 하는 사람들에게 아쉬운 소리가 아닐 수 없다.
- 요즘 비행기는 좋아져서 비행기 스스로 비행한다: 기술이 발전했지만 여전히 조종사의 업무는 중대하다. 실제로 대부분의 이착륙은 조종사가 수동으로 조종한다. 특정 목적이 있을 경우 일정 고도까지 수동으로 상승하거나 강하하기도 한다. 자동 조종장치(auto pilot)는 조종사의 피로를 줄여줌으로써 안전한 비행을 할 수 있도록 보조해 주는 기계일 뿐이지, 그 자체를 맹목적으로 믿어서는 안 되기 때문이다.

3 **항공기 객실**
(출처: 크리에이티브 커먼즈)

| 객실승무원 |

객실승무원의 역할 _ 항공사 서비스의 최일선인 기내에서 근무하는 객실승무원은 채용 후 입사교육과 객실업무 수행을 위해 신입전문훈련과정을 수료한 뒤 항공사의 국내선 및 국제선에 탑승하여 기내 안전 및 서비스와 관련된 다양한 업무를 수행한다.

운항 전 기내점검 _ 비행 전 필요한 사항을 체크하며 객실 내 비상장비, 의료장비 및 서비스 용품 탑재 등을 점검한다.

안전 및 보안 점검 _ 항공기 안전운항을 위해 기장과 협조하여 운항 중의 승객 안전과 쾌적한 비행환경을 조성 · 유지하는 역할을 한다. 기내의 보안장비 점검 및 항공기 보안검색, 기내수하물 탑재 상황을 파악하고 승객에게 안전브리핑을 실시한다.

운항 중 고객 서비스 _ 좌석안내, 기내방송, 음료 및 식사제공, 입국관련 서류점검, 기내면세품 판매, 승객의 편안한 여행을 위한 서비스를 제공하는 업무를 수행하며 기내에서 일어나는 모든 일을 확인하고 승객의 안전과 편안한 여행을 위해 다양한 역할을 한다.

4 **안전 및 보안점검**(출처: 크리에이티브 커먼즈)

5 **기내 음료 및 식사제공 서비스**(출처: 크리에이티브 커먼즈)

항공기 지상조업의 숨은 천사들

여행의 설렘을 제일 먼저 반겨주는 것은 크고 멋진 여객청사와 비행기가 아닐까 싶다. 그런데 탑승구에서 움직이는 비행기들을 보고 있노라면 비행기 주변에 생소한 차량과 장비들이 눈에 많이 띈다. 승객의 화물을 나르는 차량도 보이고 급유차량도 보인다. 여행에 대한 기대에 들떠 있는 사이 비행기의 안전한 운항과 승객들의 편의를 위해 여러 가지 일을 하는 '항공기 지상조업'에 대하여 알아보도록 하자.

| 지상조업 – 비행의 처음과 끝 | 비행기는 주기장에서 탑승구까지 어떻게 올까? 급유는 어디서 어떻게 할까? 항공사별로 천차만별인 기내식과 음료는 누가 배달할까? 추운 겨울에 비행기가 얼면 어떻게 녹일까? 항공기가 출발 · 도착을 하기 위해 지상에서 준비하는 이러한 모든 일을 지상조업(ground handling)이라 한다. 지상조업에 대한 정의는 국제기구별로 조금씩 상이한데 국제민간항공기구(ICAO)에서는 터미널 운용(승객탑승수속, 화물취급)과 램프(ramp) 및 유도시설 운용(항공기조업, 세척, 서비스)으로 구분하며 항공기 유지보수는 제외하고 있다. OECD에서는 항공교통관제를 제외한 항공기의 이착륙에 필요한 서비스라고 규정하고 있다.

| 다양한 지상조업 차량, 장비 | 멀리서 서서히 고도를 낮추며 사뿐히 착륙한 비행기가 관제사의 유도에 따라 여객청사로 이동한다. 비행기가 멈추면 탑승교가 비행기 문에 밀착된다. 탑승교(air bridge)는 여객청사와 비행기를 잇는 다리모양의 통로이다. 그런데 공항이 혼잡하여 원거리에 주기할 경우 승객들은 스텝카(step car)를 통해서 내려온 후 램프버스(ramp bus)를 타고 공항으로 이동한다. 램프버스는 승객들의 기내수하물(carry-on baggage) 편의를 위해 대체로 저상버스이다. 스텝카는 항공기 기종에 따라 높낮이 조절이 가능하다.
승객들이 이동하는 동안 화물을 싣거나 내리는 작업이 진행되는데 화물컨테이너(baggage train)를 끌고 가는 터그카(tug car), 화물을 비행기로 이동시키는 카고로더(cargo loader), 벌크화물을 처리하는 카고 컨베이어(cargo conveyor)같은 장비들이 이용된다.

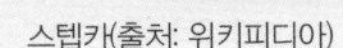
스텝카(출처: 위키피디아)

램프버스(출처: 위키피디아)

터그카(출처: 크리에이티브 커먼즈)

비행을 위해 기내식을 싣고 내리는 일명 푸드카(food car), 화장실을 청소해 주는 오물수거 트럭(lavatory truck), 음용수를 공급해 주는 급수차(water truck)도 부지런히 움직인다. 시동이 꺼진 항공기 내에 전원을 공급하기 위해 지상전원장치(ground power unit)와 기내에 온기나 냉기를 넣어 주는 지상냉난방장치(air

카고로더(출처: 위키피디아)

지상전원장치(출처: 위키피디아)

토잉 트랙터(출처: 크리에이티브 커먼즈)

conditioning unit)도 자기의 역할을 하고 있다. 이 장비들을 이용하는 이유는 항공기 내 엔진으로 전기를 공급하는 것보다 저렴하기 때문이다.

항공기의 유류사용을 절약하고자 자체 동력으로 출발할 수 있는 지점까지 항공기를 밀어 주거나 이동시키는 장비도 있다. 토잉 트랙터(towing tractor, tow tug)라 불리는데 작지만 강력한 엔진이 장착되어 있어 힘이 매우 좋다.

항공기 엔진은 그 특성상 충분한 양의 공기가 필요한데 이를 도와주는 장비가 항공기 시동장비(Air Start Unit, ASU)이다. ASU는 항공기에 호스를 연결하여 공기를 불어 항공기 엔진을 켜는 시점에 엔진을 가동할 수 있도록 해 준다.

또 항공기 표면의 눈과 얼음을 제거하고(de–icing) 방빙(anti–icing)하는 차량이 있으며 환자 승객의 이동편의를 위한 응급차(ambulance lift car)도 있다.

이 외에도 보이지 않은 곳에서 최선을 다하는 숨은 조연들이 있기에 안전한 운항이 가능한 것이다.

항공기 시동장비(출처: 위키피디아)

항공기 제빙장비(출처: 위키피디아)

리프트업 앰뷸런스(출처: 위키피디아)

모든 교통시설물, 교통수단, 교통시스템이 물 흐르듯이 자연스럽게 운영되면 가장 혜택을 보는 사람은 우리 자신이다. 만약 지상조업과 같은 숨은 조연들이 없거나 신속하지 못하다면? 그 불편과 손해 역시 우리 자신의 몫이다.

열차 선로의 작은 볼트 하나가 풀린다면, 정전으로 신호등이 작동하지 않는다면, 고가의 화물이 다른 비행기에 선적된다면 사회 · 경제적으로 막심한 손해뿐 아니라, 국토 전체가 마비될 수도 있다. 이러한 일이 발생하지 않도록 보이지 않는 곳에서, 눈에 띄지 않게 열심히 노력하고 정비하고 도와 주는 천사들이 있기에 우리는 오늘도 안심하고 버스를 타고, 비행기를 탄다.

chapter 4

도로 교통의 해결자, 대중교통이야기

대중교통의 이모저모

대중교통이란

우리가 사용하고 있는 '대중교통'이라는 말은 영어의 public transport나 mass transit, transit 또는 mass transport를 우리말로 번역한 것이다. 그러나 이들 용어들이 시사하듯이 대중교통이란 개념은 공공성(public)을 강조하여 사용하기도 하고, 동시에 다중(mass)이 이용하는 교통수단의 운송특성을 강조하여 사용되기도 한다.[1]

1 교통수단의 유형

분류	유형
개인교통	자가용승용차, 오토바이, 자전거 등
대중교통	일정한 노선과 일정에 따라 운행하는 다중시민 이용수단(버스, 철도, 도시철도, 전차 등)
준대중교통	다양한 노선과 스케줄에 의해 운행되는 수요대응형 수단으로 Dial-a-bus, 택시, 지프니 등

교통수단의 유형은 일반적으로 3가지로 분류해 볼 수 있다. 첫째, 개인교통수단으로 자가용승용차나 오토바이와 같은 교통수단이다. 둘째, 대중교통수단으로 일정 노선과 일정에 따라 운행되면서 불특정 다수가 이용하며 주로 상업적으로 운영되는 교통수단이

1 강상욱 · 박상준, "대중교통의 특징과 정책적 의의", 『버스교통』 2008 가을호, 한국운수산업연구원

다. 셋째, 준대중교통수단으로 개인교통수단과 대중교통수단의 성격을 병행한 형태로서 주로 상업적인 운송수단인 택시, 수요대응형 교통수단, 전세버스 등이 이에 해당된다. 대중교통수단의 범주는 좁은 의미로는 두 번째의 유형, 즉 일정노선의 정규운행 수단에 한정하여 통상적으로 사용되며, 넓은 의미로는 준대중교통수단을 포함하기도 한다.

대중교통수단이 타 교통수단과 다른 점은 다음과 같다. 첫째, 대중교통수단은 국민의 교통권을 보장하는 기본 교통수단이다. 국민의 일상생활에 필요한 기초적인 교통서비스의 보장은 교통권의 보장 차원에서 국가의 책임으로 간주하며, 이와 같은 기초적인 교통서비스 보장을 위해서 대중교통이 운영된다. 둘째, 대중교통수단은 불특정 다수가 이용하는 보편적 교통수단이다. 대중교통수단은 이용이 불특정 다수에게 개방되어 있다. 따라서 특정 개인과의 계약형태로 운행하여 이용이 제한되는 교통수단은 대중교통이라 볼 수 없다. 셋째, 대중교통수단은 이용요금이 저렴한 교통수단이다. 대중교통수단은 서민대중의 이용이 용이하도록 요금이 저렴하다. 그리고 서비스의 질보다는 대량수송을 중요시하여 수송효율성이 높은 교통수단이다.

따라서 항공기, 호화여객선, 고급열차, 고급버스 등은 대중교통이라 보기 어렵다. 이와 같이 대중교통수단은 사회적 형평성 및 경제적 효율성 관점에서 효과가 매우 높기 때문에 공공성이 중시되고 정부지원의 타당성이 높다.

우리나라는 “대중교통의 육성 및 이용촉진에 관한 법률”에서 대중교통 수단의 정의를 규정하고 있다. 이에 따르면 대중교통수단은 일정한 노선과 운행시각표를 갖추고 다수의 사람을 운송하는 데 이용되는 것으로 버스, 철도, 도시철도 등에 한정하고 있다.

이렇게 볼 때 현재 우리나라에서 운행되고 있는 대중교통수단은 크게 노선버스와 철도의 두 가지이다. 노선버스는 시내버스, 농어촌버스, 시외버스, 마을버스로 구분된다. 그리고 철도는 지역 간 철도와 도시철도로 구분되며, 도시철도는 지하철과 경전철로 구분된다.

대중교통의 운영형태는 지역 간 철도는 국가가, 도시철도는 지방자치단체가 건설 · 운영하고 있으며, 버스는 민간기업이 관할 관청으로부터 사업면허를 받아서 운영된다. 일부 지역에서는 현재 지방지치단체가 버스사업 운영에 부분 참여하는 준공영제와 직접 운영하는 버스공영제가 시행되고 있다.

우리나라는 현재 국내여객수송(자가용차량 제외)에서 대중교통수단의 수송분담률이 약 70%를 차지하고 있다. 수송분담률의 추이를 보면 1980년대 이후 2000년대까지 감소 추세에 있었다. 근래에 철도와 도시철도의 개량 확충과 대중교통 환승할인요금제, 시내버스 준공영제 시행에 힘입어 수송분담률이 다소 증가하고 있으나, 버스는 최근에 다시 감소하는 추세에 있다.

2 국내 여객 교통수단별 수송분담률(%)

연도	공로		철도		해운	항공	대중교통
	전체	노선버스	지역 간 철도	도시철도			
1980	94.1	76.1	5.0	0.8	0.1	0.1	81.9
1990	87.8	56.2	4.5	7.6	0.1	0.2	68.3
2000	77.1	38.8	6.2	16.6	0.1	0.2	61.6
2010	74.8	41.4	8.0	17.0	0.1	0.1	66.4
2014	72.0	43.0	9.2	18.5	0.1	0.2	70.7

자료 : 국토교통부, 『국토교통통계연보』, 각 연도

도시 대중교통의 기능을 서울시의 예로 보면, 2014년 기준으로 수송분담률이 66%를 점하고 있다. 2000년 이후 대중교통의 수송분담 변화 추이는 버스의 경우 준공영제를 도입한 2004년 이후 수송분담률이 다소 증가했으나 최근에 다시 감소 추세로 돌아섰다. 지하철은 수송분담률이 지속적으로 증가하는 것으로 나타난다.

3 서울시 교통수단별 수송분담률(%)

구분	2000	2002	2004	2006	2008	2010	2012	2014
대중교통	63.6	60.6	62.0	62.3	62.8	64.3	65.6	66.0
(시내버스)	28.3	26.0	26.2	27.6	27.8	28.1	27.4	27.0
(도시철도)	35.3	34.6	35.8	34.7	35.0	36.2	38.2	39.0
택시	8.8	7.4	6.6	6.3	6.2	7.2	6.9	6.8
자가용승용차	19.1	26.9	26.4	26.3	26.0	24.1	23.1	22.8
기타	8.5	5.1	5.0	5.1	5.0	4.4	4.4	4.4

4 서울시 교통수단별 수송분담률 변화 추이

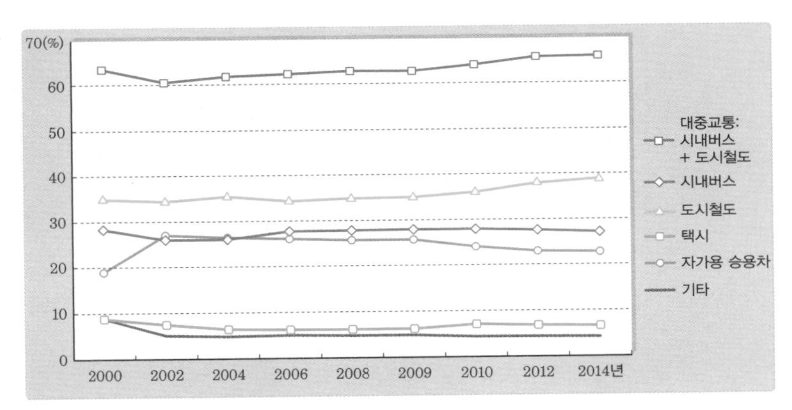

5 수도권의 대중교통 수단분담률 변화

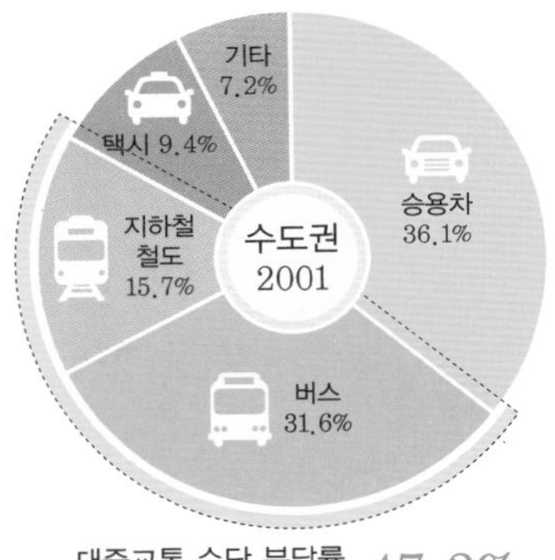

대중교통 수단 분담률 (버스, 지하철 · 철도) 47.3%

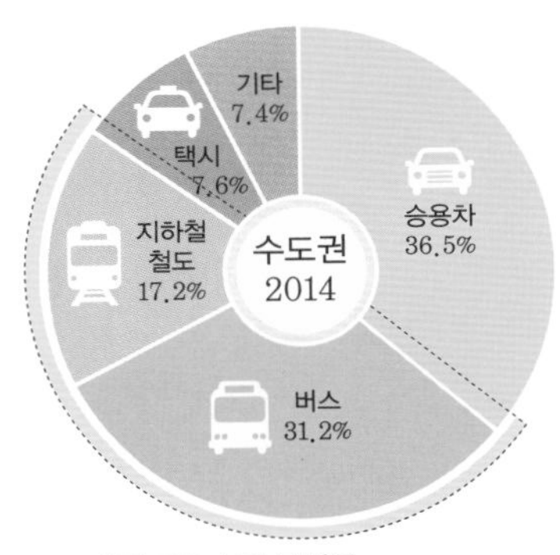

대중교통 수단 분담률 (버스, 지하철 · 철도) 48.4%

우리나라 대중교통의 발자취

우리나라 대중교통은 철도로부터 시작하였다. 노면전차가 한국 최초의 대중교통 수단으로 1899년 서울에서 운행을 시작하여, 1968년 철거될 때까지 도시 서민들의 발이 되었다. 일반철도는 1899년 경인선이 최초의 지역 간 대중교통수단으로 도입되어 지속적으로 노선망 확충이 이루어졌다. 이에 따라 주종 교통수단으로 기능하였다. 버스는 1912년 버스운송사업 시작되어 지역 간을 주 노선으로 운행하였다. 정기적인 노선과 버스정류장 등의 시스템을 갖춘 실질적인 최초의 시내버스는 1928년 서울에서 처음 운행되었다.

6 초기의 대중교통 수단

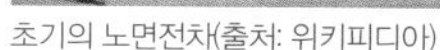

초기의 노면전차(출처: 위키피디아)

초기의 기관차(출처: 위키피디아)

초기의 버스(출처: 서울역사편찬원, 서울2천년사)

1960년대 이후 철도에서 버스로 주 교통수단의 전환이 시작되었다. 자동차의 급증으로 전차는 되레 도로교통의 방해요소가 되어 퇴장하고 버스로 대체되었다. 그리고 1974년에 서울시 지하철 1호선 개통으로 지하철 시대가 개막되었으며 수도권 전철망과 연계되었다. 1980년대부터는 자가용승용차가 대중화되면서 버스교통이 위축되기 시작하였다. 자가용승용차 급증과 도로교통정체로 버스의 경쟁력이 떨어지면서 버스운송산업이 쇠퇴하기에 이르렀다. 1990년도부터 버스 이용수요가 감소하기 시작하였다. 한편 철도의 전철화 및 고속화 서비스 개선사업이 추진되었고 서울, 인천, 부산, 대구 등에 지하철망 확충이 이루어졌다. 2000년대에 철도교통 중심체제의 정착과 쇠퇴하는 버스교통에 새로운 운영체제가 도입되었다. 2004년 경부선 KTX 개통 및 호남고속철도 건설이 추진되었다. 그리고 지하철 건설 및 민간 자원에 의한 철도 및 경전철망 확충사업이 추진되었다. 서울시에서는 지하철이 버스를 추월하고 가장 많은 수송을 분담하게 되었다. 버스교통에 대한 정부지원이 늘어나게 되어 정부 의존형 교통수단으로 변화하였다. 이에 따라 대도시 시내버스의 준공영제가 시행되었으며 버스업체 재정지원과 유류세 환급 등 각종 육성지원 대책이 시행되었다.

대중교통이 전국을 반나절 생활권으로, 광역권을 출퇴근 권역으로 변화시켰다. 고속철도의 개통으로 전국이 반나절 생활권 시대가 되었고, 광역전철망의 구축으로 출퇴근 생활권이 과거에는 상상도 못할 정도로 넓어졌다. 버스 없는 면(面) 없애기 정책, 벽지 명령노선 개설 등에 의해 현재 버스가 전국적으로 거의 지역적 차별이 없이 광범위하게 공급되기에 이르렀다. 도시권에서 교통카드 하나로 버스와 지하철 어느 것이나 이용할 수 있는 체계가 구축되었으며, 또한 버스 · 지하철 등을 환승할 경우에 요금을 무료 또는 할인해 주는 통합요금제도가 시행되어 대중교통 이용의 경제적 부담을 덜어 주고 있다. 지역 간 철도는 물론 도시철도는 철도차량의 개량으로 차량시설이 매우 고급화되었다. 또한 버스도 저상버스와 우등버스가 널리 보급되어 고급화가 이루어지고 있다.

왜 대중교통이 중요한가?

| 석유에너지 자원 고갈과 유류가격 상승 | 지구상에 부존된 석유에너지 자원은 점차 고갈되고 있기 때문에 장래 유류가격은 상승이 불가피할 것으로 보인다. 유류가격 인상은 곧 자가용승용차 운행의 감소를 초래하게 되어 버스 등 대중교통수단의 이용을 촉진할 것으로

예상된다.

| 대기환경문제의 심화 | 자동차 배기가스를 주 요인으로 하는 대기환경오염 문제는 장래에 더욱 심화될 것으로 예상된다. 특히 이산화탄소(CO_2)에 의한 온실가스 효과는 범세계적 문제로 더욱 부각될 것이다. 이에 따라 자가용승용차 운행을 줄이려는 움직임이 커지고 버스 등 대중교통 이용은 촉진하게 될 것이라 예측되고 있다.

| 인구구조의 고령화 | 평균수명이 늘어나면서 장래 인구구조는 점차 고령화되면서 연령상 자가용승용차 운전이 어려운 노인층이 늘어나게 될 것으로 예상된다. 이는 대중교통수단 이용수요가 늘어나는 요인이 될 수도 있다.

| 도로 등 교통시설 투자여력의 감소와 교통정체의 심화 | 장래에는 토지가격 상승 및 이용 토지공간 확보가 어렵게 될 것이다. 반면 복지분야 예산소요 증대와 더불어 도로 등 교통시설에 대한 재정부담 능력은 줄어들 것으로 예상된다. 자동차는 지속적으로 증가하여 도로교통 체증은 더욱 심화할 것으로 예상되는데, 이렇게 될 경우 버스 등 대중교통수단의 이용수요가 늘어날 것으로 기대된다.

| 사회적 형평성의 강화정책 | 교통권을 국민의 기본권으로 이해하려는 움직임이 확대되고 교통약자에 대한 교통권 보장에 대해 정책적 관심이 커질 것으로 예상된다. 이러한 사회적 형평성 강화정책이 비수익 노선에 대한 재정지원을 이끌어 대중교통의 활성화를 가져올 수도 있을 것이다.

대중교통의 걸림돌은?

| 소득수준의 향상 | 국민소득의 증가는 일반적으로 대중교통수단 이용에서 자가교통수단 이용으로 통행패턴의 변화를 가져온다. 우리

나라는 앞으로 지속적인 소득수준 증가가 예상되므로 이에 따라 대중교통 이용수요가 감소할 것으로 보인다.

| 인구규모의 감소 | 인구가 줄어들면 대중교통 이용수요도 감소할 게 뻔하다. 우리나라는 머지 않은 장래에 인구감소 국면에 접어들 것으로 예상되고, 이는 대중교통 이용수요의 감소 요인으로 작용할 것이다.

| 근무행태의 변화 | 장래 재택근무가 늘어나면 대중교통 수요의 감소요인이 될 것이다.

| 자가용승용차의 증가 | 앞으로 자동차 증가세는 둔화하겠지만 자가용승용차는 계속 늘어날 것으로 전망된다. 자가용승용차의 증가는 대중교통 이용수요 감소를 초래할 것이다.

| 대중교통 공급비용의 증가와 공급의 위축 | 철도교통은 건설비용이 계속 상승하여 추가 공급이 제한적이고 버스 또한 운송비용 증가로 경영애로가 심화되면서 공급이 위축될 것으로 예상된다. 공급의 제약으로 대중교통의 이용수요가 줄어드는 현상이 지속될 가능성이 높다.

우리나라 대중교통의 불편한 진실

| 외형상은 우등생이나… | 우리나라의 대중교통시스템은 아직까지는 외국에 비해서 칭찬받을 만하다. 도시 내는 물론 지역 간에서도 버스와 철도가 거미줄 같은 노선망을 갖추고 빈번한 스케줄을 정해진 시각에 거의 정확하게 운행하고 있다. 또한 2만 달러 이상 소득 국가에서는 거의 사례를 찾기 어려운 저렴한 요금수준이다. 거기에다 지역 간 철도와 도시철도망이 계속 확충 · 개선되고 있다. 출퇴근 시간대의 승차난이나 난폭운전, 종사원의 불친절, 차량시설 불량

등에 대한 이용승객의 불만은 있으나 과거에 비해서는 월등히 개선된 것도 사실이다. 그러나 근래에 이러한 우수한 대중교통의 운영시스템에 여러 문제점이 드러나면서 그 지속가능성에 대한 의문이 크게 대두되었다.

| 개인교통 이용수요는 크게 늘어나는데도 대중교통 이용수요는 감소한다 | 근래 자가용승용차 이용수요는 지속적으로 크게 늘어나고 있다. 그러나 대중교통 이용수요는 최근 일시적 · 지역적으로 환승요금제와 철도시설 확충 때문에 늘어났으나 다시 감소하기 시작하였다. 자가용승용차 수요증가 이유는 한마디로 자가용승용차의 편리성 때문이다. 소득수준이 높아지면서 교통비용 부담보다 시간 가치를 더 중요하게 인식하고 있고, 도로시설 개선으로 승용차 이용이 더 편리하게 된 것이 결정적 요인이다. 이러한 대중교통의 이용 수요감소는 운송산업의 경영악화와 서비스 저하를 초래하고, 이는 다시 수요감소를 불러와 악순환 고리를 이루게 된다. 그 결과 자가용자동차 통행이 늘어나서 교통체증과 공해 증가 등 사회 · 경제적 비용이 늘어나게 된다.

| 대중교통의 공급비용이 증가하여 적절한 공급 운영이 어려워지고 있다 | 대중교통 운영체계를 유지하기 위해서는 이용수요의 유지를 유도할 수 있는 공급이 이루어져야 한다. 그런데 대중교통의 공급에는 반드시 막대한 비용이 수반되는 까닭에 공급은 제한될 수밖에 없다. 이러한 현상은 도시철도 공급에서도 나타나고 있다. 대도시 지하철 건설이 거의 정체 상태에 있고 대안으로 떠오른 경전철 건설도 김해, 용인 지역에서 그 효과를 인정받지 못해 더는 확충을 기대하기 어렵게 되었다. 버스의 경우도 비슷한데 준공영제와 환승할인요금제도가 버스교통 활성화의 대안으로 급부상되어 많은 지역에 확대되

었지만 근래에는 재정지원금에 비해 그 효과에 대한 의문이 제기되면서 더는 확대가 이루어지지 않고 있다. 이 외에도 버스교통 공급을 제약하는 요소인 인건비와 유류가격 상승이 버스교통의 장래를 어둡게 만들고 있다.

| 대중교통의 운영적자 보전을 위한 재정지원 수요가 확대되고 있다 | 대중교통의 운송수지적자를 줄이기 위해서는 요금을 인상하거나 재정지원을 확대하는 것이 대책이다. 그러나 요금인상은 인플레이션 경제구조하에서 물가상승과 관계되고, 특히 부의 양극화 사회에서 저소득층의 불만을 키우는 정치적 부담도 작용해서 억제하게 된다. 따라서 대중교통에 대한 재정지원 규모가 지속적으로 늘어나는 추세에 있다. 그러나 재정지원 또한 효율성에 대한 비판이 있으며, 복지대책 등 타 부문의 재정소요 증대로 마냥 늘리기는 어렵다. 이러한 까닭에 대중교통의 운영적자가 누적되면서 서비스의 질이 떨어지는 경향을 보인다.

| 대중교통의 운영적자로 운행을 감축하는 악순환이 발생하고 있다 | 대중교통의 운영이 어려운 상황에서 흔히 선택되는 정책대안이 대중교통 특히 버스교통의 운행감축 조치이다. 버스 운행을 줄여 비용을 줄이고 수지적자를 만회하려는 방안이다. 운행횟수를 줄여 승객을 모아 수송하면 운송수지를 맞출 수 있을 것으로 기대해 볼 수도 있다. 그러나 늘어난 배차 간격을 기다려주는 아량을 버스이용 승객에게서 기대하기는 어렵다. 승객이 승용차 등 다른 교통수단으로 전환하는 경우가 많다. 심지어는 배차 간격을 늘리고 난 후 대당 승객수가 줄어드는 역설적인 사례가 발생하기도 한다. 이런 까닭에 대중교통수단의 운행감축 조치는 대중교통의 퇴장을 불어오는 일이기 때문에 매우 신중해야만 하나 그렇지 못한 실정이다.

대중교통의 과제

| 대중교통은 활성화되어야 한다. 그러나 효율성이 과제! | 대중교통은 국민의 기본권의 하나인 이동권을 보장해 주는 교통수단이다. 따라서 국민 모두가 이동하는 데 불편이 없도록 충분한 서비스를 제공하는 것이 대중교통정책의 목표가 된다.

그러나 국민 모두에게 언제 어디서나 만족스러운 서비스를 공급한다는 것은 현실적으로 불가능하다. 따라서 대중교통에 대해서도 사회적 형평성이라는 척도 이외에 경제적 효율성이 있는가를 따져야 한다. 이러한 관점에서 어느 수준의 대중교통 서비스를 공급할 것인가를 결정하고 이를 효율적으로 실천해 나가는 방안을 마련하는 것이 가장 중요한 정책과제이다.

| 국민의 교통권 보장을 위해 대중교통서비스를 최소한 어느 수준까지 공급해야 하는지를 결정하는 것이 바람직하다 | 대중교통서비스를 늘려나가는 정책 시행에서 고려해야 하는 사항은 먼저 공급해야 할 최소한의 기초서비스수준에 대해 검토하고 이를 정책목표로 삼는 것이 바람직하다. 기초서비스수준으로 대중교통서비스를 공급해야 하는 대상지역의 인구규모, 1일 대중교통 최저 운행횟수, 또는 모든 국민의 대중교통수단 접근거리가 몇 m 이내일 것 등을 정책목표로 정하는 방법이다. 과거에 버스노선이 없는 면(面)을 해소한다는 정책이 하나의 사례라 할 수 있다.

| 대중교통 이용자가 부담해야 할 합리적 요금수준을 설정하는 것이 바람직하다 | 대중교통서비스는 국민의 경제적 여건에 따라 이용에 차별이 발생하지 않도록 요금이 설정되어야 할 것이다. 그러나 낮은 요금정책이 운송산업의 경영을 어렵게 만들어 결과적으로 서비스 공급을 줄이게 되면 오히려 소비자는 대중교통 이용이 더 어렵게 된다. 특히

우리나라와 같이 기본적으로 민간기업이 수익성에 기반하여 대중교통을 운영하는 체제에서는 낮은 요금에 의한 서비스공급 제약이 쉽게 발생될 수 있다. 이러한 문제를 해결하기 위해서 대중교통요금은 이용국민의 소득수준을 고려하고 이용수요를 제한하지 않는 수준으로 설정하되 운송수지결손에 대해서는 정부가 재정에서 지원하는 방식이 널리 적용되고 있다.

그러나 소비자가 부담하는 대중교통 요금수준을 어떤 원칙에서 결정할 것인가, 또한 소비자와 정부 간의 운송비용의 부담을 어떤 원칙에서 결정하는 것이 합리적인가에 대해서는 쉽게 해답을 찾지 못하고 있다. 따라서 요금조정시기가 되면 매번 운송사업자와 정부 간에 줄다리기를 거듭하다가 결국 정치적으로 결정되는 것이 통례이다. 이 점에 대해서는 소비자가 부담하는 대중교통 요금수준을 이용국민의 소득수준과 연계하여 미리 결정할 필요가 있다. 그리고 운송비용에서 요금수입으로 충당이 안 되는 부족 부분에 대해서는 정부가 재정에서 부담하는 방안을 고려해 볼 수 있다.

| 대중교통의 활성화를 위해 적정하고 안정적인 투자재원 조달방안을 강구하는 것이 급선무이다 | 대중교통의 이용수요가 감소하고 자가용 운행이 증가하면 사회 · 경제적 손실이 커진다. 그리고 이용수요가 줄어든다고 대중교통의 공급을 줄이면 교통약자의 교통 불편은 커진다. 이런 까닭에 대중교통은 이용수요가 줄어들어 채산성 없더라도 공급을 유지해 이용의 활성화를 도모해야 하고, 이를 위해서는 투자가 더 많이 이루어질 필요가 있다.

현재 도시지역에서는 도시철도망이 더 확충되어야 한다. 농어촌지역의 버스노선망도 확충이 필요하고 버스차량 및 정류장 시설 개선 등이 필요하다. 그러나 대중교통운영기관이 적자 경영을 하고 있고 운영비를 정부가 지원하는 실정이므로 자체적인 시설확충 개선을 기대할 수가 없다. 따라서 대중교통의 확충 및 개선을 위한 투자는 정부가 부담해야만 하는 실정이다

대중교통정책의 최대 과제는 막대한 투자재원을 어떻게 조달할 것인가에 있다. 대중교통 활성화를 위한 안정적이고 적정한 규모의 투자재원을 확보하기 위해서 이제 대중교통세의 신설과 대중교통 육성기금을 설치 · 운영하는 방안을 고려해 볼 시점에 이르렀다.

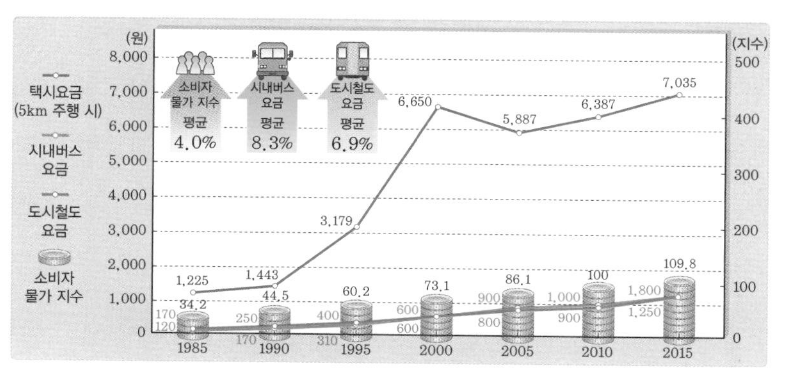

7 **소비자물가지수와 대중교통요금 변화 추이**

'우리의 발' 버스의 변신

버스의 등장

| 최초의 시내버스 | 우리나라 최초의 시내버스는 1920년 7월 1일 대구에서 운행된 것으로 알려져 있다.[1] 일제 강점기 대구호텔 주인이었던 베이무라 다마치로(米村玉次郎)가 일본에서 버스 4대를 들여와 여름철엔 오전 6시~오후 10시, 겨울철에는 오전 8시~오후 7시까지 운행을 하였다.

서울에서는 1928년 초 경성부청(현 서울시청에 해당)에서 시민교통을 돕기 위해 20인승 대형버스 10여 대를 들여온 것이 최초였다. 이에 앞서 1927년에 당시 전차를 운영하고 있던 경성전기주식회사와 다른 민간사업자가 각각 시내버스운행 허가신청을 냈으나 총독부는 버스영업은 공익사업이라는 이유를 들어 경성부에서 운영함이 합리적이라고 판단, 다음해 3월 새로 출원한 경성부에 운영을 인가하였다. 차량은 일본에서 만든 '우즈레'가 쓰였으나 버스보다는 마차에 가까운 모양이었다. 하지만 많지 않은 노선과 비싼 요금 때문에 시민들은 전차를 더 선호하였다. 경성부에서 운영하던

1 "한국 첫 시내버스는 대구서 운행", 조선일보, 2007년 9월 19일

부영버스는 1932년 전차 운영업체인 경성전기에 인수돼 전차의 보조수단으로 이용되었다.

한국전쟁 이후부터 1960년대 중반까지는 마이크로버스와 미군 트럭을 개조한 이른바 짜깁기형 버스가 시내를 누볐다. 하동환자동차와 신진공업사에서 제작한 버스가 주로 쓰였다. 하동환자동차는 쌍용자동차, 신진공업사는 대우버스의 전신이기도 하다. 서울 시내버스 승객은 지속적으로 늘어 1957년부터 전차를 앞질렀다.

| 최초의 고속버스 | 우리나라에 처음으로 도입된 고속버스는 한진관광의 한진고속버스였다. 그러나 고속버스의 개념은 자료에 따라 조금씩 달리 해석되고 있다. 우선 교통신보사에서 발간한 『한국자동차 70년사』에서는 최초의 고속버스를 서울~인천 간을 논스톱으로 운행하였던 버스라고 소개하고 있다. 이는 우리나라 최초의 고속도로였던 경인고속도로(29.5km)가 개통되기 전인 1964년 2월 21일 운행을 개시한 것으로 일반도로를 달린 오늘날의 직행버스의 개념으로 보인다. 새로 만들어진 서대문 터미널에서 용산~영등포~김포가도를 거쳐 인천까지 요금은 편도 50원이었고, 차량은 냉난방시설을 갖춘 이스즈 리어엔진 최신형 차량들이었다.

또한 서울특별시에서 발간한 『서울교통사』를 보면 경인고속도로가 준공된 1968년 12월 21일 이후인 1969년 4월 12일부터 시작된 한진고속버스의 운행이 고속버스운송사업의 효시라고 기록하고 있다. 역시 서울~인천 간을 운행하였던 이 노선은 39.5km이고 서울기점은 서울역 앞 제1터미널이었다. 한편 경부고속도로 역시 첫 개통구간인 서울~오산 간 45.6km에서 경인고속도로보다 약 10일 뒤인 1969년 8월 15일에 동양고속버스 5대가 서울~수원 간의 운행을 시작하였다.

그런데 고속버스는 처음부터 대부분의 대수를 기점과 종점의 터미널 간을 직통 운행하는 고속버스로 인가하였으나 극히 일부는 고속도로 주변에 사는 사람들을 위하여 고속도로상에 설치한 버스정류장에 정차하는 일반고속버스로 운행하도록 하였다. 그러다가 1991년 1월 29일 "자동차운수사업법 시행령"의 개정으로 고속버스와 시외버스가 시외버스로 업종 통합되고 그 형태에 따라 시외고속 · 시외직행 및 시외일반으로 구분하여 운행하게 됨으로써 이때부터 고속버스회사가 아닌 일반 시외버스회사도 시외고속버스를 운행할 수 있게 되었다.

정부는 왜 버스를 규제하는가?

| 버스의 특성 | 버스는 운행할 노선과 시간을 정해 누구나가 이용할 수 있도록 정기적으로 운행하는 교통수단으로 다음과 같은 특성을 지니고 있다.

첫째, 누구나 이용할 수 있다. 버스는 도시철도 등과 마찬가지로 누구나가 이용할 수 있도록 개방되어 있다. 이것이 렌터카나 전세버스 또는 택시가 특정 개인의 계약형태로 이용이 제한되고 있는 점과 크게 다른 점이다.

둘째, 사회 활동에 부수적이면서 꼭 필요하다. 교통서비스는 모든 사회 활동에 부수적이면서 필수적으로 수반되기 때문에 언제라도 이용할 수 있어야 한다. 버스는 실제 이용자에 대한 교통서비스는 물론 지금은 이용하고 있지 않지만 언젠가는 이용할지도 모르는 사람에게도 이용가능성이라고 하는 서비스를 제공한다. 그래서 교통서비스의 필수성과 개방성을 갖는 공공교통에는 공공서비스 의무(public service obligation, 공급의무, 운송의무)가 따르게 된다. 공공교통사업자는 이용자가 요금을 내는 조건으로 운송을 요청할 경우 이를 거부할 수 없다. 이러한 공공서비스의무는 잠재적 이용자가 언제라도 이용할 수 있다는 것을 사회적으로 보증하는 것이고, 공공교통서비스를 제도적으로 공공재화하고 있는 것이다.

셋째, 한 번에 많은 사람을 실어 나를 수 있다. 도시교통에서 철도와 버스 등 공공교통의 이용 촉진이 강조되는 경우가 많다. 그러나 도시교통에서 중요한 것은 공공교통이냐 아니냐가 아니라 제한된 도시공간을 효율적으로 활용할 수 있는 대량수송수단인가 여부이다. 예를 들어 택시는 공공교통수단이지만 대량수송수단은 아니다. 한편, 자가용 중에서도 여러 사람이 탈 수 있는 다인승 승합차량은 한정된 도로 공간 이용에 대해 우선권을 줄 필요가 있는 대량수송수단인 것이다. 이렇듯 버스는 도시철도처럼 한 번에 많은 사람을 실어 나를 수 있는 높은 수송효율성을 지니고 있다.

넷째, 소외계층을 보호한다. 일상생활에 필요한 기초적인 교통서비스의 보장은 교통권의 보장 차원에서 국가의 책임으로 간주된다. 이와 같은 기초적인 교통서비스를 보장하기 위해 노선버스와 지하철 등이 주로 활용되고 있다. 이용자가 많건 적건 정해진 노선을 정해진 시각에 운행하는 버스는 안정적인 교통권을 보장할 수 있다. 특히 신체적으로나 경제적, 연령적으로 대중교통을 이용할 수밖에 없는 소외계층을 보호하는 수단으로 매우 중요한 역할을 하고 있다.

버스교통의 기본요소는 버스노선(route)과 노선을 운행하는 버스차량(bus), 이들을 조작하는 운영(operation)으로 구분된다. 버스교통시설에는 크게 주행로, 버스차량, 정류장시설, 정보시스템(운행 및 관리시스템, 안내정보 및 지원시스템), 요금수수시스템 등이 있다.

| 버스 규제의 유형과 특성 | 버스는 버스차량을 이용하여 승객들을 일정한 장소에서 다른 장소까지 이동시켜주고 그 대가로 요금을 받는다. 버스는 인간의 기본욕구인 의(衣) · 식(食) · 주(住) · 행(行) 중 행(行)의 기반이 되는 것으로, 국민의 일상생활과 밀접한 관계를 맺고 있어 공공성 확보를 위해 이런저런 규제가 가해지고 있다.

외국의 경우 버스의 공공성과 공익성을 감안하여 정부나 지방자치단체가 사업을 직접 경영하는 경우가 많고, 공공기관에서 경영하지 않는 경우에도 공익 차원에서 많은 제재를 가하고 있다.

우리나라에서는 민간부문에서 버스사업을 경영할 수 있도록 하는 대신 면허제나 등록제와 같은 자유로운 진입과 확장이 제한된 절차를 통하여 사업을 할 수 있게 하고, 기업의 이익보다는 공공의 이익을 위해 경영하도록 강조하고 있다.

규제의 내용으로는 경제적 규제와 사회적 규제가 있다. 경제적 규제는 공급량과 요금에 대한 규제이다. 버스공급이 승객에 비해 너무 많지 않도록 새로이 버스사업을 하고자 하거나 사업을 확장하지 못하도록 억제하는 수급조정규제가 그 좋은 예이다. 사회적 규제는 서비스 표준에 관한 규제나 안전 확보를 위한 규제를 가리킨다. 버스사업자에게는 정해진 요금을 지불하고 특별한 운송조건을 내세우지 않는 한 수송능력 범위 안에서 반드시 운송해야 하는 운송인수의무, 승객의 차별적 취급 금지, 운임의 사전 공개 등의 의무가 지워져 있다.

| 버스사업에 새로이 진입하거나 확장을 제한하는 수급규제 | 사업자의 궁극적인 목적은 많은 이익을 얻는 데에 있다. 이를 위해 버스사업자는 한 명의 승객이라도 더 태우고자 노력한다. 이러한 노력이 지나치

게 되면 과당경쟁이 된다. 과거의 예나 외국의 사례를 보면 보다 많은 승객을 태우기 위해 정해진 노선을 운행하지 않거나, 경쟁회사의 차량 앞뒤에 버스를 운행시켜 승객 쟁탈을 벌이기도 한다. 또한 승객이 적은 정류장은 정차하지 않고 통과하거나 아예 운행하지 않는 사례도 있었다. 이렇듯 도로상에서 지나치게 경쟁할 경우 서비스가 나빠지고 속도경쟁, 끼어들기 등으로 교통사고의 위험이 높아질 우려가 있다.

이에 우리나라를 비롯해 많은 국가에서는 아무나 버스사업을 하지 못하도록 규제를 하고 있다. 지나친 경쟁으로 서비스의 질과 안전성이 떨어지는 것을 방지하기 위함이다. 제한된 사업자만이 사업을 하여 이익이 발생하는 노선의 이익으로 이익이 없거나 손해를 보는 노선을 운행할 수 있게 하는 이른바, 내부보조가 작동하도록 하여 버스가 안정적으로 운행되도록 하고 있다. 근래에는 누구나 버스사업을 할 수 있도록 서비스 경쟁을 강화해야 한다는 의견도 있다. 반대로 누구나 자유롭게 버스사업을 할 수 있도록 놔두면 이익을 낼 수 있는 지역이나 노선 또는 시간대만 버스를 운행하게 되어 궁극적으로 국민의 이용불편을 가중시킬 뿐이라는 주장도 제기되고 있다.

| 버스요금은 누가 어떻게 결정하는가! | 버스요금은 어떤 원리로 결정되는 걸까? 우리가 물건을 사거나 팔 때 값을 매기는데 그 값은 기본적으로 물건을 만들거나 서비스를 제공하는 데 들어가는 원가에서 출발한다. 그리고 최종 판매가격은 이 원가에 적정한 이익을 붙여서 정하게 된다. 버스요금도 마찬가지이다. 버스운행에 들어가는 비용을 계산해 이를 바탕으로 정부가 요금을 결정하면 그 요금 범위 내에서 버스사업자가 요금을 결정하여 받고 있다. 그러나 대

도시에서와 같이 버스이용자가 많을 경우에는 한 사람이 내야 하는 요금이 적어지는 반면 농어촌지역과 같이 버스 이용자가 적을 경우에는 상대적으로 요금이 비싸져 형평성의 문제가 발생한다. 그래서 우리나라에서는 이용자에게 비용부담, 즉 요금을 부과할 때 몇 가지 원칙을 두고 있다. 첫째는 지금은 버스를 이용하지 않지만, 이런저런 이유로 언젠가는 버스를 이용할 수 있기 때문에 버스운행이 유지되도록 요금의 일부를 부담하도록 한다는 것이다. 둘째는 자가용 대신에 버스를 이용하면 도로 등을 적게 만들어도 되고, 교통혼잡, 대기오염을 적게 유발하는 등 사회 · 경제적으로 많은 이득을 주기 때문에 이들을 고려한다는 것이다. 셋째는 버스승객이 많고 적고, 소득이 많고 적고를 떠나 국민 누구나가 이동하는 데 불편이 최소화되도록 요금의 형평성을 고려한다는 것이다. 이러한 원칙에 입각해 운행비용의 어느 정도는 버스 이용자가 요금으로서 부담하고 나머지 일부는 정부가 재정보조로서 대신 부담하고 있다.

| 버스 운영체계 | 버스 운영체계는 크게 민영, 공영, 준공영으로 구분할 수 있다. 민영은 버스자산의 소유와 관리운영을 민간사업자가 담당하는 형태로 독립채산 여부에 따라 순수민영과 재정지원형으로 구분해 볼 수 있다. 공영제는 정부(지방자치단체)가 자산을 소유, 관리 운영하는 형태로 운영주체에 따라 정부가 직영하는 형태와 독립된 운영기구를 설립(공사 형태)하여 운영하는 형태로 구분된다. 준공영제는 민영과 공영방식을 혼합한 형태로 노선관리형, 수입금관리형, 위탁관리형 등의 형태로 구분해 볼 수 있다.

1990년대까지만 해도 우리나라의 버스교통은 민간사업자의 독립채산방식으로 운영하면서도 기초교통수단으로서의 기능을 다하여 왔다. 그러나 경제 발전에 의한 소득 증가로 마이카시대가 도래하고, 또 도시철도의 정비 · 확충 등이 이루어지면서 버스이용 수요는 급격히 줄어 버스요금수입만으로는 예전과 같이 자주 운행할 수도 없고, 이용자가 크게 준 곳은 운행을 아예 포기해야 할 지경에 이르렀다. 이 때문에 버스이용에 불편을 느낀 사람들은 자가용을 더 구입하게 되고, 도로는 자동차가 홍수를 이루어 더는 도로를 만들 수 없는 대도시에서는 최악의 상태가 되었다. 특히 버스에 의존할 수밖에 없는 이용자들은 더욱 더 불편해져 교통에서도 양극화가 심화하고 있다. 정부에서는 적자노선 운영에 보조금을 지급하면서 버스 서비스를 유지하기에 이르렀으나 버스이용 수요가 지속적으로 감소하는 등 버스사업의 여건이 변화하면서 노선운영 및 경영의 효율성 제고, 서비스 경쟁력 제고 등의 필요성이 강조되었다.

그러나 민영제에서는 노선의 독점적 사유화로 노선조정, 중복운행 해소 등이 쉽지 않다. 또한 수요감소로 인한 버스업체의 수익성 악화로 자체적으로 경영과 서비스를 개선하는 데에는 한계가 있을 수 밖에 없다. 반면 지방자치단체 등 공공부문에서 운영할 경우에는 책임의식이 떨어져 생산성이 낮아지고 인건비 등 지출이 크게 늘어날 가능성이 있다. 이에 민영제와 공영제의 단점을 보완하기 위해 이들 두 제도를 결합한 버스준공영제가 생겨났다.

버스준공영제는 2004년 서울시에서 처음 운송수입금 공동관리형으로 도입되었다. 이는 운송수입금을 시와 사업자가 공동으로 관리하며 노선별 운송실적과 원가를 정산해서 적자노선에 대해서도

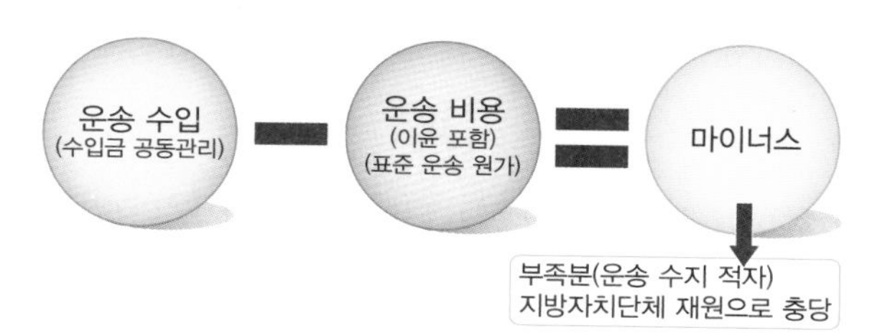

1 버스준공영제의 개념

원가만큼 배분하는 것으로 양질의 서비스를 안정적으로 제공해 버스활성화를 도모하자는 제도이다. 다만, 이 제도는 지방자치단체의 재정 부담이 커진다는 단점을 가지고 있다. 그러나 커지는 재정부담보다 버스가 활성화되어 교통혼잡, 교통사고, 대기오염이 줄어드는 등 사회적 편익이 클 경우에 해 봄 직한 제도이다.

버스 시스템의 특성

| 버스주행로 | 버스의 주행로는 일반차량과 함께 이용하는 일반도로에서부터 버스만 이용할 수 있도록 완전히 분리된 버스전용도로까지 다양한 형태가 있다.

2 **서울시의 중앙버스전용차로**
(출처: 크리에이티브 커먼즈)

가장 일반적인 형태는 일반도로를 아무런 통행규제 없이 일반차량과 공동으로 이용하는 것으로 일반적인 노선버스의 주행로에 해당된다. 이 경우 복잡한 도심 등에서는 동일 공간을 주행하는 일반차량의 영향으로 버스의 주행속도가 크게 느려지게 된다.

근래에는 많은 사람을 실어 나르는 버스 등을 우선적으로 통행하도록 해 수송효율을 높이고 교통의 형평성 등을 확보하기 위해 세계 여러 나라에서 버스만 주행할 수 있는 버스전용차로를 설치 ·

3 영국 런던의 버스전용차로 레드루트(RR)

4 진입 방지턱이 설치된 버스전용차로(프랑스 파리)

운영하고 있다. 우리나라에서도 많은 도시에 버스전용차로가 있으며, 출퇴근 시간대에 한해 제한적으로 운용되는 경우도 많다. 버스전용차로의 효율적인 운영을 위해 노면을 눈에 띄게 도색하거나 차선을 붉은색 또는 청색으로 도색하기도 한다. 차선도 지그재그로 표시하거나 진입 방지턱을 만들어 일반차로와 구분하기도 한다.

또한 일반도로상에서 연석 등으로 분리시키거나 도로 중앙에 버스전용차로를 설치해 보다 안정적으로 버스의 주행공간을 확보하는 경우도 있다. 우리나라에서는 서울을 중심으로 광범위하게 중앙버스전용차로가 설치 · 운영되고 있다. 경부고속도로는 한남대교 남단에서 오산까지는 평일버스전용차로로, 신탄진까지는 주말버스전용차로로 운영되고 있다. 오직 버스만이 주행할 수 있는 버스전용도로도 있다. 국내에서는 아직 찾아볼 수 없으나 외국에서는 종

5 캐나다의 버스전용도로
(출처: 크리에이티브 커먼즈)

6 영국의 North Greenwich
(출처: Malc McDonald)

종 접할 수 있다.

| 버스차량 | 버스차량은 이용자에게 버스의 매력을 줄뿐 아니라 운영, 운행비용 등에 이르기까지 시스템의 전반에 걸쳐 영향을 미치는 요소로 도시 및 수요 특성을 고려하여 디자인되고 있다. 일반적으로 차량 1대당 승차인원, 가감속 성능 등의 차량의 기본특성은 수송능력에 직접적으로 영향을 미치며, 차량의 동력시스템은 대기오염, 서비스의 신뢰성, 운행비용 등에 영향을 미친다. 또한 도시의 이미지 전략으로서의 기능도 하고 있다. 버스차량은 동력원, 자체구조, 좌석배치 등 다양한 형태를 띠고 있다.

7 프리머스 차량
(출처: 크리에이티브 커먼즈)

동력원 _ 대부분은 내연기관을 이용하여 경유 내지는 가솔린 등 석유정제물을 사용하는 경우가 많다. 특히 경유를 연료로 하는 디젤엔진이 널리 보급되어 있다. 대기오염을 줄이기 위해 천연가스(CNG, LNG)나 에틸알코올 등의 대체 연료를 사용한 차량이 널리 보급되고 있다. 또한 도로상에 가설된 전선으로부터 전기를 동력원으로 하는 트롤리버스도 유럽 각국에서는 이용되고 있다. 국내에서는 유 · 무선충전방식, 배터리교환방식의 전기버스가 개발 · 운행되고 있다.

8 남양주시와 서울을 오가는 2층버스
(출처: 크리에이티브 커먼즈)

차체구조 _ 1930년대까지는 프레임 위에 차체를 만드는 방식이었으나 1950년대 이후 차량의 대형화에 따라 차량 외판과 골격을 리벳으로 고정하는 방식이 도입되었다. 외판은 강도 때문에 주로 단일구조체 구조가 이용되었다. 그 후 1970년대 후반부터는 차체 골격과 외판을 용접으로 결합시켜 골격만큼 강도를 강화하는 스켈톤 구조가 이용되기 시작하였다. 스켈톤 구조는 단일구조체 구조에 비해 가볍고, 소음이나 진동이 적을 뿐만 아니라 리벳이 없어 외관도 우수하여 최근에는 이 스켈톤 구조가 주류를 이루고 있다. 최근에는 두 대 이상의 차량을 연결한 굴절버스, 두 대를 포갠 듯한 2층버스도 등장하였다.

좌석배치 _ 버스차량의 좌석배치는 용도에 따라 다양하나 일반적으로 중앙의 통로를 두고 양측에 1인석 또는 2인석 좌석을 배치하고 있다. 좌석의 배치 방향도 차량의 구조 등에 따라 차창을 뒤로 한 횡 방향 좌석배치나 진행 방향을 향하여 열 방향으로 나란히 좌석을 배치한 차량도 있다. 또한 승객이 차량 내부에서 이동을 자유롭게 할 수 있도록 통로를 2열 또는 3열로 배치한 차량도 있다. 최근에는 프리미엄 고속버스도 등장하여 안락감을 더해 주고 있다.

9 1960년대 후반 전철식 좌석배열 버스
서울시가 변두리 영세민들이 채소와 농작물을 갖고 승차할 수 있도록 시영버스 내부 구조를 변경한 모습이다.
(출처: photoarchives.seoul.go.kr/phot)

10 프리미엄 고속버스

바닥구조 _ 원래 노면에서 차량 바닥까지의 높이는 900mm 정도가 표준으로 도어 스텝은 2~3계단이 일반적이다. 근래에는 승하차가 편리하도록 1계단, 바닥 높이 500mm 전후의 저상버스로 개량되고 있다. 또한 엔진 및 동력전달기구의 개량으로 300mm 전후의 초저상버스도 도입되고 있다.

정류장시설 _ 버스정류장시설은 도로상의 정류장, 환승시설, 터미널 등으로 버스교통시설의 중요한 요소 중의 하나이다. 이들은 이용자의 편리성, 쾌적성, 안전성을 확보함과 동시에 정차방식 등 운용상의 묘를 살려 버스수송시스템의 수송능력을 향상시킬 수가 있다. 또 도시의 버스시스템의 존재감 혹은 입지를 명확히 하는 의미에서 이미지 전략으로서의 기능을 갖추고 있다.

노상정류장 _ 버스가 정차해 승객을 승하차시키기 위한 시설로 보도와 차도의 가장자리에 걸쳐서 일반적으로 설치하고 있다. 정류장에는 정류장 표지판과 시각표, 노선도가 설치되어 있으며, 서비스 개선을 위해 지붕이나 대합실 등을 설치하고 있는 경우도 있다. 근래에는 버스도착정보안내시스템을 갖추고 있는 곳도 있으며 철도역과 같이 안내방송을 하는 곳도 생겨나고 있다.

또한 버스정류장 부근에 버스베이(bus bay)를 설치해 버스가 정차해도 교통흐름에 지장을 초래하지 않도록 설계된 버스정류소도 있으나 정체 시의 출발이 어렵고, 정류장에 불법주차가 증가하는 단점이 있다. 이러한 단점을 보완하기 위해 정류장 부근의 보도를 차도 쪽으로 나오게 하는 테라스형 버스정류장이 설치되어 있는 곳도 있다. 이는 도로변 주차에 의한 지장을 최소화하고 버스이용자로 인한 보도 통행자 불편을 줄이는 효과가 있다. 단, 넓은 도로로서 노측 주차대 확보가 가능한 경우에 한해 제한적으로 도입이 가능한 형태라 할 수 있다.

11 저상버스의 내부
(출처: ko.wikipedia)

12 일본 히라카타 시에 설치된 테라스형 버스정류장
(출처: 크리에이티브 커먼즈)

그리고 정류장 전후의 보도에 비해 지면을 높게 하여 버스의 승강계단과 높이가 같도록 설계한 곳도 있다. 그밖에 병원이나 학교 등 넓은 공간을 갖고 있는 공공시설에서는 시설부지 내에 버스정류장을 설치하여 버스를 연장운행토록 하여 이용자의 편의를 도모하고 있는 곳도 있다.

환승시설 _ 버스는 도어 투 도어(door to door)의 편리성을 갖는 자동차와는 달리 버스와 버스 또는 버스와 타 교통수단을 연계하여 이용되는 경우가 많다. 따라서 버스정류장 및 버스터미널은 우선적으로 접근이 쉬어야 하며, 타 교통수단과의 환승에서도 시간 · 거리적으로 편리성이 확보되어야 한다.

대부분의 국가들은 자가용승용차 이용을 대중교통수단으로 유도하기 위해 파크 앤드 라이드(park and ride)라는 명칭으로 환승시스템을 정비하고 있다. 동일 수단 간의 환승, 타 수단 간 환승 등의 편의를 도모하기 위해 환승정류장 개선 및 환승주차장 확충 등의 형태로 이루어지고 있다.

국내에서도 버스와 버스 및 대중교통수단 간 환승이 주로 발생하는 주요 정류장에 대해 편리하게 환승이 이루어지도록 버스정류장이 개선되고 있다. 버스와 자가용승용차 등과의 환승을 위한 시

13 **서울역 환승센터**
(출처: 크리에이티브 커먼즈)

14 **청량리역 환승센터**
(출처: 연합뉴스)

설이 정비되고 있다. 대표적인 사례로 서울역, 청량리역을 꼽을 수 있으며, 이들 지역은 대중교통수단 간 환승이 발생하는 곳으로 도로부지의 평면 공간 내에서 일반차량과 버스동선을 완전히 분리시켜 환승 시의 혼잡을 해소시킨 좋은 사례로 꼽히고 있다. 그밖에도 버스와 버스의 환승을 위한 버스정류장 개선사례로 여의도 사례를 꼽을 수 있으며, 자가용승용차 이용자를 대중교통수단으로 유도하기 위한 환승주차장 정비사례로 서울 송파구 복정역 환승주차장 등을 꼽을 수 있다.

버스터미널 _ 버스교통이 중심인 국가나 지역에서는 중 · 장거리 버스노선의 발착장소로서 버스터미널이 설치되어 교통의 거점, 도시의 현관으로서 기능을 하고 있다.

이들 버스터미널은 규모나 형태, 기능 등이 매우 달라 간단히 설명할 수는 없으나 철도역이나 공항 · 항만 · 버스차고지를 기점으로 버스노선을 형성하고 있는 경우가 많아 이러한 곳에 일반적으로 설치하고 있다. 또한 도시계획 등에 의하여 한 지역 내에 분산되어 있는 버스정류장을 한 곳에 모아놓거나 중심가나 관광지 등 수요가 집중하는 곳에 설치하고 있는 경우도 많다. 버스터미널의 시설 형태는 그 자체가 건물이 되어 있는 것과 광장 형태에 승강장만 지붕을 설치한 경우 등 다양하다.

| 정보시스템 | 버스승객이 감소하는 이유 중의 하나로 지하철과 달리 시간을 정확히 맞출 수 없다는 점이 꼽히고 있다. 따라서 많은 사람들이 버스를 이용하도록 하기 위해서는 정해진 시간에 정확하게 운행을 하여 이용자의 신뢰를 얻고 또 빠르면서도 안전하게 운행하는 것이 무엇보다 중요하다. 이를 위해서는 철도나 신교통시스템과 같이 운행상황을 항상 모니터링하면서 운행관리를 할 필요

가 있다. 또한 이용자에 대해서는 버스도착시각정보 제공 및 승하차 시간을 단축하는 등 보다 편리하게 이용할 수 있도록 시스템을 갖추어야 한다. 근래에는 정보통신기술의 발달로 차량의 위치를 자동으로 파악하고 운행관리, 승하차 인원 자동 파악 및 이용자에게 필요한 각종 정보 제공 등 버스운행을 지원하는 각종 기술이 개발되어 보급되고 있다. 일반적으로 버스의 운행정보를 안내하는 시스템(Bus Information System, BIS)과 버스운행을 관리하는 시스템(Bus Management System, BMS)으로 구분하여 국내에도 도입되고 있다.

15 **버스정류장에 설치된 버스도착정보시스템**(출처: 위키피디아)

현재 서울을 비롯한 많은 도시에서 인터넷, 휴대폰 등을 통해 버스도착시간을 안내하여 이용자의 불편을 덜고 있다. 또한 버스운전기사들은 앞차와의 거리 등 정보를 버스차량 내부에 설치된 단말기를 통해 파악하면서 배차 간격을 유지하고 있다. 버스회사는 운행 간격 조절 및 돌발사고 등에 대비하고 있다. 시에서는 모든 버스의 운행상황을 실시간으로 모니터링 하면서 안전운전을 유도하고 축적된 데이터는 정책결정의 기초자료로 활용하고 있다.

| 요금수수시스템 | 버스요금으로는 현금, 토큰, 회수권, 교통카드 등이 사용된다. 세계 각국은 지역여건, 이용자 수, 이용자 특성 등을 고려한 요금수수시스템을 갖추고 있다.

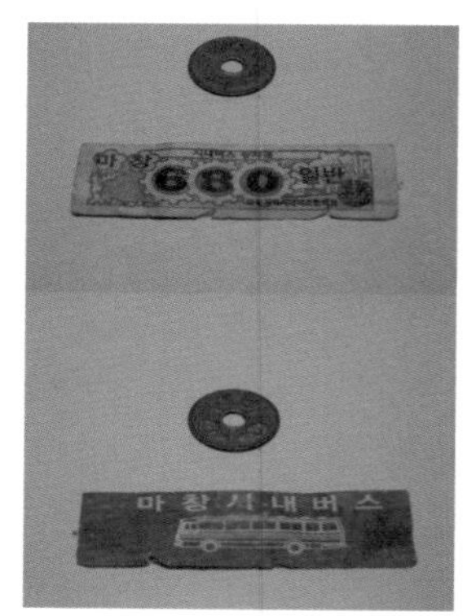

16 **버스토큰**(출처: 크리에이티브 커먼즈)

국내에서는 현금을 늘 소지해야 하는 불편함과 거스름돈 등으로 승차 시 많은 시간이 걸리는 등의 문제, 버스회사에서는 요금의 정산과 관리에 많은 사람이 필요해지는 문제를 해결하기 위해 개선 노력이 있어 왔다. 서울시에서는 1977년 9월부터 특수주화(토큰)제를 도입하여 현금보다 간편하게 요금을 지불하도록 했다. 정보통신기술이 발달하면서 1996년 3월에는 국내 최초로 서울시내버스에

17 **교통카드시스템**
(출처: 크리에이티브 커먼즈)

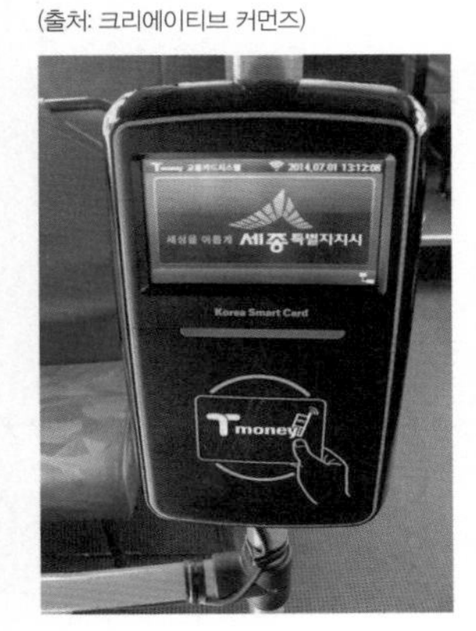

버스카드가 도입되어 그동안 사용해 온 토큰이 22년 만에 사라졌다. 1998년 6월부터는 지하철에도 교통카드가 도입되었다. 그러나 버스 및 지하철 간에 호환사용이 불가능하여 교통카드 사용자는 복수의 카드를 소지하여야 하고, 이용할 때마다 매번 요금을 내야 하는 번거로움을 겪어 왔다. 그러다가 2004년 7월 서울시 버스교통체계 개편을 계기로 통합형 교통카드를 도입하여 버스와 지하철을 자유롭게 이용할 수 있게 되었다. 지금은 전국 대부분의 도시에서 교통카드 한 장으로 버스를 이용할 수 있게 되었다.

택시의 어제와 오늘 그리고 미래

택시교통의 발달

세계 어디를 가더라도 가장 편리하게 이용할 수 있는 대표적인 교통수단 중의 하나가 택시이다. 버스나 지하철 등과 달리 언제 어디서든 쉽게 타고, 원하는 목적지까지 빠르고 편리하게 이용할 수 있다는 점이 택시교통의 가장 큰 매력이다. 다른 대중교통수단에 비해 요금이 조금 비싸다는 점이 흠이지만 자가용을 이용하는 비용보다 저렴하다. 특히 버스나 지하철 등 다른 교통수단을 이용할 수 없는 심야시간이나 교통취약지에서 택시는 특히 중요한 교통수단으로서 역할을 하고 있다.

왜 택시(taxi)라고 불리는가? 영어로 택시를 'taxi', 'cab' 또는 'taxicab'이라 한다. taxi는 'taxi-meter'의 줄임말이며, taxi-meter는 라틴어의 taxa(요금 또는 부과금) + meter(측정기)에서 유래하였다. 택시는 바퀴의 회전에 따라 운행거리를 계산하여 요금을 자동으로 표시하는 일종의 요금계산기인 'taximeter'를 이용하여 승객을 원하는 목적지까지 데려다 주는 교통수단을 말한다. 이외에 cab은 불어의 cabriolet의 줄임말로 '말 한마리가 끄는 마차'를

1 초창기의 택시
(출처: 크리에이티브 커먼즈)

의미한다. 미터기가 장착된 택시자동차가 보편화되면서 taxi와 cab을 합쳐 Taxicab이란 용어를 사용하기도 하였다. 이렇게 보면 요금미터기가 없는 미래의 택시, 예컨대 일정 기간 렌트하여 자유롭게 이용하거나 타 수단과 연계하여 무료로 이용하는 경우에는 뭐라고 불러야 할까 궁금하기도 하다.

세계 최초의 택시에 대한 기록은 아직까지 명확하지 않다. 다만, 1896년 미국 뉴욕의 아메리카 전기자동차회사가 200대의 택시로 운행을 시작한 것이 최초라는 의견이 유력하다.

우리나라의 택시 역사도 이제 100년이 넘었다. 우리나라에 자동차가 처음 들어온 지 9년만인 1912년 포드 T형 승용차 2대로 택시운행이 시작되었다. 1919년 조봉승이라는 사람이 설립한 '종로택시회사'가 한국 사람이 세운 최초의 택시회사로 알려져 있다. 1시간 남짓 택시를 이용하는 데 드는 요금은 6원 정도로 이는 당시 쌀 한 가마 값에 해당하는 비용이다. 초기의 택시는 부유층이 이용할 수 있는 값비싼 고급 교통수단이었다. 일반인들에겐 택시를 타고 장안을 둘러본다든지 원하는 목적지까지 가 보는 것은 선망의 대상이었다. 이 때문에 당시 택시요금 마련을 위한 '택시계' 모임이 장안에 화제가 되기도 하였다.

초창기의 우리나라 택시는 소규모의 형태로 명맥만 유지해 오다가 1950년대 한국전쟁의 폐허를 거쳐 1960년대 이후에 본격적으로 발전하기 시작하였다. 1967년 회사택시에 이어 개인택시가 도입되었고, 1970년에는 서울에 콜택시가 처음으로 등장하였다. 1972년에는 김포공항을 이용하는 승객의 편의를 위한 공항택시가 생겼으며, 1979년 외국인 관광객 등을 위한 고급 호출택시가 잠시 등장했다가 경기침체로 1981년 일반택시로 전환되기도 하였다. 1980년대 중반까지 택시는 호황을 맞이하다가 이후 자가용 이용이 점차 늘어나면서 침체의 길로 접어들게 된다.

1988년 서울올림픽을 계기로 외국인의 체격 등을 고려한 중형택시가 도입되었고, 택시 대수도 서울에서만 한 해에 약 3천 대가 늘어날 만큼 급격히 증가하였다. 그러나 이후 택시수요가 점차 감소하면서 공급과잉의 후유증을 남기게 되었다. 택시산업의 수급불균형이 심화하는 가운데에서도 택시 서비스 개선을 위한 다양한 시도가 이어졌다. 1992년 12월 개인택시를 이용한 모범택시가 등장하였고, 2000년대에 들어서면서 서울시를 비롯한 주요 도시에서 브랜드 택시, 택시운행정보관리체계가 도입되었다. 2014년 "택시운송사업의 발전에 관한 법률"의 제정과 최근의 우버(Uber) 논란을 계기로 예약전용 고급 리무진 택시, 13인승 밴 택시 등 규제완화가 이루어졌다.

택시요금은 어떻게 결정되나

택시요금은 대략 3년의 불특정한 주기마다 관할 관청인 각 시 · 도에서 택시유형에 따른 운송원가에 기초한 운임 또는 요율을 결정한다. 이때 운송원가는 실제 택시운행에 소요되는 운송비용에 적정이윤을 포함하여 결정된다. 이렇게 결정되어 발표된 요율범위 내에서 택시사업자(실제는 사업자 단체)가 관청에 신고하면 택시요금이 확정되어 시행된다. 이렇게 보면 관할 관청의 운임 또는 요율은 실제 요금의 상한선을 의미한다.

일본의 경우 당국의 상한선 요율(운임) 내에서 다양한 택시요금이 실제 시행되고 있으나 우리나라는 사실상 당국에서 책정된 상한운임이 실제 요금으로 시행되고 있다. 일본처럼 우리나라에서 다양한 수준의 택시요금이 시행되지 않는 이유는 택시 서비스의 차별성이 부족하고 택시사업자 간에도 경쟁이 이루어지지 않는 데 주요한 이유가 있다고 할 수 있다.

다음으로 택시요금 구조와 유형을 살펴보자. 택시의 기본요금 체계는 기본요금과 이후 추가요금으로 구성되며, 구체적 요금산정은 '시간거리동시병산제'에 기초하여 책정된다. 시간거리동시병산제란 택시요금이 운행거리(km)와 운행시간(초당)을 동시에 고려하여 요금이 책정되는 방식이다. 운행거리는 택시요금에 자동적으로 반영되겠지만 이외에 도로상의 교통지체 등으로 운행거리가 짧더라도 운행 소요시간이 길어질 경우 이를 택시요금에 동시에 반영하기 위한 것이다.

맞춤형 복지택시

버스가 운행되지 않는 농어촌 지역이나 산간벽지 마을에서 버스운행을 보완하는 다양한 형태의 맞춤형 복지택시가 운행되고 있다. 2013년 6월 충남 서천군의 '희망택시'와 같은 해 9월 충남 아산시의 '맞춤형 택시'를 시작으로 전국의 26개 시 · 군에서 다양한 형태의 맞춤형 택시가 운행되고 있다. 이름도 희망택시, 마중택시, 행복택시, 효도택시 등 다양하게 부르고 있다.

현재 하루 한 차례도 버스가 운행되지 않는 곳이 전국에 걸쳐 약 1,600개의 마을에 이른다. 이들 지역은 농어촌이나 산간벽지, 오지마을로 거주민이 많지 않아 버스운행 비용이 과다하게 들 뿐

2 강원도 춘천시 산골마을 희망택시
(출처: 연합뉴스)

아니라 비좁은 도로사정 등으로 버스가 운행하기도 쉽지 않은 지역인 경우가 많다. 각 지방자치단체에서는 이들 지역주민의 교통 불편문제를 해소하기 위해 기존의 버스운행을 대신하여 택시를 이용함으로써 주민의 교통편의를 개선하고 있다.

버스는 수요에 관계없이 운행시각, 운행노선(구간)과 정차지점이 고정된 반면 맞춤형 택시는 마을주민들의 수요에 맞춰 운행시간이나 운행구간, 정차지점 등을 다양한 형태로 탄력적으로 운행할 수 있어 이용이 편리하고, 특히 버스운행에 비해 운행비용도 적어 환영을 받고 있다. 대표적인 사례로 충남 서천군의 희망택시 운행을 보면 2013년 6월부터 6개 읍면의 23개 마을을 대상으로 전담택시를 1대씩 지정하여 1주일에 3~4일간 장날을 중심으로 주민들이 요청하는 날짜와 시간대에 맞춰 택시가 마을회관으로 들어가 주민들을 수송하고 있다. 요금은 개인당 4km 이내는 100원, 군청까지(11km)는 버스요금 수준에 맞춰 1,100원을 받고 있다.

요금 외에 추가로 소요되는 택시운행 비용은 군청에서 주민의 교통복지 차원에서 지원하고 있다. 서천군의 관계자에 의하면 26개 마을에 운행되는 마을택시 운행에 연간 약 8,000만 원이 소요될 것으로 보이는데, 이는 이들 마을에 버스가 운행될 경우 최소 2대가 필요하여 연간 약 2억 원이 소요되는 것과 비교하면 경제성 측면에서 비용절감의 효과가 크다. 서천군을 비롯한 대부분의 지역에서 맞춤형 택시의 기본요금을 100원으로 정한 것은 사실상 무료요금에 해당되나 실제 무료요금 탑승 시 특혜에 따른 선거법 등의 위반 문제를 고려한 방편으로 최소한의 요금부과를 하고 있는 셈이다.

3 전국 교통 취약지역 맞춤형택시(복지택시) 운행 현황

시도	지역	이름	시행일	요금	시도	지역	이름	시행일	요금
울산	울산시	마실택시	2015.1	1,000원	전남(11)	완도군	희망택시	2015.3	100원
강원(8)	삼척시	희망택시	2015.2	1,000원		화순군	효도택시	2014.10	100원
	춘천시		2015.2	1,000원		보성군	행복택시	2014.10	100원
	평창군		2015.2	1,200원		무안군	행복택시	2014.2	1,200원
	양구군		2015.2	1,100원		곡성군	효도택시	2015.1	100원
	횡성군		2014.10	1,200원		해남군	사랑택시	2015.1	100원
	홍천군		2015.7	1,200원		나주시	100원 택시	2015.1	100원
	영월군		2014.7	1,500원		광양시	100원 택시	2015.5	100원
	정선군		2015.5	1,000원		영광군	행복택시	2015.5	100원
경기(6)	가평군	따복택시	2015.5	1,100원		고흥군	100원 택시	2015.4	100원
	이천시		2015.6	100원		강진군	마을택시	2015.5	100원
	안성시		2015.5	1,100원	경북(7)	상주시	희망택시	2015.4	100원
	포천군		2015.5	100원		성주군	별고을택시	2014.9	500원
	여주시		2015.5	100원		봉화군	행복택시	2015.1	1,200원
	양평군		2015.5	500원		의성군	행복택시	2014.8	1,200원
충북(2)	영동군	무지개택시	2015.7	100원		영양군	행복택시	2015.8	100원
	보은군	사랑택시	2015.7	100원		청송군	천원택시	2015.2	1,000원
충남(3)	서천군	희망택시	2013.6	100원		예천군	희망택시	2015.2	1,200원
	아산시	마중택시	2013.9	100원	경남(9)	산청군	한방택시	2015.4	1,000원
	예산군	섬김택시	2015.7	100원		하동군	행복택시	2015.1	100원
전북(7)	완주군	으뜸택시	2014.11	500원		밀양시	100원택시	2015.4	100원
	남원시	통학택시	2015.4	1,000원		사천시	희망택시	2015.6	1,000원
	임실군	통학택시	2015.4	1,000원		의령군	행복택시	2015.6	1,200원
	진안군	통학택시	2015.4	1,000원		함양군	행복택시	2014.10	1,200원
	부안군	행복택시	2015.1	1,300원		합천군	행복택시	2014.10	1,000원
	고창군	마을택시	2015.4	1,000원		거창군	부르미택시	2015.4	100원
	정읍시	100원 택시	2015.4	100원		창원시	희망택시	2015.7	1,200원

이와 같은 맞춤형 택시는 당국이나 주민들로부터 교통취약지역의 버스교통을 대체하는 수단으로 많은 호응을 받고 있으나 몇 가지 문제점도 지니고 있다. 택시합승의 불법문제 때문에 한 장소에서만 승차해야 된다는 점, 차량 정원의 한계에 따른 비효율성, 기본적으로 택시운행의 수익성 보장이 어렵고 중앙정부 차원의 재정지원 기반이 없을 뿐만 아니라 지방자치단체의 재정지원 기반도 취약하여 안정적인 운행보장이나 운행확대가 용이하지 않다는 점이다.

한편 마을택시와 유사한 개념의 수요응답형교통수단(Demand Response Transport, DRT)이 2013년 "여객자동차운수사업법" 상의 새로운 업종으로 제도화되었다. 수요응답형교통수단은 농어촌을 기점 또는 종점으로 하고 운행계통, 운행시간, 운행횟수를 주민 등의 요청에 따라 탄력적으로 운행할 수 있는 교통수단으로 정의하고 있다. 기존의 다양한 형태의 맞춤형 마을택시는 법적 근거가 없어 시 · 군의 조례제정이 필요하였으나 수요응답형교통수단은 이에 대한 명확한 법적 근거를 마련함으로써 안정적인 운행기반을 갖게 되었다.

수요응답형교통수단은 기존의 마을택시와 달리 별도의 사업면허를 받아야만 운행할 수 있다. 동시에 택시 외에 승합버스 등 다양한 형태의 차량도 이용할 수 있게 되었다. 2014년 7월 경기도 양평군에서 최초로 소형승합을 이용한 수요응답형교통수단이 운행 중이며, 기존의 맞춤형 마을택시와 유사한 형태로 충남 당진을 비롯한 7개 시군에서 택시와 소형버스를 이용한 수요응답형교통수단이 운행되고 있다.

새로운 택시의 등장과 논란

2014년 국내에 진출한 일종의 유사 택시서비스인 우버(Uber)에 대한 논란은 커다란 사회적 파장을 일으키며 국내의 택시시장에 큰 변화를 초래하는 계기가 되었다. 우버는 스마트폰 앱을 통해 택시나 일반차량을 승객과 연결해 주는 차량예약 호출 서비스로 2010년 미국 샌프란시스코를 시작으로 세계 130여 개 도시에 진출해 있다. 우버는 공유경제를 표방하면서 고급화된 차량과 스마트폰 앱을 이용한 운행경로 안내, 앱 요금 결제, 운전자와 승객의 양방향 모니터링 등 기존의 택시와 차별화된 서비스를 제공하며 일반자가용, 택시, 렌트카, 밴(Van), 고급세단 등 다양한 차량과 서비스를 제공하면서 택시 서비스의 글로벌 브랜드로 점차 보급이 확산되고 있다.

우리나라에는 2014년 고급렌터카를 이용한 우버블랙(Uber Black) 서비스가 출시되면서 이후 자가용을 이용한 우버엑스(Uber X) 등의 출시를 예고한 바 있다. 그러나 관련법상 렌트카나 자가용을 이용한 영업행위가 금지되어 있어 이용자들의 호응이 많았음에도 불법영업 논란과 택시업계의 거센 반발에 부딪쳐 우버는 현재 잠정적인 영업중단 상태에 있다. 그러나 우버는 최근 택시와의 접목 등 합법적인 틀 내에서의 영업을 모색하고 있으며 정부의 고급택시 도입 등에 맞춘 새로운 형태의 서비스 출시를 모색하고 있다.

우버는 불법 논란에도 불구하고 기존의 택시시장에 중요한 영

4 **우버(uber)**(출처: 크리에이티브 커먼즈)

5 **카카오택시**

향과 많은 시사점을 주었다. 우선 우버를 계기로 카카오(kakao)택시 등 택시앱 서비스가 급속히 확산되는 계기가 되었다. 현재 서울을 비롯한 수도권에만 10여 개의 택시앱 서비스가 운영되고 있다. 택시앱 서비스는 전국적으로 스마트폰 가입자가 4,000만 명에 이를 만큼 필수용품화된 여건에서 우버 서비스를 계기로 택시앱 가입자가 500만 명을 넘어설 만큼 최근 급속히 확산되고 있다.

스마트폰을 이용한 택시앱 서비스는 우버와 유사한 운행경로 안내, 앱결제 서비스, 부당요금 문제의 해소 등 기존 택시보다 개선된 편리한 서비스를 제공하면서 이용자들로부터 많은 호응을 받고 있다. 택시앱 서비스는 택시사업자나 운전자 입장에서도 실시간으로 택시수요에 부응하는 다양한 서비스와 마일리지, 할인 등의 마케팅 기법에도 유용하게 활용될 수 있을 것으로 기대되고 있다.

우버는 택시앱 서비스를 이용한 다양한 형태의 고급택시 서비스가 얼마든지 가능할 수 있다는 점을 시사하고 있다. 정부 당국도 최근에 우버 논란을 계기로 택시사업의 경쟁력을 높이기 위해 요금자율화와 함께 고급택시 제도를 새로 도입 · 추진하고 있다.

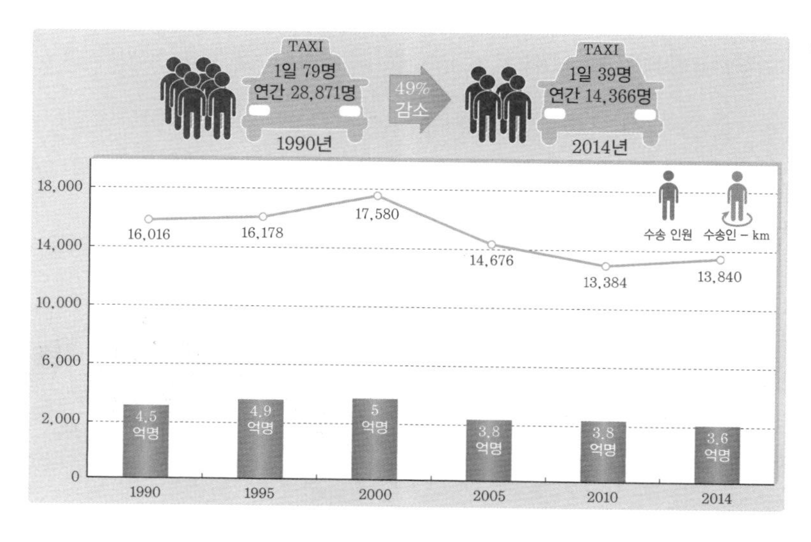

6 택시 탑승객 수 변화추이

7 국내 택시 앱 현황

구분	앱(APP)	회사명 (서비스 출시)	특성
우버택시 (Uber Taxi)		우버(Uber) 코리아 (2014. 10)	• 우버(Uber) 앱을 이용한 택시호출 서비스, 운전기사-승객 간 쌍방 평가 • 자가용 및 고급 리무진 차량을 이용한 우버엑스(Uber X), 우버블랙(Uber Black) 등 다양한 서비스 제공
카카오택시	카카오 택시	다음카카오 (2015. 3)	• 카카오톡으로 승객과 택시기사 연결, 요금 결제(카카오페이) • 승하차 내역 카카오톡으로 메시지 전달(안심귀가) • 서울시와 제휴하여 불량 택시 업체 정보 공유
T맵택시		SK플래닛 (2015. 4)	• T맵과 나비콜 연계 서비스 제공(T맵 빅데이터 활용 등) • T맵의 실시간 경로안내 제공, 휴대폰 분실 방지 알림기능 • 서울시와 제휴하여 불량 택시업체 정보 공유
리모택시		리모택시 코리아 (2015. 2)	• 리무진(LImousine)에 모바일(MObile)을 더한 이름 • 탑승 정보를 카카오톡이나 트위터 등으로 전송 가능 • 모범택시 예약제 운영(20년 이상 무사고 운전기사)
이지택시		로켓 인터내셔널 (2014. 7)	• GPS로 출발지 설정, 실시간 택시 추적 기능 • 승객이 기사 친절도 평가(불친절 택시 선별) • 서울, 경기, 인천, 천안, 전주, 광주, 부산 등 운영
고양e택시	TAXI	고양시 코코플러스 (2014. 4)	• 경기도 고양시가 (주)코코플러스와 업무제휴 • LG유플러스, 이젠+, 전국택시노조연맹 합작회사
라인택시		네이버 (2015. 1)	• 일본 도쿄에서 '라인택시' 출시(국내 미출시) • (주)일본교통 보유 약 3,340대 택시와 제휴 • 네이버 라인 앱으로 택시 호출 및 요금 결제
M택시	M TAXI	동부NTS (2015. 3)	• 기사용 앱 '모범기사 앤콜' 출시(2015. 1) • 서울(엔콜), 부산(등대콜) 택시를 모바일로 연결
백기사		쓰리라인 테크놀로지 (2014. 6)	• 택시기사에 6성 호텔급 친절교육 의무화 • 승객이 택시기사 서비스 평가(친절, 청결, 안전) • 출발지가 서울이면 이용 가능, 탑승1회당 1,000p 적립
오렌지택시		한국 스마트카드 (2015. 3)	• 서울시와 제휴하여 불량 택시 업체 정보 공유 • 반경 1km 이내 택시 위치 검색 • 승객과 택시기사 쌍방 평가 기능
헬로택시	헬로택시	소프트에스엠 (2013. 5)	• 택시 종류(일반, 모범, 장애인) 선택 가능 • 서울 · 경기 택시요금 1만 원 이상 콜비 면제

자료 : 한국교통연구원, 『우버(Uber)의 출현과 택시시장의 변화』, 2015

택시교통의 비전

1990년대 이전까지 호황을 누렸던 우리나라의 택시교통은 산업의 침체위기 속에서 IT와 접목된 새로운 서비스의 출현 등 격변기를 맞이하고 있다. 택시교통은 1990년대 이전까지는 취약한 대중교통수단을 보완하는 전천후 교통수단으로서 지속적인 수요증가와 개인택시 중심의 증차를 확대하며 시장규모가 증가해 왔다. 중형차로의 대전환과 서울시만 해도 한 해 수천 대의 개인택시 증차가 이루어질 만큼 호황을 누렸던 택시산업은 1988년 서울올림픽을 전후하여 침체 국면에 들어서기 시작하였다.

1990년도에 들어 자가용 보급이 보편화되고 대도시를 중심으로 버스와 지하철, 마을버스 등 대중교통수단이 더욱 확충되면서 택시 승객은 지속적으로 감소하기 시작하였다. 이런 여건에서도 각 지방자치단체에서 개인택시 중심의 선심성 증차관행이 지속되면서 택시시장의 수급불균형에 따른 공급과잉의 여파로 택시시장은 점차 사양길로 접어들기 시작하였다. 최근 들어서는 우버(Uber), 카셰어링(Car Sharing), 콜버스(Call Bus) 등 공유경제를 표방하면서 스마트폰을 활용한 새로운 운송서비스가 속속 출현하면서 기존의 택시시장을 더욱 위협하고 있다.

더욱이 택시산업의 침체국면을 타개하기 위한 택시업계의 자구노력도, 정부정책의 실효성이나 제도적 환경도 매우 취약하다. 택시업계는 면허제의 오랜 관행에 사로잡혀 자발적인 노력에 앞서 정부에 대한 의존경향이 높았고, 정부정책도 비전과 목표를 갖고 중장기적인 대책을 체계적으로 추진해 나가기보다는 근시안적 문제해결에 치중해 왔다. 최근 정부당국의 규제완화 노력에도 불구하고 주요 외국의 도시에 비교하면 아직도 요금, 영업방식 등 택시사업에 대한 경직된 규제가 여전히 많다. 택시산업이 침체되면서 종사원들의 이직률이 해를 거듭할수록 증가하고 있고, 사회 전반의 인구 고령화에 따른 택시운전자들의 고령화로 택시운행의 안전문제도 점차 불거지기 시작하고 있다.

장래 택시교통의 비전과 역할은 어떤 모습으로 발전되어야 할 것인가? ICT(정보통신기술)와 접목된 첨단기능의 편리한 서비스 택시, 전기차나 수소차, 자율주행차 등 친환경의 저비용 차량을 이용한 택시, 도시철도나 버스 등과 잘 연계되어 운영되는 안전하고 편리한 택시, 관광택시나 물품배달, 통근통학택시, 독거인 돌봄서비스택시 등 이용자들의 기호에 따라 다양한 선택이 가능한 맞춤형 택시 등 이런 모습으로 현재의 택시는 과감히 변화되어야 할 것이다. 미래의 택시모습이 이렇게 변화되어 고부가가치 산업으로 거듭난다면 택시교통은 시민들로부터 호응을 받을 수 있을 뿐만 아니라 택시산업도 젊은 층이 다시 희망을 갖고 찾아오는 산업으로 발전할 수 있을 것이다.

미래의 택시 비전을 실현하기 위해 무엇을 어떻게 해야 할 것인가?

첫째, 우선 택시산업에 대한 과감한 인식전환이 필요하다. 지금까지의 택시산업이 '운송사업'이었다면 향후의 택시산업은 '서비스산업'으로 인식하여 이에 맞는 대책이 강구되어야 한다. 지금까지의 택시사업은 인건비와 유류비 등 지속되는 고비용 구조 속에 요금인상에 한계가 있어 점진적인 수요 감소추세의 시장여건을 감당하기 어렵다. 향후의 택시산업은 지금까지의 단순운송 기능을 매개로 고객의 다양한 요구를 충족시킬 수 있도록 고부가가치 서비스를 창출하여야 한다. 일본, 대만의 관광택시가 대표적인 사례이다.

둘째, 새로운 신기술 변화에 부응하는 IT 기반의 택시산업 발전전략이 수립되어야 한다. 우버(Uber)를 계기로 급성장 추세에 있는 스마트폰 앱 서비스의 택시 접목을 통한 서비스 개선뿐만 아니라 실시간 수급상황에 따른 마케팅 전략, 고객맞춤형 서비스 개발 등 업계의 노력과 기술개발 지원 등이 필요하다.

셋째, 다양한 부가서비스의 창출과 이를 토대로 택시시장의 서비스 경쟁이 일어나야 하며 이를 위한 택시사업에 관련된 대폭적인 규제개선이 이루어져야 한다. 규제개선은 단순한 건수 위주의 개선보다는 구체적인 사업아이템이 가능한 아이템 별 맞춤형 패키지 방식의 규제완화가 검토되어야 한다. 이를 통해 적은 규제완화에도 시장에 구체적인 효과가 나타날 수 있을 것이다.

끝으로 택시시장의 공급과잉 해소와 서비스 경쟁을 조성하기 위한 택시운송사업의 구조개혁이 필요하다. 우선 공급과잉 문제의 주요 원인인 개인택시의 불합리한 면허제가 개선되어야 한다. 현재 전체 택시의 60%가 넘는 개인택시는 양도 · 양수와 상속을 통해 항구적으로 재산권화되어 있어 이를 방치해 둔다면 공급과잉 문제는 일시적인 택시감축 노력에도 불구하고 언제든지 다시 불거질 수 있다.

법인(회사)택시들도 업체에 대한 지속적인 평가와 관리감독 강화를 통해 우량 사업자가 이득을 보고 불법 부실업체는 시장에서 불이익을 받거나 퇴출되는 제도적 장치가 마련되어야 할 것이다. 전국의 주요 권역별로 택시센터 설립을 의무화하여 택시운행의 관리감독, 운전자 관리, 고객민원 처리 등의 업무를 수행하고 있는 일본의 사례를 벤치마킹 할 필요가 있을 것이다.

'편하게, 빠르게, 안전하게' 미래의 대중교통

혼자서 척척 움직이는 대중교통

자동차가 스스로 생각하고 판단하여 운전을 한다? 말도 안 되는 이야기 같지만 요즘 주목받고 있는 자율주행차량의 이야기이다. 차량이 운전자 없이 스스로 주행하는 자율주행 기술은 두 가지의 정보통신기술이 발달한 덕이다. 첫 번째 기술은 사물인터넷(Internet of Things, IoT)이고, 두 번째 기술은 지능형교통시스템(Intelligent Transport Systems, ITS)이다. 사물인터넷은 사물에 무선인터넷이 가능하도록 하여 사물에서 정보를 얻거나 제어하는 기술이다. 지능형교통시스템은 사물인터넷을 이용하여 자동차와 도로 위의 시설물에 대한 정보를 주고받는 기술이다.

1 사물인터넷(IoT)

사물인터넷(IoT)은 사물에 인터넷이 가능하게 하여 인터넷을 통해 사물을 제어하는 기술

컴퓨터가 아닌 사물에 센서를 부착하거나 블루투스, 근거리 무선통신(NFC)을 부착하여 사물을 제어할 수 있는 기기와 연결하는 기술이다. 연결된 사물은 스스로 상태를 체크하여 정보화하고 이를 제어기기로 보내면, 제어기기는 연결된 사물의 상태를 편리하게 조정할 수 있다. 요즘은 홈 IoT 기술로 가스불, 보일러 온도조정, 창문을 열고 닫는 기술이 각광을 받고 있다.

| 기관사 없이도 혼자서 레일 위를 달리는 철도 자율주행 | 철도교통은 정해진 기찻길과 선로를 이용한다. 철도교통에 자율주행기술이 접목된 무인열차는 1980년부터 사용된 꽤 오래된 기술이다. 우리나라에서는 1993년 '대전세계박람회(대전 엑스포)'에서 선보였던 모노레일이 최초의 무인열차이다. 2012년 개통한 의정부 경전철 또한 무인운전으로 운행하는 자율주행 철도이다. 해외에서는 이보다 더 빠른 1970년에 주요 기술이 개발되었고, 1980년 상용화가 시작되었다. 철도 자율주행기술은 과거 AGT(Automatic Guided Transit) 형태에서 PRT(Personal Rapid Transit) 형태로 점차 발전되었다.

2 철도 자율주행기술 AGT와 PRT

AGT 대형기차의 형태(출처: 크리에이티브 커먼즈)

PRT 소형자동차의 형태(출처: 위키피디아)

3 해외에서 활발하게 연구 중인 PRT

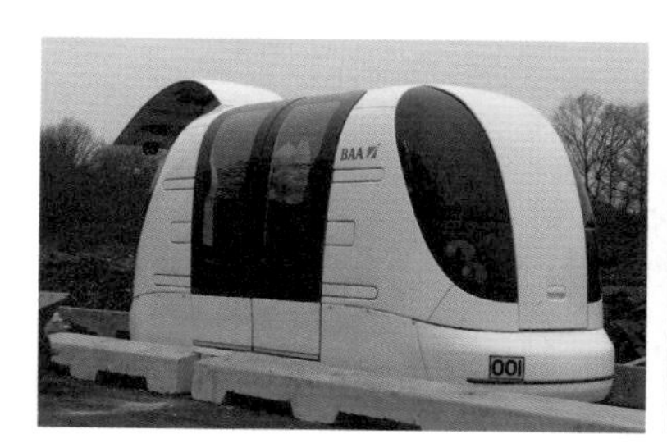

영국 ULTra(출처: Skyburn at English Wikipedia)

PRT- 스웨덴(출처: 위키피디아)

PRT-미국(출처: 위키피디아)

PRT-아랍에미레이트 skycabs(출처: 크리에이티브 커먼즈)

| 운전자 없이 혼자서 도로 위를 달리는 도로 자율주행 | 도로 대중교통은 도로 위의 자동차와 보행자, 오토바이가 모두 장애물이 될 수 있다. 현재의 도로 대중교통 기술은 버스전용차로만을 다니며 도로 위 장애물에 영향을 덜 받는 간선버스를 자율주행차량으로 개발한 정도에 그치고 있다. 자율주행버스의 대표적인 사례는 메르세데스(Mercedes) 사에서 만든 자율주행버스와, 아이비엠(IBM)과 왓슨스(Watsons) 사에서 개발한 올리(Olli)가 있다.

메르세데스 사의 자율주행버스는 GPS(Global Positioning System)와 30개가 넘는 레이더, 대형 카메라가 버스 안팎으로 설치되어 있다. GPS는 인공위성을 통해 지리정보를 송수신해 주는 기계이다. 레이더와 대형 카메라가 버스의 위치와 상태 정보를 수집하면, GPS는 통제실에 버스의 정보를 보낸다. 통제실은 받은 정보를 통하여 버스를 제어한다.

아이비엠과 왓슨스 사에서 개발한 올리는 최대 12명이 탈 수 있는 자율주행버스이다. 2016년 8월부터 미국 워싱턴D.C.를 중심으

4 미래형 버스

미래버스 1(출처: 크리에이티브 커먼즈)

미래버스 2(출처: 크리에이티브 커먼즈)

미래버스 3(출처: 크리에이티브 커먼즈)

미래버스 4(출처: 크리에이티브 커먼즈)

로 상용화되었다. 메르세데스 사의 미래형 버스와 같이 아직은 버스전용노선만을 돌아다닌다. 하지만 탑승자들의 말을 알아듣고 움직이는 것도 가능하다. 버스에 타고 있는 사람들이 "올리, 우회전하자", "올리, 앞에 장애물에 있어"라고 말하면, 말을 알아듣고 대답하고 반응한다.

원하는 곳에서 원하는 만큼만 공유하는 대중교통

집에서 학교로 등교를 할 때, 본인이 주로 이용하는 버스정류장이나 지하철역이 없어진다고 생각해 보자. 대부분은 없어진 정류장만큼의 거리를 더 걷거나 움직여야 하기 때문에 굉장히 불편함을 느끼게 된다. 실제로 내가 가고자 하는 곳 주변에 버스정류장과 지하철역이 있으면 좋겠지만 그렇지 못한 경우가 많다. 미래에는 클라우드 교통 시스템(Cloud Transport System, CTS)과 공유 대중교통을 통하여 이런 불편이 해소될 수 있다.

| 모든 교통정보를 모아 함께 공유하는 클라우드 교통시스템 | 클라우드 교통시스템은 모든 대중교통의 출발시간, 도착시간, 주행시간 및 환승정보 등의 상세한 교통정보를 온라인 데이터베이스에 모아 놓는 시스템이다. 이러한 정보들을 기반으로 시스템은 개인별 맞춤형 대중

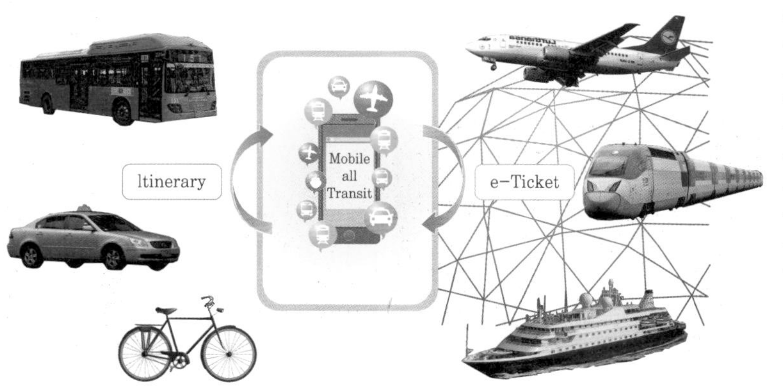

5 클라우드 교통시스템
대중교통의 정보와 공유자동차, 공공자전거 이용정보를 통합하여 가장 최적의 노선을 찾는 교통 시스템이다. 공유자동차 정보, 공공자전거의 이용과 같은 정보들도 있어 이를 활용하여 내가 가고자 하는 곳을 가장 최적의 노선과 방법으로 갈 수 있는 방법을 찾을 수 있다. 따라서 이동에 가장 최적화된 정보들을 공유하는 친환경적이고 경제적인 교통시스템이라고 할 수 있다.

교통 정보를 실시간으로 제공하고, 이용자는 언제 어디서든 이 클라우드 교통시스템에 접속하여 가장 빠르고 편리한 대중교통 수단을 찾아 이용한다. 이것이 클라우드 교통 시스템의 기본적 개념이다.

| 시간 단위로 함께 나누어 사용하는 공용 자동차 | 대중교통 외의 교통수단으로 먼 거리의 목적지를 이동하기 위해서 대부분은 개인교통수단을 이용한다. 하지만 개인교통수단은 교통지체, 주차문제로 인한 불편함이 따른다. 따라서 개인교통수단을 대중교통처럼 이용하는 공유교통수단이 각광을 받고 있다. 카셰어링(Car Sharing)과 카풀, 공공자전거가 그 사례이다. 카셰어링은 차량을 예약하고 자신의 위치와 가까운 주차장에서 차를 빌리는 시스템이다. 카셰어링을 통하여 빌린 자동차는 원하는 장소에 도착하였을 때 가까운 카셰어링 주차장에 반납할 수 있다. 최근에는 원하는 장소를 지정하여 차를 예약하면 카셰어링 전용 주차장이 아닌 다른 곳에서도 차를 빌려주는 서비스를 시작하였다. 원하는 곳에서 빌려 원하는 곳에 반납하는 서비스가 시행된 것이다. 다시 말해서, 대중교통으로 원하는 장소의 문 앞에서 출발하여 원하는 장소의 문 앞에 도착하는 '대중교통 수단, 문에서 문으로(door to door)' 서비스가 가능해졌다고 할 수 있다.

6 카셰어링
말 그대로 차량을 함께 공유하여 시간 단위로 예약하여 함께 사용하는 것을 의미한다. 렌터카와 비슷한 체계로, 핸드폰 앱, 웹사이트에서 차를 예약해 대여소에서 차를 가지고 나갔다가 원하는 대여소에 반납하는 형식으로 사용한다.

(출처: 크리에이티브 커먼즈)

| 원하는 곳에서 자전거를 타고 반납하는 공공자전거와 자율주행자전거 | 공공자전거는 카셰어링과 같은 맥락으로 자전거를 원하는 곳에서 빌려

7 공용자전거와 자율주행자전거
(출처: 크리에이티브 커먼즈)
카셰어링과 마찬가지로 자전거를 원하는 곳에서 빌려 원하는 곳에 반납하는 공용자전거를 의미한다. 공공자전거 또한 휴대전화 앱으로 쉽게 예약하여 빌릴 수 있고, 카셰어링보다 저렴한 요금으로 이용 가능하다.
자율주행자전거는 사용자가 원하는 장소로 자전거 스스로가 주행하여 이동하는 자전거이다. 이것이 공공자전거에 도입되면, 사용자가 원하는 장소에서 원하는 장소까지 자전거를 이용할 수 있게 된다. 진정한 문에서 문으로의 대중교통이 실현되는 것이다.

원하는 곳에 반납하는 공용자전거 서비스이다. 공공자전거에 자율주행기능을 더한 '공공자율주행자전거'는 네덜란드 사람들의 자전거 사랑에서 출발하였다. 자전거를 주요 교통수단으로 이용하면 자전거를 보관하거나 다른 교통수단을 이용할 때 불편함이 발생하는데, 자율주행자전거는 이 문제를 해결할 목적으로 개발되고 있다. 자율주행자전거는 이용자가 자전거를 호출하면 공용보관소에서 신호를 받아 사용자가 원하는 장소로 자전거가 스스로 이동하는 개념이다. 마찬가지로 자전거 주행을 마쳤을 때, 사용자가 이용종료 신호를 보내면 그 자리에서 보관소로 자전거가 스스로 주행하여 보관소를 찾아간다. 이러한 자율주행자전거는 자전거를 원하는 곳에서부터 원하는 곳까지 타지 못하는 불편함을 해소하여 줄 것으로 기대된다.

카셰어링, 공공자전거와 자율주행자전거를 통해서 우리는 원하는 곳으로 자동차와 자전거를 부르고 이를 이용할 수 있게 될 것이다. 가고 싶은 목적지로 이동하며, 사용을 끝낸 곳에서 자동차와 자전거를 자율주행으로 차고로 돌려보내는 것이 가능해진다는 이야기이다. 따라서 대중교통을 타야 하는 곳으로 걸어가거나 정류장에서 굳이 버스를 오래 기다릴 필요가 없어지게 될 것이다. 이것은 앞에서 언급한 '문에서 문으로(door to door)' 움직이는 대중교통을 실현시켜 줄 것이다.

4-1 넥스트 모듈카
박스 형태의 개인차가 합체, 분리하여 대중교통처럼 움직이는 미래형 자동차이다. 박스 형태의 개인자동차로 도로를 달리다가 서로 같은 방향의 차량을 만났을 때 합체하여 대중교통처럼 차량의 다른 조작없이 함께 움직일 수 있는 모듈 자동차이다. 함께 달리던 자동차가 방향이 달라 갈라지게 되면 다시 서로 분리하여 개인자동차처럼 주행할 수 있다.

| 따로 또 같이, 개인차가 합체하여 대중교통으로 변하는 넥스트 모듈카 | 넥스트 모듈카(Next Module Car)[4-1]는 NEXT 사가 색다른 미래도시교통수단으로 제시한 시스템이다. 쉽게 정의하면 박스 형태의 개인자동차라 할 수 있다. 개인자동차로 도로를 달리다가 목적지가 같은 방향인 모듈카를 만나게 되면 서로의 차를 붙여 합체할 수 있다. 합쳐진 차량은 별도의 조작 없이 대중교통처럼 함께 목적지까지 달려간다. 합쳐진 모듈 카는 방향이 다른 갈림길이 나오게 되면 서로 떨어져 다시 각자가 원하는 방향으로 주행한다. 대중교통의 정류소까지 힘들게 찾아가야 한다는 단점을 없애주면서도, 원하는 장소까지 환승 없이 움직일 수 있다는 장점을 가진다. 모듈 카는 개인자동차와 대중교통의 특성을 모두 가지고 있는 것이다.

더 빠르고 안전한 고속 대중교통

우리나라는 1970년대 들어 도시화가 이루어지기 시작하였다. 직장, 학교, 문화시설과 여러 기능들이 도시에 집중되었고 사람들은 도시를 중심으로 모여들었다. 인구가 도시에 집중되면 자연스럽게 도시의 가치가 높아지고 이는 도시의 지가와도 연결된다. 지가의 상승으로 도시의 집값이 상승하면 사람들은 집값이 싼 도시의 외곽으로 이동한다. 때문에 도시는 점차 커지면서도 넓어지게 된다. 이러한 현상을 '도시 광역화'라고 부른다. '도시의 광역화'로 도시가 넓어지게 되면 빠른 대중교통이 필요하게 된다. 따라서 새로운 동력, 자기부상기술들이 대중교통과 접목하게 된다. 도시의 대중교통은 점점 빨라져 넓은 도시를 돌아다닐 수 있도록 변화하고 있다. 빠른 속도를 낼 수 있는 엔진과 동력이 계속하여 발전하고 있고, 넓은 도시를 효율적으로 연결하기 위한 방법들이 지속적으로 연구되고 있

고속전철(출처: 충북선 무궁화호)

자기부상열차(출처: User: JZ at 위키여행 shared)

BRT

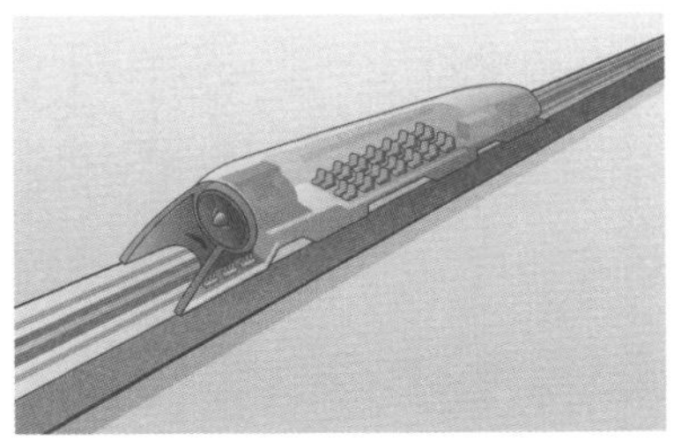

하이퍼루프

8 대중교통 만족도와 도시광역화의 결과
대중교통에 대한 낮은 만족도와 도시광역화로 인하여, 빠른 대중교통이 필요하게 되었다. 따라서 대중교통은 동력의 발전, 자기부상열차 기술들과 접목되어 점차적으로 빨라지게 될 것이다.

다. 초고속 모노레일이나 터널형 버스는 도시 안을 빠르게 돌아다니는 미래 교통수단이며, 하이퍼루프(Hyperloop)는 도시와 도시를 빠른 속도로 연결하는 미래 교통수단이 될 것이다.

| 도시 안을 빠른 속도로 돌아다니는 대중교통 | 도시 안을 빠른 속도로 돌아다니는 대중교통에는 초고속 모노레일(Sky Tram)과 터널형 버스(Tunnel Bus)가 있다. 초고속 모노레일은 자기부상기술을 이용한 자기부상 모노레일이다. 최고속도가 20~30km/h인 모노레일에 비해 자기부상열차는 철로와 약간의 간격을 두고 공중에 떠서 이동한다. 때문에 철로와의 마찰이 없어 최대 70km/h까지 속력을 낼 수 있다.

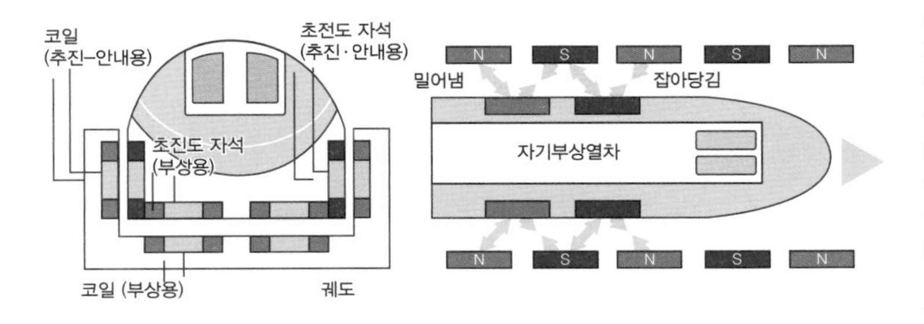

9 자기부상기술
자석의 성질을 이용하여 열차를 공중으로 띄워 마찰력을 최대한 줄인 열차동력기술을 말한다. 자기부상기술은 자석의 N극과 S극이 만나게 되면 철썩 달라붙고, N극과 S극이 서로 같은 극을 만나면 서로 밀어내려는 성질을 이용한 열차이다. 철로와 열차에 N극과 S극을 반복하여 배치하여, N극일 때 밀어내고 S극일 때 끌어당김을 반복하여 열차를 공중부양 시켜 앞으로 나아간다.

10 자기부상 모노레일
모노레일 선로만 있다면 쉽게 변형하여 사용 가능하기 때문에 미래의 고속 대중교통으로 각광받고 있으며, 자기부상기술로 인한 철로와의 마찰을 줄여 최대 70km/h까지 주행이 가능하다.

터널형 버스는 교통지체와 상관없이 도시 안을 빠른 속도로 돌아다닐 수 있는 미래형 대중교통이다. 터널형 버스는 터널 형태의 버스로 차량의 위를 지나다니며 별도의 정류소를 이용한다. 도시 도로들이 막히는 것에 전혀 영향을 받지 않기 때문에 기존의 버스보다도 속도가 더 빠르다. 터널형 버스는 기존의 도로를 이용하기 때문에 지하철이나 경전철처럼 지하공사를 하거나 철길 같은 기반시설을 만들 필요가 없는 장점이 있다.

| 도시와 도시를 비행기보다도 빠른 속도로 연결하는 대중교통 | 비행기보다 빠른 기차가 있을까? 비행기의 속도는 대한항공의 707비행기를 기준으로 최대 800~900km/h이다. 가장 빠른 기차는 중국에서 2016년 9월부터 정저우~쉬저우 지역을 운행하는 기차로 350km/h이고 최대 400km/h까지 달릴 수 있다. 하지만 미래에는 이것을 넘어설 것이다. 전기차를 주로 생산하는 회사인 테슬라(Tesla) 사가 하이퍼루프(Hyperloop)를 개발하고 있기 때문이다. 하이퍼루프는 낮은 기압의 관을 이용하는 초고속 자기부상열차이다. 자기부상열차에 기압이 낮은 관으로 공기저항까지 줄여 최대 1,200km/h의 속도까지 운행할 수 있다. 관을 이용하기 때문에 빠른 속도로 인한 열차의 탈선 위험이 없다. 또한 열차에 속도를 높여 주는 장치를 철

11 도시와 도시를 빠른 속도로 돌아다니는 대중교통, 하이퍼루프
(출처: 크리에이티브 커먼즈)
하이퍼루프는 철로에서 부양시켜 마찰력 같은 저항을 줄여 빠른 속도를 주는 자기부상열차에 진공의 관을 이용하여 공기저항마저 줄여 비행기보다도 빠른 1200km/h를 낼 수 있는 신개념 교통수단이다.

로에 계속해서 깔아준다면 수평적인 이동이 아닌 위 · 아래 수직적인 이동도 가능하다.

미래 대중교통의 모습

| 30년 후 대중교통의 미래 모습 | 앞에서 소개한 대중교통수단의 변화를 종합해 보면 미래 30년 후의 대중교통 변화의 특징은 자율주행, 공유, 전기자동차 이렇게 3가지로 요약할 수 있다.

사람이 필요 없는 대중교통의 시작 _ IoT(사물인터넷) 기술이 발전하면서 사물에서 사물로 무선인터넷을 이용한 정보교환이 가능하게 되었다. 자동차–자동차, 자동차–통제장치 간의 정보 교환은 자동차의 상태에 따라 자동차를 제어하는 자율주행을 가능하게 한다. 앞으로 교통 · 통신 기술은 계속하여 발전할 것으로 전망되기 때문에, 운전자가 필요 없는 자율주행차량과 대중교통수단이 점점 늘어나고 발전될 것으로 예측된다.

함께 공유하는 대중교통의 대중화 _ 하나의 차량을 여러 명이 함께 사용하는 카셰어링 기술과 공공자전거 이용이 점차 관심을 받고 있다. 이는 교통수단을 혼자만 소유하는 것에서 나아가 함께 소유하는 공유개념으로 가치가 변화하고 있는 것을 보여 준다. 또한 넥스트 모듈카(Next Module Car)와 같은 '따로 또 같이'형의 준대중교통 기술이 개발되고 있다. 이로써 내가 있는 곳에서 내가 가는 곳까지 문에서 문으로 바로 갈 수 있는 대중교통 기술이 계속해서 발전하게 될 것이다.

화석연료는 안녕, 전기차의 시대 _ 2100년을 기점으로 화석연료는 고갈될 것으로 전망된다. 따라서 전 세계는 화석연료를 대체할 새로운 자원을 찾고 있다. 과학자들은 화석연료를 사용하는 자동차

대신 전기나 수소를 이용하는 친환경 자동차에 주목하고 있다. 이에 맞추어, 하이브리드 차량(Electric Vehicle, EV)과 친환경 차량의 수요 또한 증가하였다. 두 가지의 영향으로 배터리 기술 및 전기모터 출력과 관련된 기술이 엄청나게 발전하였다. 따라서 전기차 산업은 앞으로 계속하여 발전할 것으로 보인다.

| 미래 대중교통의 중요성 | 안전하고 편리한 꿈의 교통수단을 실현하기 위해서는 기술 개발과 함께 모든 기능과 기술이 함께 어우러져 활용되어야 한다. 개인자동차의 변화도 중요하겠지만, 대중교통은 개인자동차에 비해 많은 사람들에게 영향을 주는 교통수단이다. 또한, 화석연료의 고갈은 대중교통의 중요성을 더욱 부각시키고 있다. 따라서 우리는 미래를 좀 더 지속가능하고 편리하게 가꾸기 위해서는 미래 대중교통에 관심을 가지고 노력해야 할 것이다.

재치 넘치는 버스정류장 디자인

파리의 에펠탑, 두바이의 버즈 알 아랍 호텔, 베이징의 자금성. 이들은 모두 그 도시를 떠올리게 하는 상징물이며 대표적인 이미지이다. 런던의 빨간 이층버스, 뉴욕의 옐로우캡 택시, 샌프란시스코의 트램은 관광객의 필수 코스이기도 하다.

도시 상징물뿐만 아니라 교통시설물의 디자인이나 색감은 한번 정하면 바꾸기도 어렵지만 국내외 이용자의 선호도, 친숙성에 따라 도시나 국가 전체의 느낌에 지대한 영향을 주기도 한다.

최근 교통수단이나 교통시설물에도 다양한 이용자 만족형 설계가 이루어지고 있으며 소소한 재미를 주기도 한다. 여기에서는 지구촌의 재미있는 버스정류장을 소개하고자 한다(버스정류장을 다 이렇게 바꾸자는 것이 아니라 교통이용의 주체인 이용자에게 재미와 웃음을 주기 위하여 여러 도시의 시도와 노력을 감상해 보자는 의도이다).

| 우리나라의 따스하고 정감 넘치는 버스정류장 디자인 |

최근 들어 우리나라 시골에도 지역 특성을 반영한 따스하고 정감 넘치는 버스정류장이 많이 생겨나고 있다.

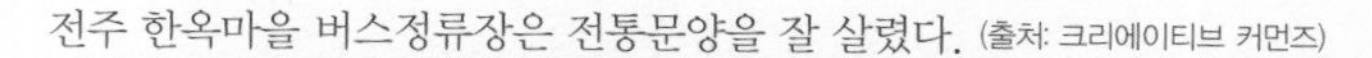
전주 한옥마을 버스정류장은 전통문양을 잘 살렸다. (출처: 크리에이티브 커먼즈)

| 외국의 재미있고 기발한 버스정류장 디자인 | 재미와 재치 측면에서 우리나라 버스정류장은 외국에 비하면 아직 걸음마 수준이다. 세계 곳곳에는 기발한 버스정류장이 많은데 이 중 몇 군데를 소개하고자 한다.

●
에스토니아에 있는 버스정류장이다. 토속적인 조각품과 나무를 이용하여 버스정류장을 만들었다. (출처: 크리에이티브 커먼즈)

●●
미국 요세미티 공원에 있는 버스정류장이다. 자연과 하나되는 개념에서 돌과 나무를 이용하여 버스정류장을 만들었다. (출처: 크리에이티브 커먼즈)

●●●
이 정류장은 또 어떠한가? 버스승객이 자기 집처럼 편안해 하는 것이 느껴진다. (출처: 크리에이티브 커먼즈)

●●●●

일본에서는 지역특산물을 적극 활용하고 있다. 사과 주 생산지와 멜론 주 생산지 마을의 버스정류장이다. 이곳의 생산품은 왠지 더 믿음이 생기는 느낌이다. (출처: 크리에이티브 커먼즈)

교통시설물은 한 번 정해지고 설치되면 다시 바꾸기가 쉽지 않다. 많은 예산도 필요하다.

그런데 독특하고 톡톡 튀며 재미있는 디자인은 사람을 불러 모은다. 그것이 관광자원이 되기도 한다. 칙칙한 색상보다는 활기차고 밝은 색상, 단순하고 획일적인 구조물보다는 즐거움과 상징성을 주는 시설물이 도시를 훨씬 생동감 있게 만든다. 물론 현대적인 디자인도 매우 좋다.

강조하고 싶은 점은 누구를 위한 시설이냐이다. 교통은 그 자체가 목적이 아니라 우리를 위해 설계, 운영되느니만큼 버스를 기다리는 동안 이용자에게 잠깐의 즐거움, 활기찬 아침의 시작, 힘든 하루의 쉼표를 제공해 주는 버스정류장이 많아졌으면 하는 바램이다.

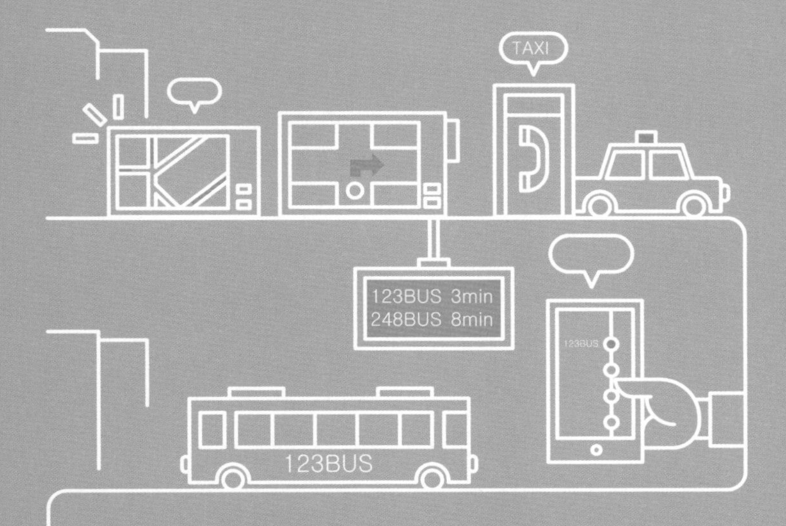

chapter 5

교통과 미래를 여는 ITS이야기

정보통신기술이 결합된 지능형 교통시스템, ITS

ITS(Intelligent Transport Systems)란?

지능형교통체계(ITS)는 도로, 차량 등 교통체계의 구성요소에 전자 · 정보 · 통신 · 제어 등 첨단기술을 융 · 복합하고 실시간 교통정보를 개발 · 활용하는 저비용 · 고효율의 미래형 스마트 교통 사회간접자본(SOC)이다.

목표는 교통수요 시공간 분산을 통한 혼잡감소, 교통흐름제어 등을 교통운영 · 관리를 과학화 · 자동화하여 안전성 · 편의성 향상, 화물차량의 효율적 운영 등을 통한 교통체계의 최적화도모, 차량 및 도로의 지능화를 통한 용량증대 및 안전성 제고 등이다.

1 ITS의 기본적 정보의 흐름 및 교통시스템운영

정보수집체계		정보처리체계		정보제공체계
교통자료 및 정보의 실시간 수집 (현장 검지기 · 센서)	⇄	Data Integration and Fusion 교통관리 · 제어 (교통정보센터)	⇄	CNS, VMS, Mobile등 (각종 매체 · 단말기)

ITS의 종류

첨단교통체계는 기본적으로 신호등 등의 교통관리를 통한 흐름의 최적화, 버스정보나 최적의 교통정보를 제공하여 혼잡을 피해 가는 서비스, 화물차의 통관 및 운행관리를 효율화하는 행위, BRT(Bus

Rapid Transit) 등 대중교통차량의 효율적 정보제공 및 운영, 차량과 도로의 통신을 통한 용량 및 안전효과의 제고 등을 포함하는 서비스가 주된 것들이다. 즉, 정보를 이용한 교통관리, 정보제공, 화물운송, 대중교통, 차량제어의 효율화 도모가 5개 분야의 핵심이며 세부시스템이라고 할 수 있다. 현재 이러한 5가지의 서비스는 전 세계적인 관점에서 보면 모두 구현은 되어졌다고 볼 수 있으나 각 국가별로 보면 분야별 시스템의 성숙도는 다소의 차이를 보일 수 있다. 세부시스템을 풀어서 쓰면 다음과 같다.

- 첨단교통관리(Advanced Traffic Management Systems, ATMS)
- 첨단화물운송(Commercial Vehicle Operations, CVO)

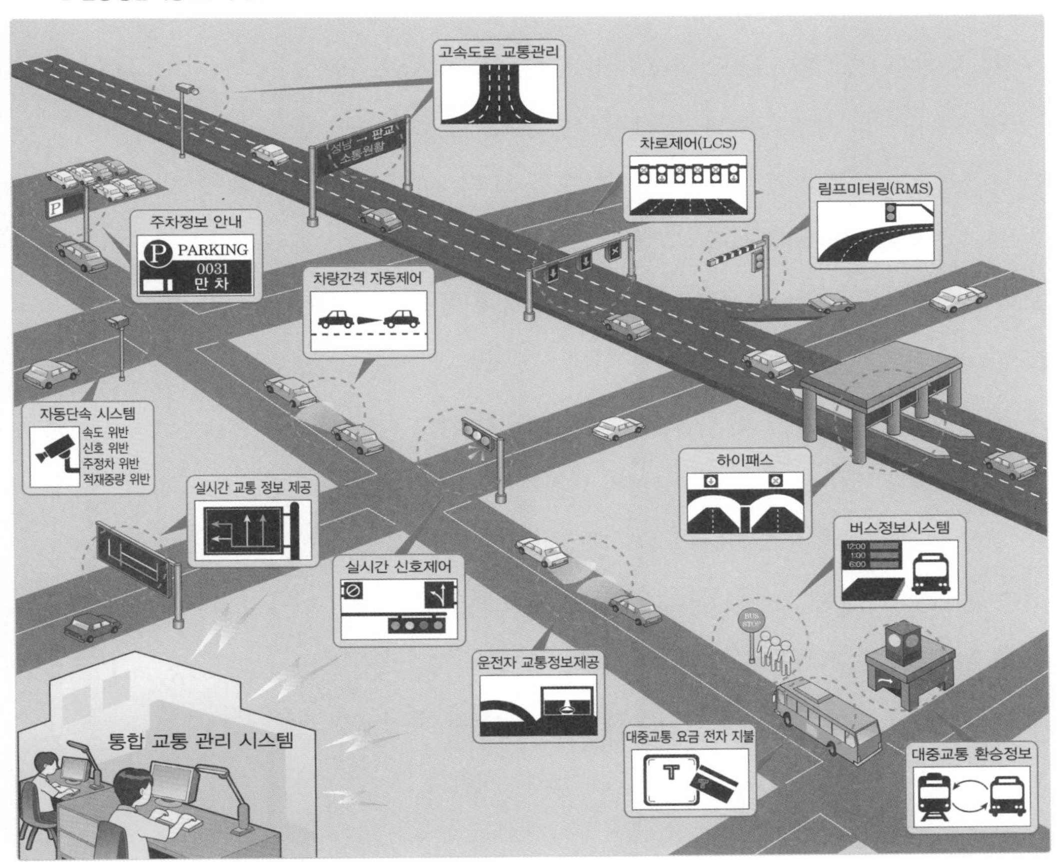

2 운영 중인 각종 ITS 서비스

3 **가변 속도 차로제**
(출처: 크리에이티브 커먼즈)

- 첨단교통정보시스템(Advanced Traveler Information Systems, ATIS)
- 첨단대중교통시스템(Advanced Public Transportation Systems, APTS)
- 첨단차량제어시스템(Advanced Vehicle Control Systems, AVCS)

좀 더 간단히 설명을 한다면 ATMS는 기존의 신호등 등을 좀 더 효율적으로 만들어 간선도로의 통행속도를 좀 더 높이는 서비스는 물론, 고속도로 이용요금이나 혼잡통행료 등을 자동으로 지불함으로서 교통류를 원활하게 해 주는 서비스 등을 포함한다. 이외에 도로상의 소통과 안전을 증진시키기 위해 시행하는 가변속도차로제 등도 포함한다. 이는 도로상에서 간혹 나타나는 가다 서다 하는 방식의 흐름과 전체적 충격파(앞차량의 갑작스러운 감속이 뒷차량에 영향을 미쳐 정체가 나타나는 현상)를 예방하고 악천후를 포함하여 발생할 수 있는 교통사고를 예방하는 시스템이다. 아울러 이는 환경에 민감한 지역에서 대기오염 물질의 배출을 감소시키는 도구로도 이용될 수 있으며 이를 위해 지속적인 교통류의 상태를 모니터링할 수 있는 기술과 함께 단계별로 속도를 제한할 수 있는 전략 등도 포함한다.

ATIS는 실시간의 교통정보를 이용자에게 전달해 주는 시스템으로써 가변전광판(Variable Message Sign, VMS)과 버스정보안내시스템, 차량 내비게이션(Car Navigation System) 등 일련의 정보수집시스템을 포함한다. 최근의 T-map이나 카카오내비 등 모바일을 기반으로 하는 시스템도 이에 해당한다고 볼 수 있다. 이뿐만 아니라 인터넷이나 교통방송을 통해 교통정보를 제공하는 것 역시 ATIS의 일부 서비스로 볼 수 있다. 현재 우리는 간단한 조작을 통해 교통정보를 손쉽게 보고 있지만, 그 이면에는 신뢰성 있는 센서(검지기) 기술의 채택과 더불어 효율적인 정보가공 알고리즘 활용, 이용자의 요구에 맞는 경로 생성 및 표출이라는 단계가 이면에 존재하게 된다. 최근 우리나라와 외국에서는 운전자 스스로 교통정

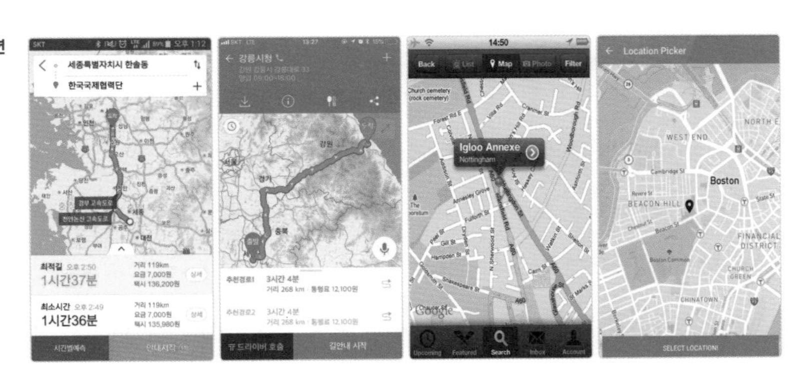

4 각종 내비게이션 어플리케이션

5 웨이즈(WAZE) 어플리케이션
(출처: 크리에이티브 커먼즈)

보의 생성자이자 소비자로서 기능할 수 있는 개념의 어플리케이션이 이용되고 있다. 예를 들어 우리의 T-map과 같은 서비스도 자신이 정보의 수혜자이자 교통정보 수집원이 되는 시스템이며, 외국의 유명한 웨이즈(WAZE)라는 어플리케이션은 이용자 간 통행과 관련된 정보를 서로 공유함으로써 SNS와 ATIS를 결합시킨 서비스를 제공하는 진화된 교통정보시스템이라고 할 수 있다.

CVO는 버스, 트럭과 같은 상용차들을 위한 ITS응용이라고 보면 되며 특히 화물차의 위험물서비스, 통관, 검사 등의 절차를 개선하고 상용차의 중량 파악 등이 포함된다. 이런 서비스가 존재하는 이유는 화물차의 효율적 통관(도로상의 중량검사, 관세검사 등) 운행은 기업의 물류비용을 절감시켜줄 뿐만 아니라 최종 소비자들이 편리하고 안전하게 각종 물건을 배송받을 수 있게 지원해 주는 도구가 되기 때문이다. 이때 차량 혹은 개별 물건에 RFID(Radio Frequency Identification)와 센서를 부착시키고 관제시스템에서 화물차의 운행경로 및 운행시점 등을 최적화하여 관리하는 소프트웨어 시스템도 함께 활용이 된다.

APTS는 대중교통에 적용된 ITS이다. 사실상 우리나라에서 가장 많이 보급되어 있는 교통정보시스템이 버스정보시스템(Bus Information System, BIS)이다. 버스의 이동을 실시간으로 파악하여 차량의 출도착을 안내해 주는 시스템으로서 일반 시민들에게 가장 보편적인 정보시스템이다. BIS가 유지되기 위해서는 정류장에서의 BIT(bus information terminal) 등은 물론 센터기능을 가진 버스관리시스템으로서 서울 TOPIS와 같은 센터시설이 함께 포함된다. 사실 ITS에서의 교통정보 세부시스템 중 어쩌면 일반 시민의 호응이 가장 높은 시스템으로써 정보제공은 물론 운전자에게는 앞뒤 버스 간 간격 정보를 제공하여 정시성을 향상시키고 지방자치단체나 회사는 차량의 운행이력을 확인할 수 있어 안전한 운행을 행정적으로 유도하게 한다.

AVCS는 일부 충돌방지시스템등을 제외하면 도로와 차량이 같이 어우러져 안전성을 제고하는 서비스는 아직까지 본격적으로 보편화되었다고 보기는 어렵다. 이는 AVHS(Advanced Vehicle and Highway System)로 불리다가 최근에는 CV(Connected Vehicle, 차량연계)/C-ITS(Cooperative ITS, 협력ITS체계) 및 AV(Autonomous Vehicle, 자율주행차량)으로 발전하고 있다. 모두 안전성을 제고하기 위한 서비스이나 C-ITS 서비스는 CV를 기본으로 하고 있고 이는 주로 V2V 및 V2I 와 같은 V2X 통신을 기반으로 주행 중에 빠른 무선통신을 이용하여 위험상황을 차들에게 제공하는 것을 기반으로 하는 소위 안전을 향상시키기 위함이며, AV는 ITS에서 벗어나는 새로운 파라다임의 성격이 강하며 차량스스로 지능화하여 굳이 인프라와 통신없이도 대대적인 사고를 예방할 수 있는 방향으로 진화하고 있다. CV와 AV와 관련한 자세한 내용은 자율주행에서 더욱 상세히 다룰 예정이다.

ITS의 핵심기술은?

ITS 핵심기술의 구성은…

ITS는 원활한 소통과 교통안전, 편의증진과 환경에 기여할 목적으로 사람과 차량, 인프라(도로 시설)라는 주체들(또는 station)과 그 사이(interface)를 ICT를 활용하여 다양한 서비스를 구축, 제공하는 것이라 정의할 수 있다. 주체별 장비나 장치의 물리적인 위치나 역할을 구분하여 ITS의 구성을 간단히 표현한 것을 물리 아키텍처(physical architecture)라 하고 그림[1]과 같이 표현할 수 있다. 여기

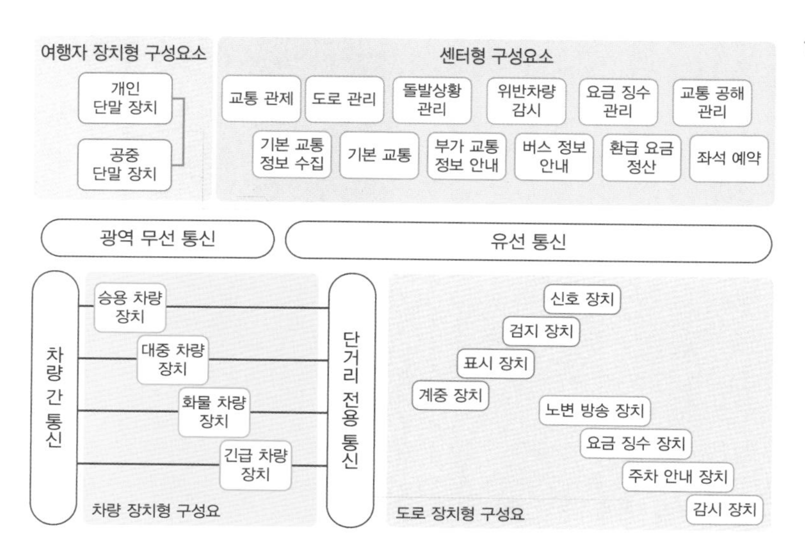

1 ITS의 물리적 아키텍처(얼개)

에는 핵심(기반)기술 또는 실행기술(enabling technology)들이 반드시 필요하다.

ITS를 구성하는 방법으로는 통신방식을 언급하지 않을 수 없는데, 능동(active) 시스템이라고도 하는 양방향 통신방식, 수동(passive)방식이라고도 불리는 단방향 통신방식 그리고 유럽에서 많이 활용되는 소위 Telematics 시스템 등 통상 이렇게 세 가지 그룹으로 구분한다.

Active 방식은 양방향통신을 통해 다양한 응용서비스를 신속히 전개할 수 있으며 Passive 방식은 간소하고 저가의 차량장치를 탑재할 수 있지만 확장성에 문제가 있다. Telematics 방식은 차량 중심 방식으로 통상 노변장치(Road-side Equipment, RSE)를 필요로 하지 않기 때문에 지리적으로 구애를 받지 않고 요금징수나 각종 정보서비스를 제공할 수 있다.

OBU(On-board Unit) 기술

차량에 탑재되는 OBU는 노변장치(RSE)와의 통신으로 필요한 정보를 전송하고 통행료를 정산하는 등 운전자와 노변장치 사이에서 인터페이스 또는 중계 역할을 하는 것으로 이해하면 된다.

OBU는 시간이 지나 새로운 응용서비스가 도입되면 현재 장치를 보정하거나 새 장치로 교환해야 하는 시간과 비용 문제가 발생하며 이 과정에서 노변장치와의 호환성 유지가 중요한 문제로 대두

2 차량 내 전면 중앙부에 탑재되는 OBU

되므로 항상 확정성에 대비해야 한다.

한 단계 더 발전된 모습의 ITS라고 불리는 C-ITS(Cooperative-ITS)에서는 차량이 통신의 한 주체가 되면서 동시에 차내 각종 sensor 정보의 조합을 통해 이동하는 정보수집 장치로서 역할이 부여되기도 한다.

통신기술

차량장치와 노변장치 사이의 통신방식은 이동통신, DSRC, FM 다중방송 등이 있으며 각각 고유의 특성 있으므로 계획하는 응용서비스에 적합한 전파기술을 선택할 수 있겠다. 하지만 다양한 서비스를 제공, 경험하기 위해서 각기 다른 장치를 복수로 사용하는 것은 비경제적이므로 ITS 서비스를 계획할 때는 요구되는 스펙과 조건을 면밀히 고려하여 최상의 방식을 선택하는 것이 중요하다 하겠다.

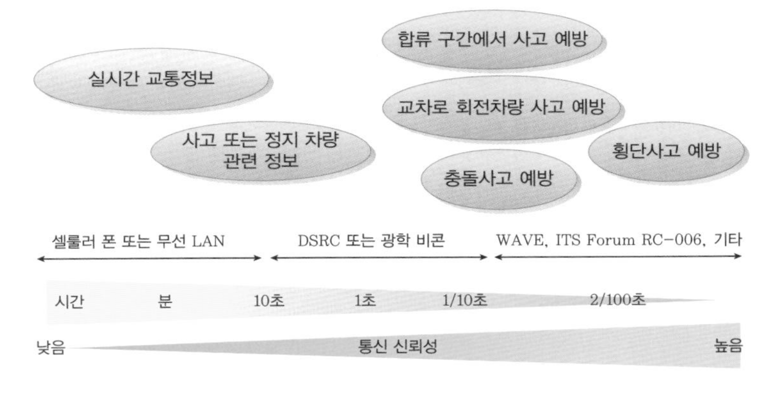

3 ITS용 통신방식과 신뢰성 및 접속 시간 관계

ITS에서 많이 사용하는 통신방식은 단거리에서 단방향 또는 양방향으로 통신하는 방식과 방송과 같이 먼거리에서 일방향으로 통신하는 방식으로 크게 양분한다. 특별히 통신방식의 선택할 때는 통신용량, 통달거리, 접속시간, 신뢰성 등이 고려해야 할 중요 사항이다.

4 무선통신 기술 방식과 특성

무선통신 방식			용량	속도	안정성	통신비	ITS 사용 영역
방송	광역	FM 다중	높음	느림	○	○	경로안내
통신	광역	Cellular	높음	느림	○	×	• 주문형 서비스 • probe car 정보수집 • 회원제 응용서비스
		WiMAX	높음	느림	×	×	
		LTE	높음	느림	×	×	
	단역	Wi-Fi	높음	느림	×	×	• 요금징수 불가(속도 이유) • 정지 시 인터넷 접근
		DSRC	보통	빠름	○	○	자동요금징수 및 안전 부문 V2V 및 V2I 인터넷도 가능(정지 시)
		IR(Optical)	낮음	빠름	△	○	차로별 정보 수집 및 제공

GPS 기술

ITS 주체 중 차량은 이동하는 것이 때문에 자동위치확인기술은 매우 중요하다 할 수 있다. 최근에는 차량이 고정된 지점의 교통정보 수집용 검지기(traffic detector 또는 sensor)를 대신하는 소위 교통정보 수집차량(probe car) 기능이 확산되고 있어 정밀한 위치를 확인하고 그 위치 또는 주변의 정보를 활용하는 것이 점점 더 중요해지고 있다.

5 ITS 서비스를 위한 필요한 위치정보의 정확도

위치정보의 정확도	도로 등 특성 구분	ITS 응용분야
±10m	노선 수준	경로안내
± 1m	특정 지점 진출입, 통과	도로 교통정보 제공, 경보
±0.1m	개별 차로, 정지선, 차량과 보행자	(자동)안전운전지원, 차량제어, V2V 및 V2P 협업

이동하는 차량의 위치를 확인하는 기술은 표[6]에서와 같이 특징에 따라 구분할 수 있는데, 가장 대표적인 기술은 미국의 국방성(DoD)이 개방하고 있는 GPS(Global Positioning System) 서비스로 불렸던 GNSS(Global Navigation & Satellite Systems)인데 GPS chip set의 저렴함과 통신비용이 발생하지 않기 때문에 전 세

계가 사용하고 있으나 상용으로 개방된 이 서비스로는 오차가 1m 미만인 정밀한 위치(측위) 확인이 불가능하기 때문에 이를 극복하기 위해 EU는 Galileo 시스템을, 중국은 Baidu 시스템을 완성하기 위해 수십 개에 달하는 인공위성을 직접 띄워 올린 바 있다.

6 측위 기술의 종류와 특징

측위 기술	정확도	특징
GNSS*	± 수 m	• 24개의 GNSS 위성 중 네 개 위성의 신호를 리시버가 받아 지표의 위치 확인 • 터널과 같이 GNSS 전파가 닿지 않는 위치에서는 확인 불가 • d-GPS 등을 활용하여 위치를 보정하기도 함
이동통신	± 수십 m	연속하는 기지국의 ID와 전파세기 등을 통해 위치 확인
RFID	± 수 cm	노변장치가 차량의 Tag 정보를 읽어 위치를 확인하는 방식으로 정확도가 높음
Wireless LAN	± 수 m	와이파이 스테이션으로부터의 전파의 세기와 도달시각 등을 이용하여 위치확인, 와이파이 인식 영역 내에서만 가능

* 위치보정은 지상의 비콘을 이용하는 방법, OBU에 설치된 DR(dead reckoning) 센서 정보를 이용하는 방법, 디지털 지도의 기능을 이용하는 방식 등이 있음

전자지도 기술

운전자가 이해하기 쉬운 방식으로 차량의 위치를 표현하여 실시간 경로안내 등의 서비스를 제공하려면 단순히 시간과 3차원 위치좌표뿐만 아니라 이와 함께 다양한 정보를 가진 디지털 지도가 반드시 필요하다.

지도 정보로는 기본지도 자료, 도로망자료, 이들과 관련한 정보, 도로운영 관련 자료, 주요(관심) 지점 정보, 도로와 관련된 동적

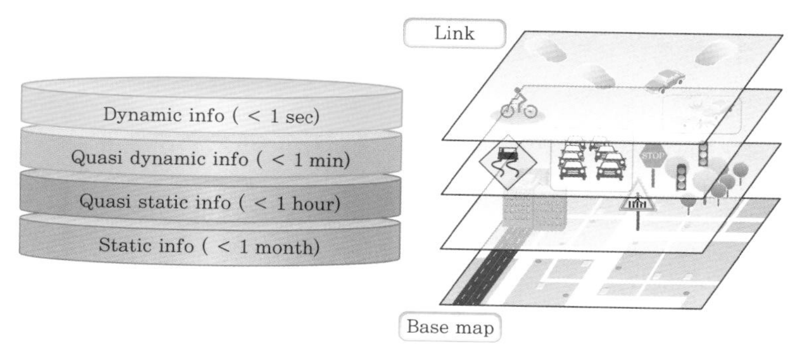

7 동적 지도(Dynamic Map)의 개념 (Source: SIP-adus)
• 정보 예측 : 인접 차량이나 보행자, 신호등 등에 대한 정보
• 사고, 혼잡, 현장 기상예보 등에 관한 정보
• 교통규제, 공사, 광역기상 관련 정보
• 노면상태, 차로 구획 및 운영, 3차원 구조물 등에 관한 정보

인 정보(도로통제정보, 노면정보, 공사 · 사고 정보, 도로기상정보) 등을 들 수 있는데 도로망과 경로를 검색하고 정보를 제공하는 등 다양한 서비스를 제공하자면 이 같은 정보들이 온전하고 정확하며 실시간성을 갖추어야 한다.

센서 기술

교통 흐름의 효율을 높이기 위해서는 교통 혼잡의 발생 원인과 거동을 감지할 수 있는 기술과 장비가 필요하다. 통상 교통류는 교통류율, 속도, 밀도 등 세 가지 특성 변수의 상호 관계를 사용하여 표현하는데 이러한 특성 변수를 감지해 내기 위한 수단으로 교통 검지기(detector) 또는 센서(sensor)를 사용하며 그 기술의 종류도 다양하다.

표[8]처럼 평균속도를 잘 잡아내는 기술 방식도 있고 표[9]처럼 교통류율(단위시간당 통과 교통량)을 중점적으로 감지해 내는 기술군도 있다. 루프코일(loop coil) 방식은 교차로 정지선 근처에서 흔히 볼 수 있는 기술이고 영상처리(image processing) 방식은 국도의 교통정보수집용으로 눈에 띄는 기술이다. 전자는 대표적인 지점검지 방식이고 후자는 대표적인 구간검지 방식의 기술이다. 초극초단파를 이용, 통행료를 징수하는 기술인 하이패스(Hipass) 기술방식도 구간검지 기술의 하나로 활용되어 현재 확산되고 있다.

8 검지기 기술 방식(속도 측정 중심)

기술방식	초음파	영상 처리	광(optical) 비콘
개요	노변 측주나 본선 위의 갠트리에 센서를 설치	두 지점의 차량번호판을 읽어 냄	두 지점에서 차량의 고유 ID를 통신으로 확인, 비교
단점	기계 장애나 유지보수 측면	악천후나 야간에 인식률 저하	차량에 장비(OBU)를 장착해야 함
기타	유럽과 일본에서 많이 사용	한국, 일본에서 많이 사용	일본에서 주로 사용

자료를 기반으로 구간속도 측정을 하고 있음

기술 방식	유도 루프	초음파	영상처리
개요	도로에 매립되어 금속 성질을 검출	노변 측주나 본선 위의 갠트리에 센서를 설치	영상의 화소처리를 통해 차량의 수와 움직임을 인식
단점	기계 장애나 유지보수 측면	• 기기 장애 및 유지보수 문제 • 본선에 갠트리를 설치하고 차로별로 센서를 갖추는 비용 • 차로를 벗어난 차량 감지 불가	악천후나 야간에 인식률 저하
기타		유럽과 일본에서 많이 사용	인식영역 설정이 자유롭고 다수 차로 동시 검출 가능

9 검지기 기술방식 (교통류율 측정 중심)

ITS의 진화, 차량과 도로의 하모니

ITS의 변화

첨단교통체계는 미국과 유럽 및 일본, 한국이 주도하는 아시아를 중심으로 각각 ITS America, ERTICO, ITS Asia-Pacific을 설립하여 업무와 사업을 추진하고 있다. 미국의 경우 교통부(US DOT) 산하의 FHWA가 핵심적 역할을 맡고 있다. 우리의 경우 국토교통부, 경찰청과 같은 중앙정부 이외 각 지방정부가 중심이 되어 사업을 추진하고 있다. 예를 들면 ATMS의 경우에도 국도와 고속국도는 국토교통부와 도로공사, 지방도와 시도는 도와 시가, 그리고 신호체계와 관련한 부분 등은 경찰청이 같이 추진하고 있는 사례에서 보듯이 이해당사자가 많다고 볼 수 있고 이에 관리와 통합이 필요한 것이 현실이다.

이러한 관리와 통합을 위해서 표준을 제정하고 이를 총괄하는 ISO/TC 204가 발족하여 우리나라의 경우도 참여를 하고 있으며 이러한 제반 논의를 위해서 ISO회의는 물론 ITS세계대회(ITS World Congress)는 1994년 파리대회를 시작으로 1년에 1회씩 대륙을 돌면서 진행되고 있다(유럽, 아시아, 아메리카의 순이며 우리의 경우 서울과 부산에서 각각 1회씩 개최를 하였음). 자연스럽게 초기의 5개의 서비스를 중심으로 표준과 기술의 발달이 이루어졌고 현재는 학술적 대회는 물론 시장을 선점하려는 차량 및 서비스 회사들의 각종 신제품이 소개되는 장으로 정착하였다.

ITS의 본래의 목표가 교통혼잡, 교통사고와 환경 오염을 개선하려는 것이었다면 앞에서도 잠시 언급하였지만, 사실 현재의 시점에서 과연 이러한 ITS의 본래의 목표가 달성되었는지 자문할 필요가 있다. 효과가 없지는 않겠으나 자연 교통량의 증가 및 기타 투자 여건 등의 악화로 1990년대 내걸었던 원래의 목표를 제대로 달성한 나라나 도시는 그리 많지 않은 것이 사실일 것이다. 그럼에도 불구하고 ITS는 어느 정도의 혼잡 완화에 기여한 것이 사실이고 현재에도 정보를 기본으로 교통행위의 선택에 풍성함을 제공하고 있으며, 교통관리, 버스시스템관리 등에 효과적인 도구로 자리매김하였다. 다소의 부족함은 있으나 지금까지의 성공을 토대로 2가지 큰 흐름으로 향후에 이어질 전망이다.

첫째는 ITS의 부분적 성공에서 최근에는 줄지 않는 교통사고의 효과적 예방을 위해서 소위 자율주행차량(Autonomous Vehicle, AV)과 차량연계(Connected Vehicle, CV)를 중심으로 안전성을 제고하겠다는 측면이다. 이미 AV는 구글, 테슬라 등은 물론 완성

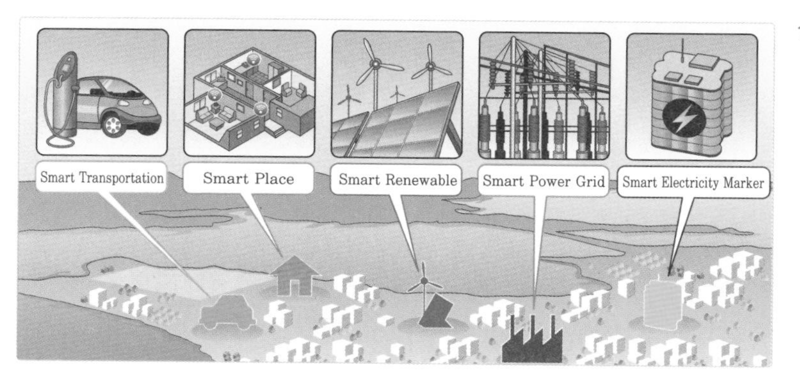

1 NURI Telecom의 제주지역 스마트시티 제안 개념도

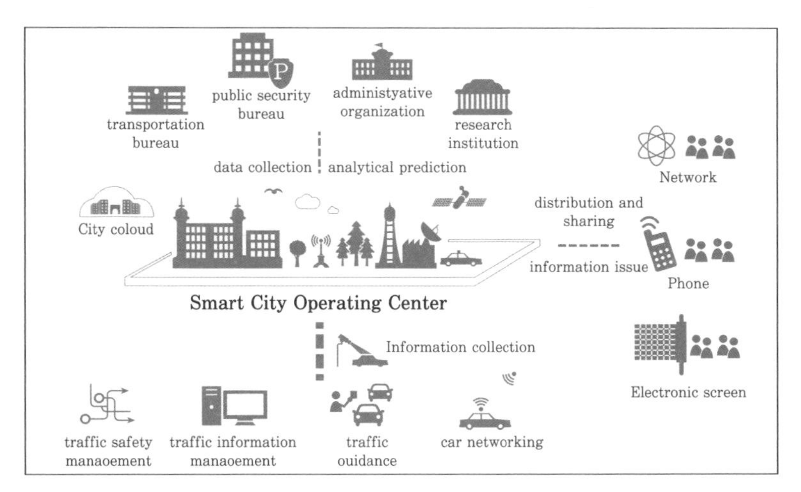

차 업계에서도 본격적인 프로젝트로 진행하고 있는 프로그램이며, CV의 경우 센서기술의 발달과 함께 차량과 인프라, 차량과 차량 간의 통신을 통해서 실시간으로 위험을 파악하여 충돌을 방지하며 전체적으로 인간이 93%의 사고에 원인인 만큼 이를 혁신적으로 줄이겠다는 것이 핵심적인 접근방식이다.

둘째는 소위 센서기술과 빅데이터, 인공지능과 같은 부문의 발달로 인해 미리 정체를 예측하고 이를 사전에 조절하는 등 전통적인 통계 및 최적화 기술이 하지 못한 부분을 데이터과학과 데이터기술을 통해서 교통을 조절하고 제어하는 교통관리기술(proactive traffic management)을 개발한다는 점이다. 이러한 새로운 서비스는 현재 전 세계적으로 추진중인 스마트시티(smart city)와 같은 프로젝트와 연동되어져 해당 지방자치단체의 교통상황 개선은 물론 종국적으로 도시에서 사는 주민들의 삶의 질 개선을 유도하는 방향으로 진행되어질 것이다. 첨단교통체계는 이제 자율주행과 스마트시티라는 양대 분야와 결합하여 새로운 방식의 진화가 있을 것으로 생각된다.

ITS, 차량과 도로의 하모니

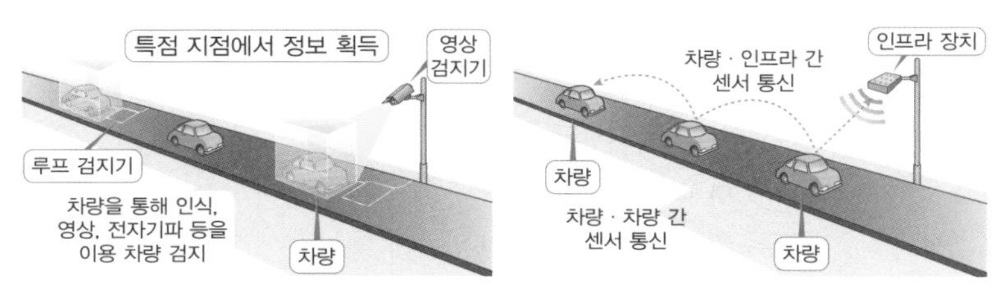

3 기존 ITS(좌)
4 V2X 개념(우)
V2X는 V2V(vehicle to vehicle communication)과 V2I(vehicle to infrastructure communication)를 통칭하는 용어

기존 ITS가 영상, 전자기파 등의 기술을 이용하여 특정 지점에서 차량 통과 시 차량을 물체로 인식, 차량의 주행정보를 획득하는 방식을 주로 하고 차량 내 설치된 단말기와 도로에 설치된 노변기지국(Road Side Equipment, RSE) 간 통신을 통해 차량의 속도 정보를 산출 · 제공하는 방식도 병행 사용하였다면, 미래 ITS는 소위 V2X를 통한 협업이라 부를 수 있는데, 차량이 주행하면서 도로 인프라 및 다른 차량과 지속적으로 상호 통신하며 교통상황 등 각종 유용한 정보를 교환하고 공유하는 방식으로 변모할 것이라는 의미이다.

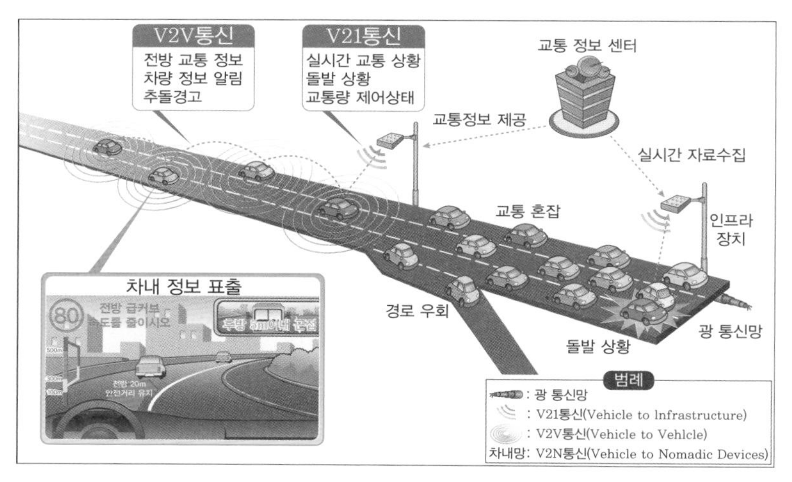

5 미래 ITS

그림[5]는 사고와 같은 돌발상황을 교통 검지기(traffic detector)를 통해 감지, 확인하고 간헐적으로 설치된 인프라를 통해 도로 상류 측의 차내 장치(OBU)를 장착한 차량에게 전달하고, 받은 정보

를 주위의 차량들에게 상황을 실시간 전파함으로써 상류 측 차량들의 경로선택(우회 결정)을 돕는 상황을 설명한 것이다.

6 사례 1

그림[6]처럼 V2I 기술을 통해 특정 구역의 혼잡/정체 정보, 통행시간정보 등도 제공할 수 있으며, 돌발상황 및 안전 관련 정보의 사전적 제공도 당연히 가능하다. 통상 돌발상황 정보에는 국지적인 기상악화, 도로결빙, 짙은 안개, 공사구간 등과 관련한 정보도 포함된다.

다른 협업 사례로 특정 지점에 작은 pot hole(도로면 함몰 및 파손)이 생성되고 그 위를 차량들이 자나가게 되면 짧고 큰 충격을 낳고 차내 motion sensor에 기록되게 되는데, 이 개별 이벤트 정보(위치정보 포함)가 여러 번 차량에 의해 도로 RSE(인프라)로 전해지면 센터는 단기간 누적된 이러한 이벤트 정보를 기반으로 신속한 현장 출동, 점검, 보수를 통해 더 큰 사고를 방지할 수도 있다.

7 사례 2
(사업구간) 대전-세종 간 고속도로, 국도, 시가지 등 총 87.8km

V2V 서비스를 이용, 가려져 보이지 않는 모퉁이에서 길을 건너는 보행자나 그림[7]처럼 차량 운전 중 전방 도로에 떨어진 낙하물, 전방 사고 발생 등의 정보를 단말기를 통해 운전자에게 알릴 수 있다. 2016년 여름에 떠들썩했던 영동고속도로 사고도 봉평터널 내 급작스런 정체 상황을 V2V를 활용, 접근해 오던 뒤 버스에게 전달할 수 있었다면 피할 수 있었던 매우 안타까운 사례이다.

차세대 교통안전 서비스라고 불리기도 하고 C-ITS(Cooperative ITS)로도 표현하는 이 분야와 관련해 우리나라에서는 2014년 7월 시범사업에 착수하여 2016년 6월 대전~세종에 시범 서비스 제공을 위한 시스템을 구축 · 완료하였다.

ITS의 꽃, 첨단대중교통시스템

대중교통시스템이란 ?

대중교통은 버스, 열차 등 대형교통수단들을 이용해 한꺼번에 많은 사람들을 이동시키는 것이 목적이다. 우리나라에서는 버스(마을버스, 시내버스, 고속버스, 시외버스 등)와 도시철도 및 지역 간 철도 등이 이에 해당한다. 20세기 산업화는 대도시 형성으로 이어졌고, 거의 모든 대도시에서 대중교통은 시민의 발로서 자리매김을 하고 있다. 20세기말 지속가능 교통수단으로서 대중교통의 중요성이 재조명되면서 세계 각국은 대중교통의 서비스 향상을 위한 정책적, 재정적 노력을 꾸준히 해 오고 있다.

다양한 대중교통 우선정책 중 시설 측면에서 대중교통 우대정책은 BRT(Bus Rapid Transit, 간선급행버스체계)가 있으며, 수단 측면에서는 LRT(Light Rapid Transit), PRT(Personal Rapid Transit) 그리고 최근 구상 중인 하이퍼루프(Hyperloop)를 예로 들 수 있다. 일반적으로 BRT는 고속도로나 시가지에 버스 혹은 다인승차량을 위한 전용차로를 설치하여 버스의 빠른 이동을 보장하는 시설이다. 차량을 고급화하고, 전용 정류장을 설치하며 신호체계를 버스에게 맞추는 등 버스와 이용자 모두를 중시한다. LRT는 중량전철에 비해 용량이 적은 경전철을 의미하며 속도는 상대적으로 느리나 시설규모가 작아서 좁은 시가지에도 설치하기 용이한 측면이 있으며, 노면전차(tram)도 여기에 속한다고 볼 수 있다. PRT는 한 대당 1~4인을 수송하되 버스와는 달리 노선이 정해진 것이 아니고 이용자들을 임의의 한 지점에서 다른 지점으로 이동시켜 주는 신개념의 교통수단이다.

1 **국내(세종특별자치시) 및 해외(Bogota)의 BRT**
(좌측 사진 출처: 크리에이티브 커먼즈)

2 **국내(김해) 및 해외(Kuala Lumpur) LRT**(출처: 크리에이티브 커먼즈)

3 **국내(순천 SkyCube) 및 해외(London) PRT**
(우측 사진 출처: 크리에이티브 커먼즈)

하이퍼루프의 경우는 전기차를 만들어 주목을 받고 있는 테슬라가 제안한 초고속 대중교통으로서 진공상태의 전용터널을 통해 시속 1,200km 수준으로 이동하는 것을 목표로 하는 혁신적인 미래 대중교통수단이다. 아직은 개발단계라고 볼 수 있겠다. 2013년에 미국 로스엔젤레스에서 샌프란시스코 구간에 제안되었으며 헬싱키에서 스톡홀름 간에도 구상 중이다. 만약 서울~부산에 설치되면 30분 이내에 주행이 가능한 속도이다.

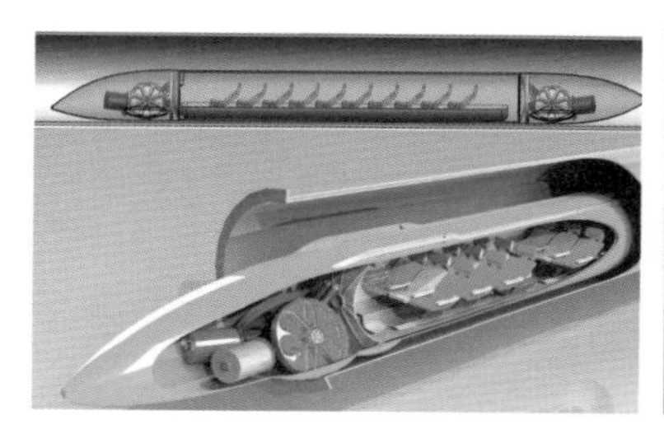

4 하이퍼루프 구상안
(출처: 크리에이티브 커먼즈)

첨단대중교통시스템을 통해 대중교통의 실시간 도착정보, 환승을 포함한 노선정보, 실시간 버스운행관리 등이 가능해졌으며, 다양한 ITS 분야 중에서 비용대비 편익 측면에서 가장 성공적인 분야가 되었다.

우리나라에서뿐 아니라 전 세계적으로도 첨단대중교통시스템이 가장 잘 구축된 도시 중 하나가 서울이다. 서울의 교통수단 분담률은 1996년도 버스 30.1%, 지하철 · 철도 29.4%, 승용차 24.6%였던 것이 2013년도에는 버스 27.1%, 지하철 · 철도 38.8%, 승용차 22.9%로서 버스 · 지하철 · 철도 분담률이 59%에서 65.9%로 증가하였다. 물론 승용차 분담율은 20%대를 꾸준히 유지하고 있는 상황이다. 버스의 경우는 지하철 · 철도의 확충과 함께 분담률이 떨어져 왔다. 버스는 속도 및 서비스 개선 미흡, 정시성 부족 등으로 상대적 경쟁력이 약화된 것으로 보인다. 2004년 7월 서울시는 대규모 버스교통체계 개편과 함께 지하철과 버스의 환승체계를 확립한 바 있다. 이때 버스 경쟁력을 높이기 위한 노력으로 첨단대중교통시스템 중 버스운행관리스템(Bus Management System, BMS)을 도입하였고 이후 버스정보시스템 (Bus Information System, BIS)으로 발전시켰다. 새로운 환승체계를 자동으로 과금할 수 있는 새로운 버스카드로 T-Money도 동시에 도입하였다. 이러한 개편 및 시스템 도입으로 서울의 대중교통서비스는 크게 향상되었으며 유사한 개편이 타 도시로 확산되었다.

5 **교통수단별 수송분담률**
(출처: 서울연구원, '한 눈에 보는 서울' (2016.4), p.75)

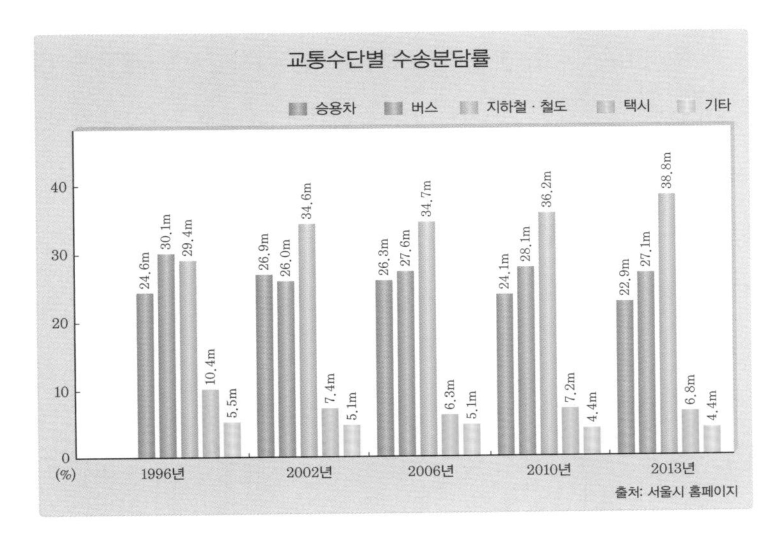

첨단대중교통시스템의 종류

미국은 1980년대 초부터 AVL(Automatic Vehicle Location) 기술을 이용하여 버스위치를 확인하는 시스템 운영을 시작했으며, 시카고에서는 Smart Intermodal System이라는 이름으로 AVL 시스템, 컴퓨터이용 배차관리, 실시간 버스 안내 표지판, 신호우선처리 등의 기술개발이 도입되었다. 유럽의 경우, 1980년대 중반 이후부터 영국, 프랑스, 독일, 스위스, 이탈리아, 벨기에 등에서 시스템이 구축 · 운영되고 있다. 일본은 도쿄, 요코하마 등 많은 도시에서 버스 도착시간 안내, 목적지 도착시간 안내, 운행정보 수집, 운행거리 판독, 승객 계수가 가능한 시스템을 운영하고 있다.

기술적 측면에서 첨단대중교통시스템의 대상은 버스와 도시철도(주로 도시부를 운행하는 지하철 혹은 철도)로 나뉘며, 실현되는 시스템 유형은 다음 표와 같다.

구분	버스	도시철도	환승정보
종류	• 버스정보시스템(BIS) • 버스관리시스템(BMS)	• 도시철도 정보제공시스템	• 환승정보시스템

우선, BIS는 시민에게 버스도착정보를 실시간으로 제공하기 위한 시스템이다. 시민들은 버스의 실시간 위치정보, 도착예정정보, 소요시간정보, 환승정보, 긴급상황정보 등을 조회할 수 있으며, 통상 버스노선정보, 첫차 · 막차 정보 등도 함께 제공된다. 시민 입장에서는 가장 눈에 띄고, 실제로 가장 많이 이용하는 정보시스템이라고 볼 수 있겠다.

버스정보시스템은 버스에 장착된 GPS 수신기 및 무선통신 장치를 이용하여 수집된 버스 운행상황 데이터를 가공하여 버스도착정보를 가공하고, 이를 시민에게 제공하는 시스템이다.[1]

우리나라에서는 2001년 부천시를 필두로 전주시와 부산시, 안양시, 과천시, 서울시 등 전국적으로 확산되었다.

버스정보시스템의 핵심기술은 버스도착을 실시간으로 예측하는 것이며, 이는 실시간 데이터와 과거 누적데이터를 융합하여 가

6 버스도착정보시스템

1 서울대중교통: http://bus.go.kr/UseInfo.jsp?main=1

7 민간포털사이트의 대중교통정보

공하는 방식이 활용된다. 정보제공에는 인터넷, 정류장 모니터 등이 기본적으로 활용되며, 최근 널리 보급된 스마트폰용 모바일 앱이 다양하게 출시되어 활용되고 있다. 민간의 버스정보제공시스템을 접속하여 이용자가 출발지와 목적지를 입력하면 이용교통수단, 최적경로, 환승지점, 소요시간 및 요금 등이 제공된다.

BMS는 버스정보시스템과 유사한 데이터 수집체계를 가지되, 버스의 운행상태 모니터링, 버스들 간 간격(headway)의 조정, 버스운행규정의 준수 등을 센터에서 관리하는 기능이 중심이다. 버스 간격의 적절한 유지는 시민들의 버스정류장 대기시간을 감소시키고, 장기적으로는 버스회사의 수입증대 효과가 발생할 수 있다. 버스의 경우는 허가받은 노선 및 운행 횟수 등이 있으나 현장에서 확인할 수 없는 경우가 종종 있었다. 버스관리시스템을 통해 임의노선 변경, 임의운행횟수 변경, 지속적인 과속, 정류소 무정차통과, 개문 발차, 임의 정차 등이 모니터링되어 운행질서가 개선되고 서비스가 향상될 수 있으므로 버스의 경쟁력과 서비스가 강화되는 간

접효과가 발생한다. 일반적으로 버스관리시스템은 버스정보시스템과 별도로 구축하기 보다는 동시에 구축 · 운영되는 경우가 대부분이나 서울시의 경우 2005년에 버스관리시스템을 먼저 구축 후, 단계별로 버스정보시스템을 구축하였다.

도시철도의 경우는, 각 역에서 다음 도착열차의 시각, 최종 목적지 등을 표출해 줌으로써 시민들에 대한 서비스를 강화하고 있다. 서울시 도시철도 정보제공시스템은 역사별 열차도착정보와 호선별 열차위치정보 및 역사정보 등을 제공하는 시스템으로 시민들이 열차의 정확한 현재 위치를 언제 어디서나 실시간으로 알 수 있다. 도시철도 정보제공시스템은 열차운행 종합제어설비(Total Traffic Control, TTC)에 의해 열차 운행정보를 수집하여 시민들에게 제공된다.

환승정보시스템의 경우, 대중교통이용자들이 경로수집을 위한 서브시스템과 환승정보를 안내하는 서브시스템을 통해 효과적인 정보제공이 가능해진다. 최근에는 별도로 존재하기 보다는 버스 간 환승, 철도 간 환승 그리고 버스와 도시철도 간 환승 등이 필요

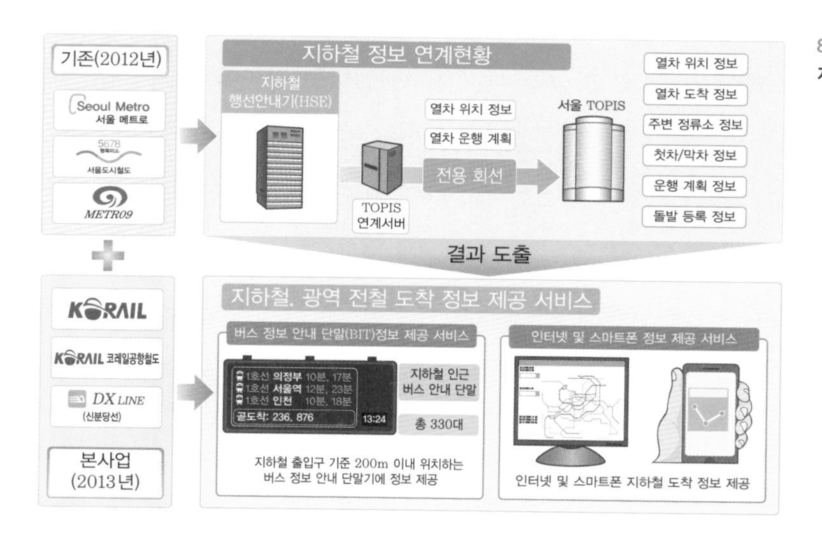

8 서울시 도시철도 정보제공시스템 개념도

한 경우에 각 정보시스템의 데이터베이스에 최적화 알고리즘을 적용하여 정보를 생성한다.

9 **대중교통 환승정보시스템 자료 흐름도**

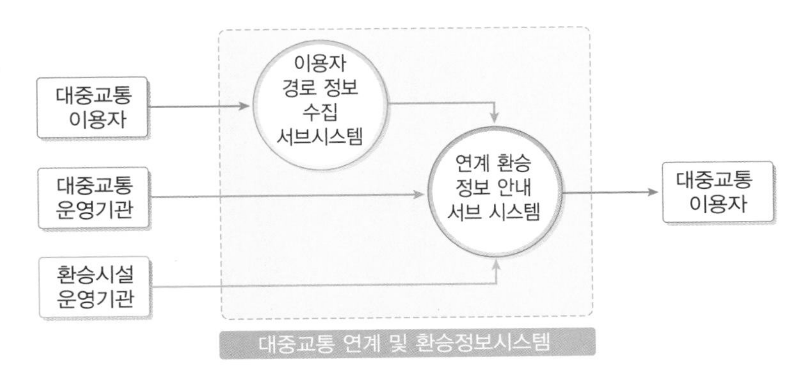

환승정보는 평상시에도 많은 시민들에게 유용하게 활용되지만, 익숙하지 않은 목적지를 대중교통으로 찾아갈 경우에 매우 유용하다. 또한 환승이 필요할 때 최적의 환승방법을 제공해 주며, 철도역, 버스터미널, 공항 등에서 새벽이나 야간에 최종 목적지로 가기 위해 정보를 확인할 때 매우 유용하다. 대중교통 정보 및 길 찾기 서비스를 제공하는 내비게이션 앱들은 오픈 데이터와 자체 개발 알고리즘을 접목한 것이며, 지하철의 경우 빠른 환승정보뿐 아니라 출구까지 가장 빨리 나갈 수 있는 탑승 위치정보도 확인 가능하다. 한편 거리가 멀어질수록 환승방법은 무수히 늘어나게 되므로 최적 환승방법을 제공하기 위해서는 고도의 알고리즘이 필요하며 제공 시스템별로 서로 다른 결과를 나타내는 경우도 있을 수 있다. 따라서, 시민이 이용하는 정보제공시스템은 일정한 정확도 검증이 필요해 보이나 아직 표준화된 검증 방안은 없으며, 시민 스스로 선택해야 하는 상황이다. 이는 향후 개선돼야 할 것이다.

표[10]은 우리나라 주요 지방자치단체에 구축된 버스의 첨단대중교통시스템 구축 규모이다. 정보가 제공되는 정류장의 숫자와 버스

추적관리의 기반인 버스 단말기의 숫자로서 시스템 규모를 제시하였다. 실시간 버스관련 시스템으로서 이러한 규모는 세계적으로도 사례가 많지 않은 매우 큰 규모라고 볼 수 있겠다.

10 주요 지방자치단체별 버스의 첨단대중교통시스템 구축 규모

도시	시스템설치물량	
	BIS 정류장 단말기(개소)	BMS 차내 단말기(개)
서울특별시	2,895	7,862
대전광역시	1,022	982
울산광역시	1,097	850
인천광역시	1,432	2,518
경기도	9,239	10,033

ITS에서 자율주행차량으로

1 자율주행차량
(출처: 크리에이티브 커먼즈)

자율주행시대의 도래

ITS는 첨단교통체계로서 정보통신기술(ICT)을 기존의 교통체계 3요소에 결합하여 혼잡, 사고, 환경 오염과 같은 외부효과를 감소하려는 시도로서 ATIS, ATMS, CVO, AVCS, APTS의 5대 분야로 발전되어져 왔다. 그러나 ITS의 5대 분야 중에서 그동안 가장 혁신이 미비한 분야가 AVCS(때로는 Advanced Highway System, AHS)와 같은 분야였다. 즉, 교통사고는 혁신적으로 줄지 못했고 아직도 약 90% 이상의 교통사고가 인간의 실수에 기인한다는 점에 착안하여 2000년 중반 이후 기존의 ITS와는 약간의 다른 패러다임으로 진전해 온 것이 자율주행차량(Autonomous Vehicle, AV)이다. 물론 이러한 사고를 예방하기 위해서 ITS의 진화된 형식으로서의 연결차량(Connected Vehicle, CV)프로그램이 존재하기는 하나 차량과 도로의 융합이 보다 강조되는 CV와 달리 AV는 보다 차량 중심의 접근방식으로 완성차 메이커들도 향후의 기술로 전력투자를 아끼지 않고 있다.

그림[2]에서 보듯이 교통의 3요소인 운전자, 탈것으로서의 자동차, 환경으로서의 도로를 대입해 보면 자율주행은 운전자와 환경을 축으로 하는 CV와 달리 운전자와 차량을 중심으로 핵심적인 기술들을 응용하는 구조이다. 이 두 가지의 접근방식이 다소 다르기는 하나 향후에는 어떤 방식으로든지 통합되는 접근과정이 구현되어 가장 최적의 AV의 설계도 나오지 않을까 하는 기대를 갖게 한다. 왜냐하면 도로와 같은 인프라에 어느 정도의 센서를 비롯한 ICT 부분의 투자는 그만큼 차량에서의 AV구현 비용을 감소시킬 수 있을 것으로 예상되기 때문이다.

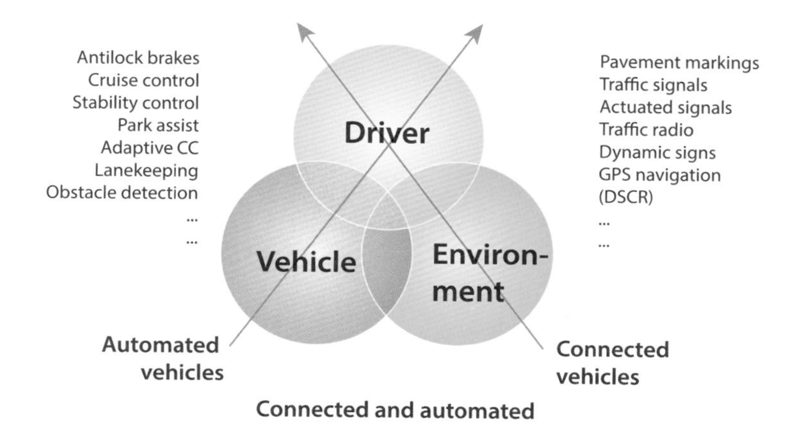

2 교통체계의 3요소 및 AV와 CV의 발전

자율주행 핵심기술

자율주행은 경로선택, 차로변경, 가 · 감속 제어, 차선 유지, 긴급 시 제동 등 일련의 운전행위를 인간 운전자가 아닌 자동차가 수행하게 됨을 일컫는다. 이를 위해 자동차는 자동차의 센서, 정밀지도, 측위와 V2X(V2V 및 V2I를 포괄하는 개념으로 차와 차, 차와 인프라 간의) 통신을 통해 사물을 인지하고, 자동차의 판단기를 통해 도로 및 교통상황을 실시간으로 판단하여 최종 제어에 이르게 된다.

이같은 자율주행의 개념이 최근에만 나타난 것은 아니다. 과거 1990년대에 우리나라에서 프로토타입이 등장한 적이 있었고, 군집

주행과 같은 유사한 개념은 1990년대 후반에 미국 산타모니카도로에서 구현된 적이 있다. 그럼 자율주행의 핵심기술은 무엇이고 무엇이 달라져 가능한지 한번 알아보도록 하자.

인지는 운전 중 도로와 교통상황을 인식하여 사물의 존재와 형체, 위치를 확인하는 자각(perception), 식별(identification), 행동판단(emotion), 행동(volition) 소위 PIEV의 일련의 과정을 지칭

눈이 번쩍 뜨이는 **교통이야기**

자율주행차의 개념

자율주행차는 운전자는 탑승하나 목표지점 설정 후 인위적인 조작없이 목표지점까지 스스로 주행환경을 인식 · 운행할 수 있는 자동차로, 무인차와 스마트카가 있다.

무인차는 사람의 탑승 없이 위험 상황 임무수행을 하며, 탑승자의 안전 · 승차감이 고려되어 있지 않다

무인차(Unmanned Vehicle)
(좌측 사진 출처: 위키미디어)
(우측 사진 출처: 크리이에티브커먼즈)

스마트카는 자동차를 ICT와 연결시켜 인터넷 등으로 조작 · 운전 편의성을 제고하였다. 그 예로 스마트워치로 원격 시동 및 주차, 차량 간 교통정보전송(V2V) 등을 들 수 있다.

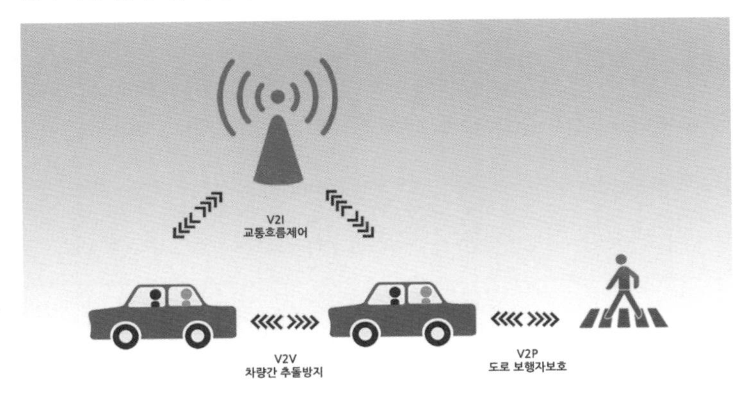

차량 간 교통정보전송(V2V)
(출처: 크리이에티브커먼즈)

자율주행차의 원리는 위성항법 · 센서장치로 위치를 측정하고 주행환경을 인식하며, 연산장치로 가감속 · 차로변경 등 차량의 자율주행을 제어한다.

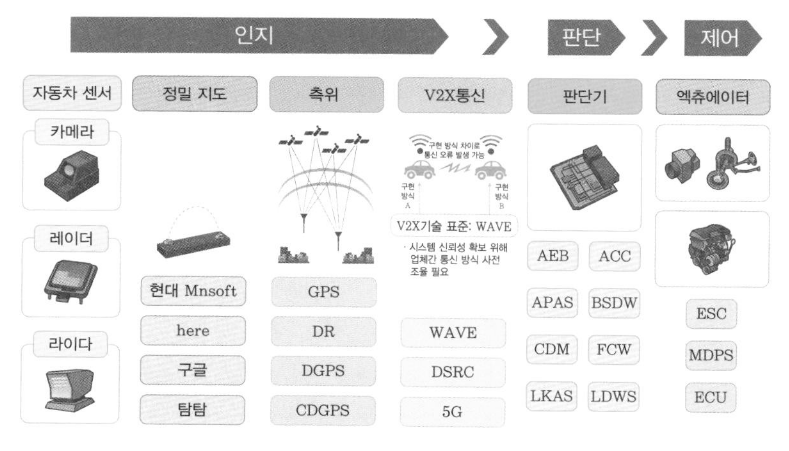

AEB: Autonomous Emergency Braking 자동제동장치
ACC: Adaptive Cruise Control 자동감응식순항제어장치
APAS: Automatic Parking Assist System 자동주차지원시스템
BSDW: Blind Spot Detection Warning 사각인지경고
ESC: Electronic Stability Control 자동차체 자세 제어 장치
FCW: Forward Collision Warning 전방추돌경고장치
LCAS: Lane Keeping Assist System 차로유지지원시스템
LDWS: Lane Departure Warning System 차로 이탈 경고 시스템
MDPS: Motor Driven Power Steering System 전동식 파워 스티어링

하며 이러한 인지반응 시간은 교통설계와 운영의 핵심요소이다. 자율주행차는 다양한 센서를 통해 차로와 차량 등 주변 환경을 인지하고, 정밀지도와 측위정보를 토대로 경로와 차로를 선택하고 V2X 통신 등을 통해 주변 도로와 상황정보를 얻어 스스로 운전기능을 수행하게 된다. 차량 스스로 도로를 주행하기 위해서는 차량센서, 정밀지도, 측위, V2X 통신기술 등이 필요하다. 현재의 센서기술만으로는 도로와 교통을 포함한 정상 및 위험 등의 제반상황을 인지하지 못하기 때문에 정밀지도와 V2X를 통해 전방 도로상황을 인지하고 위험에 대처가능할 수 있도록 해야 한다.

차량센서기술은 주행환경을 인지하기 위한 자율주행의 핵심 시스템으로는 카메라, 레이더(radar), 라이다(lidar), 초음파 등으로 구성되는 다양한 센서가 존재하고, 실시간으로 정확한 데이터처리기능을 포함한다. 이 중 카메라 센서는 영상을 통해 도로의 차선(line), 속도제한, 교통표지판, 신호등 정보 등 도로주행 환경의 정보를 인식하는 기능으로 센서 중 중요도가 가장 높다. 레이더는 카메라처럼 탐지 물체의 종류는 알 수 없지만, 야간이나 악천후 상황에서 사용이 가능하고 측정길이가 길다는 장점 때문에 카메라의 보완 역할을 한다. 레이다는 근거리 60~80m(40~60도), 중거리 150m, 장거리 250m(90~110도)까지 인식이 가능하다. 한편 라이다는 측정각도도 넓게 해 주고 주변 환경을 3차원으로 인지할 수 있는 장점이 있지만, 환경에 영향을 많이 받고 현시점에서 가격이 비싼 것이 단점이다. 중거리 레이다와 같은 150m 이내 범위 인식이 가능하나 각도에 있어 360도까지 인식 가능하다는 점이 레이더와의 차별점이다. 초음파는 차량의 후방감시, 주차기능 등을 위해 사용되고 가격구조상 가장 저렴하며 15m 이내 인식이 가능하다. 최근에는 카메라, 단거리·장거리 레이더, 라이다 등의 센서를 통합하고 성능을 보완하는 기술 개발이 이루어지고 있는 추세이다.

3 차량센서기술 특징

구분	비전(Vision)	레이더(Radar)	라이다(LIDAR)
감지 범위	2차원 평면(X, Z)	2차원 평면(X, Y)	3차원 공간(X, Y, Z)
주요 기능	차선 및 장애물 2D 인식	장애물 거리 측정	• 장애물 3D 인식 • 거리 측정
장점	차선 인식 가능	• 외부 환경에 강건 • 거리 측정 정확도 높음	• 환경 강건, 거리 측정 정확도 높음 • 장애물(보행자 포함) 인식
단점	• 외부 환경에 취약 • 거리 측정 오차 큼	• 보행자 인식 불가 • 장애물 항상 인식 불가	국방·우주항공 분야 양산 중(차량용 양산 사례 없음)
주요 응용 분야	• LDWS • FCWS • HBA • PD • TSR	• ACC(SCC) • Stop & Go • AEB	• LDWS • FCWS • ACC(SCC) • Stop & Go • AEB

또한 카메라는 3차원 인지 및 기능 다양화, 레이더는 단거리와 장거리의 기능 통합, 라이다는 저가 및 소형화로 기술 발전이 이루

어지고 있다. 가격구조가 적정치 않으면 자율주행차가 완성되더라도 현실적인 시장 진입이 불가능하기에 이 부분에 향후 많은 노력이 진행이 될 것으로 본다.

정밀지도는 수치지도의 일종이다. 다만, 자율주행을 위해서 약 50cm 이하의 정확도가 확보되어야 하며, 지역별 데이터 수집에는 많은 비용과 시간이 요구되므로, 정밀지도의 구축 측면에서는 높은 정확도의 지역별 데이터를 축적하는 것이 중요하다 할 수 있다. 정밀지도를 구축하기 위해 수집차량의 센서로부터 입력되는 초기 데이터는 의미를 가진 형태 정보가 아니기 때문에 차선, 신호등, 표지판 등을 구분하는 작업이 필요하고, 지역별로 도로 시스템이 다르기 때문에 이를 수정하고 위성지도, 등고선 지도 등을 활용해 보정, 검증하는 후처리 절차 필요하다. 정밀지도는 그동안 써온 내비게이션 수치지도에 비해 데이터 용량이 매우 크기 때문에 저장, 활용, 업데이트 등의 어려움이 있다. 기본적인 지도는 차량에 내장되어야 하므로 대용량 데이터를 압축하고, 지도의 변경사항을 실시간으로 차량에 전달하기 위해 데이터 센터에서 지도를 효율적으로 분할 저장 및 전송하는 기술이 필요하다. 지도 정보와 차량에 장착된 센서로부터 받은 실시간 정보를 매칭하는 시스템, 소프트웨어 등이 필요하다. 정밀지도를 제작하고 있는 주요 업체는 Google, HERE, TomTom 등이며 우리나라도 현대자동차가 자체 정밀지도를 제작 중이고 국토지리정보원도 프로토타입을 구축 중이다. Google은 회사 자체의 X프로젝트로 진행 중인 자율주행차를 직접 제작하고 3D 인지가 가능한 라이다 센서를 활용해 차선구분이 가능한 고해상도(HD급) 정밀지도를 제작하고 검증하는 중이다. 최근 독일 자동차 3사(다임러, 아우디, BMW)가 공동으로 지도제작 업체인 HERE

를 인수해 유럽, 미국 등지에서 정밀지도를 제작 중이며, TomTom은 유럽의 지도제작 업체로 보쉬의 자율주행차 운행을 위해 HD급 정밀지도를 제작 중이다.

한편 LDM(Local Dynamic Map)은 유럽의 SAFESPOT이라는 프로젝트에서 C-ITS 서비스 기술구현을 위해 개발된 정밀지도 기술로 현재까지는 C-ITS 및 ADAS 기술구현을 위해 도로와 지도 매칭 알고리즘을 통해 차량 위치추적이 가능하게 하는 디지털 맵핑 및 정밀전자지도에 대한 기술이 활용된 사례가 있다. 디지털 맵핑 기술은 지도 위에 장소 등의 지리학적 특성을 담는 수준(1세대), 목적지를 안내하는 내비게이션 기능을 구현(2세대), 실시간 차량 및 교통 정보의 제공 기능 구현(3세대) 수준으로 발전하였으며, 현재는 차로 단위의 디지털 맵 구현기술이 개발되고 있는 상황이며, 현재 우리나라 LDM은 링크(도로)/노드(교차로) 수준의 정보와 도로 단위의 교통정보를 제공하는 수준이다.

위치측위기술은 GPS를 사용하거나 무선 네트워크의 기지국 위치를 활용하여 자율주행관련 서비스 요청이 있는 단말기의 정확한 위치를 파악하는 기술로서 네트워크 방식과 단말기 방식, 그리고 이들을 혼합한 하이브리드 방식으로 분류된다. 대표적 측위기술

4 동적 전자지도의 개념도

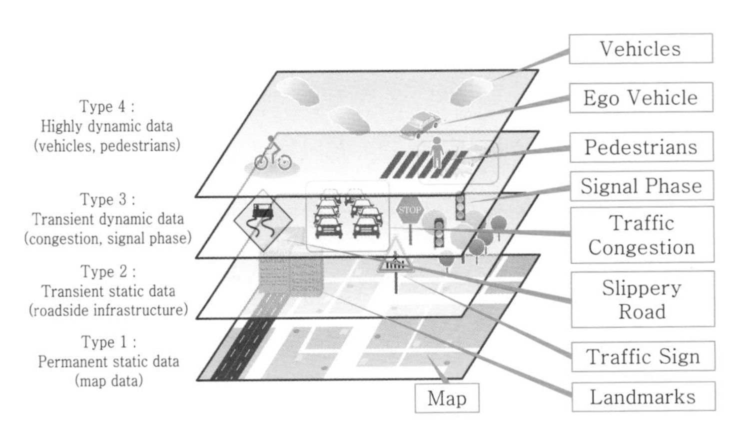

은 GPS(Global Positioning System), DR(Dead Reckoning), 보통 GPS를 보강하는 DGPS(Differential GPS), CDGPS(Carrier Phase Differential DGPS), 복합측위기술 등으로 구분할 수 있다. GPS는 미국의 국방부에서 개발하여 널리 이용되는 위성항법시스템으로 위성에서 발신하는 전파를 이용해 위치를 계산하는 방식으로 위성궤도 오차, 대기권 전파 방해 등으로 인해 정밀도가 떨어질 수 있으며, 10m 이상의 거리오차가 발생하여 자율주행 기능 구현에는 다소 부적합하다. DGPS는 GPS가 위성으로부터 받은 정보와 지상의 기준국으로부터 받은 위치정보를 활용하여 정밀도를 1~5m까지 높일 수 있지만, 수신기가 비싸고 터널 등에서 차량의 위치를 감지할 수 없는 한계가 있다. CDGPS는 2개 이상의 위성 수신기에서 수집된 위성 반송파를 활용해 오차를 센티미터(cm)까지 줄일 수 있는 기술로 주로 측지 · 측량 분야에서 활용되고 있다. 이러한 위치 측위 기술은 GPS가 부정확한 지역에서 차량의 가속도, 각속도 센서를(DR 및 비전 센서) 이용하여 차량의 기존 위치, 속도, 진행 방향 등을 기반으로 현재의 위치를 추정하는 방법들이 고안되고 있는 추세이다.

V2X 통신기술은 외부차량, 도로인프라 등과의 통신을 통해 차량센서로는 감지할 수 없는 다른 차량의 정보(V2V), 전방도로의 사고정보(V2I) 등을 제공할 수 있지만, 개발비용이 많이 들고 모든 차량에 동일한 통신 방식이 적용되어야 하기 때문에 일반적으로 완성차 업체로 구성된 컨소시엄에 정부가 참여해 개발하고 있다. 미국의 CAMP(다임러, 도요타, GM, 현대 등 참여), 유럽의 C2C-CC(완성차 12업체 참여) 등을 예로 들 수 있으며, 구현 방식 차이로 발생하는 통신오류로 인한 사고를 방지하기 위해 이러

한 방식을 채택하여 추진하고 있다. 자율주행에 필요한 V2X 통신은 고속, 장거리, 양방향 통신이 가능한 WAVE 통신 방식이 표준 기술로 자리잡고 있는 추세이다. WAVE(Wireless Access for Vehicle Environment)는 차량이 고속으로 이동하는 전파환경에서 정보를 1/20초 이내 짧은 시간에 주고 받는 기술로, 이동속도 최고 200km/h, 통신범위 최대 1km, 통신속도 27Mbps를 목표로 개발 중이며, 자율주행 및 C-ITS기술을 위해서 유럽과 미국은 WAVE 기술을 개발 중이고, 일본은 DSRC 기술을 고수하고 있다.

한편, 이동통신사의 입장은 이러한 서비스를 5G를 통해서 구현하려는 의도를 가지고 있고 V2X 통신이 구현 가능하지만, 아직까지는 개념설계 단계이다. 자율주행을 위한 V2X 통신은 통신 보완과 프라이버시 보호의 문제를 해결해야 하며, 통신의 단절이 발생할 때 발생할 수 있는 사고 위험을 최소화하기 위해 통신방식을 이중화하려고 하는 추세이다.

자율주행 작동원리

다양한 센서를 통해 인지된 환경을 자동차가 주행을 위해 판단하는 기술로, 카메라센서를 활용한 차로유지 보조시스템, 도로표지 및 교통표지 인지시스템, 보행회피시스템 등의 기능을 구현하는 역할을 한다. 전방차량을 추월하거나, 도심에서 보행자, 신호등을 인식해 주행하는 등 판단해야 할 대상이 복잡해지고 돌발상황도 발생하기 때문에 고도화된 차량의 판단 능력 필요하다. 예를 들어 도심지에서 보행자, 신호등, 돌발상황, 공사상황 등에서 차로변경, 추월, 차로유지 등 차량의 복합적 판단이 요구된다. 판단기술은 기능통합과 신뢰성을 확보하는 방향으로 발전 중이며, 시스템이 복잡해지면서 다양한 기능을 효율적으로 구현하기 위해 센서 정보융합이 필요하고, 사고에 대한 책임 주체가 서서히 차량으로 전환이 될 가능성이 많으므로 신뢰성 100%가 요구된다. 제어기술은 ESC(제동/엔진제어), MDPS(조향제어), 엔진 ECU(엔진제어시스템) 등이며 이미 기술이 성숙단계에 있다. 자율주행을 위한 판단 기능으로 다음과 같은 예를 들 수 있는데, 자율주행 수준이 높아질수록 고난이도의 판단과 제어가 요구된다.

- FCW(Forward Collision Warning) 전방충돌 경고: 주행차로의 전방에서 동일한 방향으로 주행 중인 자동차를 감지하여 전방 자동차와의 충돌 회피를 목적으로 운전자에게 시각적, 청각적, 촉각적 경고
- UWS(Ultrasonic Warning System) 근거리 물체 경고: 초음파 센서를 이용하여 사방 근거리의 물체를 검지하고 경고
- SOWS(Side Obstacle Warning System) 차로변경 경고: 차로 변경 시 접근차량 유무를 경고
- DWS(Drowsiness Warning System) 졸음운전방지 시스템: 운전대조작 및 차량운행 상태 등에서 변동을 파악하여 음성이나 향기, 진동 등으로 경고
- VES(Vision Enhancement System) 양호한 운전시계의 확보 시스템: 악천후 시나 야간에 운전 시계를 양호하게 확보하여 인지도를 높여 사고를 예방
- ACC(Adaptive Cruise Control) 적응순항제어: 주행차로의 전방에서 동일한 방향으로 주행 중인 자동차를 자동으로 감지하여 그 자동차의 속도에 따라 자동적으로 가·감속하며 안전거리를 유지

- LDW(Lane Departure Warning) 차로이탈 경고: 주행하고 있는 차로를 운전자의 의도와 무관하게 벗어나 표류하는 것을 방지하기 위해 운전자에게 시각적, 청각적, 촉각적 경고
- AEB(Advanced Emergency Braking) 자동비상제동: 주행 차로의 전방에 위치한 자동차와의 충돌 가능성을 감지하여 운전자에게 경고를 주고 운전자의 반응이 없거나 충돌이 불가피하다고 판단되는 경우, 충돌을 완화 및 회피시킬 목적으로 자동차를 자동적으로 감속
- ESC(Electronic Stability Control) 차량 자세 제어: 자동차가 주행 중 급격한 핸들 조작 등으로 노면에서 미끄러지려고 할 때 자동 제어하여 자동차 자세를 안정적으로 유지

이러한 판단 · 제어기술과 관련하여 자율주행 기술의 단계를 구분하고 있는데, 통상적으로 미국 교통부(US DOT) 도로교통안전국(National Highway Traffic Safety Administration, NHTSA)과 미국자동차기술협회(Society of Automotive Engineers, SAE)의 구분을 따르고 있다. NHTSA에서는 자율주행차를 ADAS 기능이 없는 일반적인 차량에서부터 완전 자율주행까지의 5단계로 구분하고 있다. 0~2단계까지는 주로 ADAS와 같은 기능이 탑재되었다고 본다면, 3단계는 제한적 자율주행, 4단계는 완전 자율주행의 형태로 구분하고 있다. SAE에서는 NHTSA와 유사하게 분류하였으나, 한단계 더 세분화한 6단계로 구분하였고 도로 부문 역할의 중요성을 제시하였다는 특징이 있다.

단계	정의	개요	기술
Level 0	비자동 (No Automation)	항시 동적 운전에 대한 모든 것을 운전자가 담당	• Lane departure warning • LKA Type I • Blind spot warning
Level 1	운전자 보조 (Driver Assistance)	• 운전 환경에 대한 정보를 이용하여 운전대 조작과 가속·감속 중 하나의 기능에 대해서 운전자를 도와주는 단계 • 그 외 다른 동적 운전에 대해서는 운전자가 담당	• CC • ACC • LKA Type II & III
Level 2	부분 자율주행 (Partial Automation)	운전 환경에 대한 정보를 이용하여 운전대 조작과 가속·감속 모두에 대해서 운전자를 도와주는 단계 그 외 다른 동적 운전에 대해서는 운전자가 담당	• Traffic Jam Assistance • Key Parking
Level 3	조건적 자율주행 (Conditional Automation)	운전자의 적절한 대응을 전제로 모든 동적 운전을 자동화하는 단계	• Traffic Jam Chauffeur
Level 4	고도의 자율주행 (High Automation)	운전자의 적절한 대응 없이도 모든 동적 운전을 자동화하는 단계	• Driverless Valet Parking • Traffic Jam Pilot • Urban robot taxi
Level 5	완전 자율주행 (Full Automation	사람이 운전할 수 있는 모든 도로와 환경적 조건에서 완전한 자동화가 가능한 단계	• Universal robot taxi

5 SAE 자율주행 기술 단계 분류 재정리
LKA: lane keeping assistance,
ACC: advanced cruise control

수준	시스템 적용 예	운전자 역할
수준 1 운전자 지원	• Adaptive Cruise Control(적응순항제어) • Lane Keeping Assistance (차로유지지원)	운전자는 계속 주행환경을 모니터하면서 차로 유지 혹은 차간거리 유지 외 다른 필요한 운전 기능은 반드시 수행
수준 2 부분자동화	• Adaptive Cruise Control(적응순항제어)와 Lane Keeping Assistance(차로유지지원) 동시 구현 • Traffic Jam Assistance(교통정체주행지원)	운전자는 도로주행환경을 반드시 모니터링 해야 하고 시스템은 차로 유지와 차 간 간격 등을 자동 유지
수준 3 조건부자동화	• Traffic Jam Pilot (교통정체주행시범) • Automated Parking (자동 주차)	운전자는 차 내에서 독서, 문자, 전화 등을 해도 되지만 필요시에는 제어권을 받아 운전할 수 있도록 대기
수준 4 고수준자동화	• Highway Driving Pilot (도로주행시범) • Closed Campus Driverless Shuttle (학교캠퍼스무인셔틀) • Driverless Valet Parking (무인 주차)	운전자는 잠을 잘 수도 있고, 시스템은 필요시 위험도가 최소화하도록 조치 가능
수준 5 완전자동화	• Automated Taxi (자율주행 택시) • Car-share Repositioning system (차량공유 자동배치 시스템)	운전자 불필요

6 자율주행기술 수준에 따른 운전자 역할

기술 진화 전망

자율주행 자동차는 Level 1부터 2까지 시장에 도입되고 있으며, Level 3는 2020년경, Level 4는 2030년경부터 시장이 형성될 것으로 전망하며, 미국과 유럽은 아래와 같이 자율주행 자동차가 적용될 것으로 예상된다. 미국과 유럽의 자율주행 자동차 기술진화 전망에 따르면 저속운행 도로구간에서는 지 · 정체 운전지원, 주차, 공유차량에 자율주행 기능이 도입될 것으로, 고속운행 도로구간에서는 자동차 간 유지, 도로자동 주행 등의 기능이 도입될 것으로 전망하며 Level 3의 적용시기는 고속도로가 도시부 등의 간선도로 보다 앞설 것으로 예상된다.

7 자율주행차 기술 진화 전망

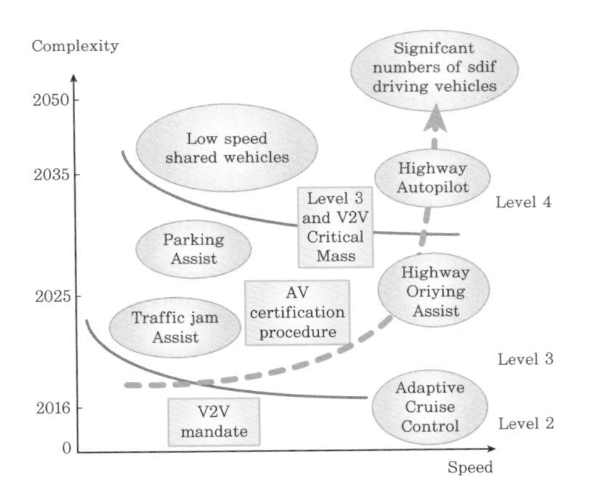

하지만 아직까지는 자동차 스스로 감지하고 판단하는 일련의 과정은 인간의 능력보다 현저히 떨어지고, 비전시스템, 레이더 등 센서에 의존하는 현재의 기술로는 수 km 앞에서 발생하는 긴급 상황을 실시간으로 인지하는 데 한계가 있다. 현재의 센서 기술로는 교차로에서 갑자기 진입하는 차량이나 전방차량 앞 상황 등을 인지하기 어려우며 사고를 예방할 완벽한 정확도를 보장하지 못한다. 자동차의 기술적 한계를 극복하고 도로 상황에 실시간으로 대응하기 위해서는 자동차와 도로의 협력 운영체계가 필요하며 자동차 센서의 인식력을 높일 수 있도록 도로 정비가 이루어져야 한다. 자율주행 자동차의 센서와 도로 인프라 측에서 제공하는 디지털지도(정밀지도) 및 다수의 교통정보를 V2X 통신을 통해 공유하여 센서의 사각지대를 줄이고 전방도로 상황을 미리 인지하여 제공하고 도로는 자동차 영역 밖의 도로 상황을 실시간으로 자동차에 제공하고, 정밀측위 정보 등을 지원하여 고가의 센서를 대체할 수 있도록 역할을 해야 한다.

자율주행 자동차의 안전한 주행을 위해서는 차량센서, 정밀지도, 측위, V2X 통신기술등이 필요한데, 현 기술수준으로 차량센서는 고가이며 정밀지도가 마련되지 않아 자율주행은 기술 개발 및 시장도입 단계에 있다고 볼 수 있다. 카메라 · 레이더 등 센서에 의존한 자율주행 시스템은 갑자기 교차로에 진입하는 차량이나 차량 전방 상황 등을 인지하기 어렵고 날씨나 보행자 상황에 따라 센서의 정확성도 완벽하지 않은 기술수준이라 센서성능 문제를 개선할 필요가 있다. 최근 완성업체들은 자율주행 Level 2까지의 기능이 탑재된 자동차를 부분 출시하고 있고, 고속도로, 주차장 등 특정 도로 환경에서 자율주행할 수 있는 제한적 자율주행차(Level 3)를 구현하기 위해 노력 중이며, 주행환경인지기술 한계점을 극복하고자 투자 중이다. 기술부문별로 현재보다 진보가 일어나야 할 개략적인 내용은 다음과 같다.

차량센서 중 카메라는 도로의 차선(line), 속도제한, 교통표지판, 신호등 정보를 정확히 인식해야 하지만, 도로 주행과 기상상태에 따라 인식력 저하가 발생한다. 레이더와 라이다를 활용하면 차량의 주행 방향으로 직진은 문제없지만, 후방을 관측하는 센서의 검지 영역이 좁고, 센서를 추가해도 차량 후방에서 접근하는 차량의 위치, 속도를 계측하여 차선을 변경하거나 추월하는 데 기술적 한계가 있다. 현재 기술로는 운전자 개입없이 자율주행시스템만으로 차로변경이 불안전하고, 횡방향의 센싱과 정확도 부족으로 고속도로 합류부 차로 합류가 불가하며, 고속 주행 시, 야간 및 악천후 시 돌발상황 감지가 부족하다.

정밀지도 구축의 비용이 막대하게 소요되고, 자율주행차용 지도를 구축하는 데 필요한 지도 작성 모델링 방향과 표준화 부재로 완성차 업체에서 제작하고 있는 정밀지도는 초기단계이다.

차량의 정밀한 자동 제어서비스를 위해서는 위치기반의 정보를 융합한 제어기술이 필요하며, 정밀도 높은 지도가 요구되나 아직은 정밀도가 낮은 실정이다. 현재, 전자지도 정밀도 수준은 도로 구분 수준인 1.0m이고, 상대오차 2m 이내(1:5000 수치지도 허용오차율)이며, 자율주행을 구현하기 위해서는 50cm 수준까지의 정밀도가 확보되어야 한다.

측위 기술도 아직까지 기존의 GPS 기술의 측위 오차가 자율주행 자동차의 제어가 가능한 수준이 아니다. 자율주행차량의 위치 및 도로 운영 상황 인지에 있어 센싱 기법의 고도화에 의존한 인지 향상에는 한계가 있을 것으로 판단된다. 도로 전자지도 제작과 도로시설물 속성정보를 획득하는 기술에 비하여 인프라의 측위기반의 절대좌표 생성 및 제공 기술은 열악한 수준이다. DGPS 등을 이용하여도 도심지의 층건물이 많은 지역에서는 GPS만을 이용하여 차량의 위치를 정확하게 찾는 것은 여전히 어려움이 남아 있다.

V2X 통신기술은 외부 차량, 도로인프라 등과의 통신을 통해 차량 센서로는 감지할 수 없는 영역을 센싱하는 장점이 있지만, 개

발비용이 많이 들고, 모든 차량에 동일한 통신 방식이 적용되어야 하기 때문에 많은 개발비용과 구축비용이 소요된다. 지금은 V2X 기술을 적용하고 검증하는 단계에 있으며, 아직까지는 자율주행을 위한 통신인프라가 갖추어지지 않은 실정이며, 통신방식도 결정을 해야 한다. 또한 통신 보완과 프라이버시 보호의 문제를 해결해야 한다.

자율주행으로 인한 삶의 변화

IT업체인 구글이 자율주행에 관심을 가지고 투자하는 것은 구글 자체의 기업이 가지는 인간을 위한 다양한 의미있는 투자(예를 들면 무고한 생명이 사고로 희생됨을 방지하기 위한)이기도 하지만 사실 운전하는 시간을 활용하여 구글링이 가능하다면 구글이 그만큼 더 사용되어 광고료가 늘어나는 것은 물론 구글을 하기 위한 사용시간 및 통신트래픽의 증가에 기인한 기업가치의 상승도 중요한 요인일 것이다. 즉, 운전하는 시간이 인간이 생활을 영위하는 데 필요한 다른 시간으로 변형되어질 수 있다는 점이다. 차를 운전할 필요가 없으니 차 안에 있는 동안 회의도 가능하고, 스포츠 영상을 볼 수도 있고, 체스와 같은 게임을 할 수도 있는 것이다. 지금까지의 운전시간이 생산적인 다른 시간으로 변화될 수 있음을 의미하는 것이고 이는 인간의 경제활동을 위한 시간 사용의 틀 자체를 바꿀 수 있을 것으로 간주된다. 즉, 지금까지의 교통행위는 경제활동을 위해 파생된 것이었으나 이제는 온전히 그렇다고 동의하기 어려우며 일부의 교통시간이 생산을 위한 시간으로 활용될 수 있음을 의미한다.

이러한 자율주행시대가 되면 과연 운전면허증이 필요할까? 어린이, 노약자 등도 운전을 할 수 있는 시간이 다가올 것이다. 이로

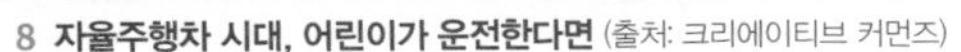
8 **자율주행차 시대, 어린이가 운전한다면** (출처: 크리에이티브 커먼즈)

9 **무인자동차 기술 탑재 우버** (출처: 우버)

인해 과연 전체적인 교통량은 증가할까? 교통으로 인한 사회적인 비용은 변화할 것인가? 자율주행으로 인한 교통에너지는 증가할 것인가? 자율주행시대에 대중교통은 사용이 증가할 것인가, 감소할 것인가? 차량공유 등 Sharing Service로 인한 차량소유는 줄어들 것인가? 차량감소로 인한 주차장의 감소 및 도시에서의 토지이용의 변화는 어떻게 도시를 변모시킬 것인가? 이러한 모든 것들이 우리의 삶에 영향을 미치는 자율주행의 영향범위이며 연구의 대상으로 현재는 남아 있다.

자율주행의 미래는 교통체계의 변화도 가져올 것이다. 우선 원래의 의도대로 혁신적인 교통사고 사망자의 감소를 가져올 것으로 기대한다. 이뿐만이 아니라 자율주행으로 인한 새로운 교통서비스의 등장은 신산업을 예고하고 있다. 이미 우버와 리프트같은 차량공유 택시서비스업체와 자율주행 완성차그룹과의 업무협약이 맺어져서 대규모의 자율주행차량이 이같은 서비스에 집중투자될 것이다. Mobility As a Service(MaaS)같은 신개념의 이동서비스가 태동을 앞두고 있다.

이뿐만이 아니다. 현재 교통공학의 기본이론이 바뀔 가능성도 있다. 현재 고속도로상의 한 차로당 최대교통량은 2,000~2,200대/h

정도이다. 그러나 이러한 용량개념도 자율차의 시대에 자율차량을 위한 차로가 등장하게 될 것이고 이렇게 되면 한 시간의 용량은 4,000~6,000대도 될 수 있는 것이다. 이뿐만이 아니다. 차로의 폭도 현재 3.5m 정도인 것이 자율차량의 차로에는 굳이 이렇게 넓을 필요도 없이 2.5~3.0m 정도로도 가능할 것이다. 즉, 인프라의 투자에 있어서도 비용절감은 물론 불필요한 용량이 생겨날 가능성도 있다. 핵심적인 기본이론으로서 Q = UK(즉, 교통량 = 차량의 속도 × 밀도)와 같은 기본 방정식의 변화는 물론, 차량추종이론(car following theory), 교통류이론(traffic flow theory) 등과 같은 기본적인 학문이론도 변화가 불가피하며 이로 인한 교통 및 토목사업에의 영향도 있을 것이다.

자율주행은 더 넓게는 도시나 건축부문 등 다른 영역에도 영향을 줄 것이다. 자율주행전용도로, 보행자전용도로와 같은 공간이 확대될 것이다. 특히 자율차의 주차보조능력 등은 현재의 주차공간보다 좁은 공간이 필요하여 전체적으로 현재보다 1/4 정도의 주차공간이 불필요하며, 특히 공유로 인한 소유의 불필요로 인해 일부 지역의 차량감소도 예상되어 도시의 토지이용이 바뀔 것이다. 자율차와 전기차의 융합은 차량이 더 이상 기름이 떨어지는 더러운 대상이 아니고 좀더 차고지가 개방되고 우리 곁에 있어야 하는 가전제품처럼 여겨질 가능성이 있다.

기발한 발상, 꿈이 현실로, 독특하고 재미있는 교통수단들

| 과거 영화 속에 등장한 미래형 교통수단들 | "007" 영화시리즈나 공상과학영화에서 볼 수 있었던 꿈의 자동차들이 점차 현실화되고 있다. 1980년대 드라마 "전격 Z작전"에 나왔던 인공지능 자동차 키트(KITT)를 기억하는가? 불과 30~40년 만에 '생각대로 Transport'가 되고 있다.

영화 속에서 가장 신기했던 것은 자동차가 도로뿐만 아니라 물 위나 물속, 하늘 등 거칠 것이 없었던 장면 같다. 영화 "007"에서 도로를 질주하다 물속으로 피해가던 자동차가 아쿠아다(Aquada)라는 이름으로 나타났다. 아쿠아다는 지상에서 시속 160km, 물 위에서는 시속 약 50km를 자랑한다. 이보다 한술 더 뜬 자동차가 있다. "007" 영화의 열성팬이 만든 스쿠바(sQuba)가 그 주인공이다. 2008년에 선 보인 스쿠바는 아예 잠수를 한다. 압축공기탱크, 카본나노튜브, 레이저센서 자동운전 등 최첨단 과학기술이 적용되었다.

아쿠아다(출처: 위키미디어)

스쿠바(출처: 크리에이티브 커먼즈)

최근에는 외관을 자유자재로 변형시키는 업그레이드 키트도 선보였다. 영화를 다 쫓아가려면 조금 더 시간이 필요하겠지만, 예전에 상용화된 원격시동, 최근 보급되기 시작한 자동주차기능이라든가 열쇠를 지니고만 있어도 문이 열린다든지 이제 자동차는 점점 키트가 되어가고 있다. 영화 "트랜스포머"에 나왔던 오토봇이 20~30년 후 일부 실용화되지 말란 법도 없을 것 같다.

옛날 사람들이 상상한 미래의 교통수단을 보면 더 재미난다. 1950년대 사람들이 상상한 것 중에 하늘을 나는 자동차가 있다. 그런데 2010년 7월 미국 연방항공청으로부터 승인을 받은 '테라푸지아 트랜지션'은 그 꿈을 이루어 주고 있다. 독일에서 개발한 'PALV(Personal Air and Land Vehicle)'라 불리는 헬리콥터 자동차도 있다. 다만, 가격이 엄청 비싸다.

트랜지션(출처: 크리에이티브 커먼즈)

PALV(출처: 크리에이티브 커먼즈)

| 최근의 흐름 | 기발하고 상상력 만점인 교통수단들은 일일이 열거하지 못 할 정도로 더 많이 있다. 이 중 최근 부쩍 현실화된 교통수단들은 어떤 것들이 있는 지 살펴보자.

먼저 가장 관심을 끌고 있는 부분은 지하물류이다. 이 중 독일에서 개발중인 카고캡(Cargo cab)은 심각한 지상교통상황의 악화로 인하여 화물의 운송을 지하로 제안하게 된 미래형 물류시스템이다. 반경 150km 지역 내 운송을 목표로 설계가 이루어지고 있다고 한다.

한국교통연구원에서 제안한 자동 컨테이너 수송시스템도 주목할 만하다. 경부 축 컨테이너 자동수송시스템(Auto-con)으로 컨테이너를 자동으로 장 · 단거리 운송할 수 있는 수송시스템이다. 이 시스템은 무한 순환형 무정차 운행구조로서 상용화될 경우 국내외 물류 분야에 획기적인 전기를 마련할 것으로 예상된다.

역시 영화 "007"에 나왔던 1인승 로켓이 제트팩(Jetpack)이라는 이름으로 2008년에 선보였다. 최근 제품은 최대시속 100km, 최대 50km 운행, 최고 2,400m까지 상승할 수 있다고 한다. 위키피디아에 의하면 이 제트팩이 1920년대부터 영화에 등장했고 제2차 세계 대전 중에는 독일이 연구를 하였으며 1960년대에 미군이 실제로 개발을 했다고 하는데, 참으로 흥미롭다.

최근의 제트팩(출처: 크리에이티브 커먼즈)

| 기타 재미있는 교통수단들 | 참고로 우리 주위에서 보기 힘든 별난 교통수단을 소개하고자 한다.

Liebherr T 282B라고 하는 초거대 덤프트럭은 독일에서 제작되었다. 2004년에 첫 선을 보였으며, 세계에서 가장 큰 트럭으로 기록되었다. 순수 무게는 203톤, 최대 365톤을 적재할 수 있다. 길이는 14.5미터, 높이는 7.4미터, 연료 무게만도 10.5톤이 한꺼번에 들어간다. 우주왕복선을 수송하기 위해 만들어진 AN-225는 세계에서 제일 큰 비행기이다. 타이어가 무려 32개나 사용되며 A380보다 더 크다. 지금은 주로 화물운송용으로 사용되고 있다.

Liebherr T 282B(출처: 크리에이티브 커먼즈)

세계에서 가장 작은 차도 있다. 영국에서 만들어진 성인 1명이 탈 수 있는 이 차의 이름은 PEEL P-50으로 49cc 엔진으로 시속 60km까지 낼 수 있었다. 문도 하나, 와이퍼도 하나, 전조등도 하나인 이 차는 후진기어가 없어 후진을 원할 때는 그냥 끌면 되었다고 한다.

PEEL P-50(출처: 위키미디어)

chapter 6

환경을 살리는 녹색교통이야기

녹색교통이란 무엇인가?

녹색교통이란?

'녹색교통'이란 용어는 영어 'Green modes'를 번역한 것으로, 로드니 톨리(Rodney Tolley)가 편저한 『도시교통의 녹색화』(The Greening of Urban Transport, 1990)가 1997년 제2판까지 나오면서 스테디셀러가 된 후에 세계적으로 일반화된 용어가 된 것 같다. 로드니 톨리는 녹색교통에 반대되는 개념으로 적색교통(Red mode)이라는 용어를 상정하여 녹색교통의 개념을 보다 확대하고 있다. 적색교통이란 이면도로 등에서까지 과속하며 보행과 자전거의 생명을 위협하는 개인승용차, 출퇴근시간에 대중교통의 흐름을 방해하는 나홀로 운행 차량들, 일반 차량들에 비해 수십 배에 달하는 미세먼지를 내뿜는 노후경유차 등을 말한다.

이 chapter에서는 녹색교통을 보행, 자전거, 공유교통으로 지칭하고 대중교통까지 포함하여 녹색교통망(Green Transportation Network)이라고 규정하고자 한다.

사람을 위한 녹색교통

우리나라에서 녹색교통이 사회적 이슈로 대두된 것은 교통사고 사망자가 크게 늘어나면서부터이다. 우리나라에서 녹색교통은 1990년대부터 시민의식개혁과 정책참여운동으로 시작되었다. 그 결과 보행조례가 제정(서울시, 1997)되고 횡단보도가 늘어나며 청계천 복원 등 보행 환경이 크게 개선되기도 했다.

하지만 보행시설 증가에도 불구하고 그 성적표는 안타깝기만 하다. 도로교통공단(2013)의 통계에 의하면 우리나라 보행사망자 구성비는 39.1%로 OECD 회원국 평균 18.8%에 비해 2배 높은 수준이다. 특히, 65세 이상 노인들의 인구 10만 명당 보행사망자 수는 15.6명으로 OECD 회원국 평균 3.3명에 비해 무려 5배나 많다. OECD 회원국의 선진도시들에 비해 보행 환경 측면에서 아직도 개선할 점이 많다.

국제적인 비영리기구 'Walk21'에서 가장 이상적인 보행친화 도시(Pedestrian Friendly Cities)가 어디인지를 평가해 보았다. 1위 도시로 덴마크의 코펜하겐이 선정되었다(2013). 코펜하겐은 이른바 '코펜하겐 스타일'의 자전거도로로 유명한 도시이다. 코펜하겐 스타일의 자전거도로를 도입한 프랑스 파리, 미국 뉴욕, 독일 베를린, 호주 멜버른 등도 걷기 좋은 도시로 선정되었다(Frommer's, 2015).

그렇다면 이들 도시의 보행환경의 공통점은 무엇일까? 첫째, 보행시설 인프라 확보다. 물론 여유 있는 보도(sidewalk), 보행자 전용도로 등 시설의 확보에만 그치는 것이 아니었다. 둘째, '개인교통수단'으로서 자전거교통 등 대체교통수단을 적극 도입하여 개인승용차를 포기할 수 있도록 하였다는 점이다. 세 번째는 속도 규제다. 해외의 보행친화 도시는 자동차의 제한속도가 40km/h 이하이다. 코펜하겐은 자전거의 최고속도에 도시의 모든 차량들의 제한 속도를 맞추었다. 자전거 등의 저속차량을 위한 별도의 제한속도를 두는 것은 도시에서 적합하지 않다. 최근 미국 뉴욕, 영국 런던, 프랑스 파리 등도 제한속도를 합리적으로 낮추는 정책을 경쟁적으로 펼치고 있다. 이웃나라 일본은 도시가로의 제한속도를 50–40–30km/h로 구분해 속도 규제와 도로 설계까지 표준화하여 보행사고를 눈에 띄게 줄였다.

1 미국 뉴욕의 차량제한속도 포스터
미국 뉴욕은 차량제한속도를 25mph (40km/h)로 하여 교통사고를 완전히 Zero화하겠다고 천명하였다. 연구결과에 따르면 시속 60km/h로 운영되는 도시는 시속 30km/h로 운영되는 도시에 비해 보행 교통사고로 사망할 확률이 약 30배 높아진다. 특히, 60세 이상 노인의 치사율은 더 높아진다. 뉴욕은 도시 전체적으로 40km/h 이하로 제한속도를 낮춘 이후 교통사고가 크게 감소하였다.
(출처 : New York City 교통국(nyc.gov/dot))

자동차 교통문제를 해결하는 녹색교통

세계의 선진국들은 자동차 교통문제를 해결하기 위하여 기술적 개선정책, 경제적 · 법제도적 정책과 동시에 녹색교통으로 전환하는 사회적 · 행태적 정책을 사용하여 왔다.

첫째, 기술적으로 적색교통을 개선하는 정책은 환경 친화적인 대체연료의 사용 등의 정책을 말한다. 그러나 개인승용차의 운행대수를 그대로 두고 기술적으로 연료만을 바꾼다면 교통정체, 안전문제, 타이어 마모에 의한 미세먼지 문제 등은 여전하게 남아 있게 된다. 결국 기술적인 측면에서 개선 정책은 한계가 있다.

다음으로는 경제적, 법 · 제도적으로 적색교통의 운행을 억제하는 정책이다. 지난 10여 년간 정부와 수도권 지방자치단체가 '수도권 대기오염개선 특별대책' 추진을 통해 약 85만 대의 노후 경유차에 대한 저공해 조치 등 약 3조 원에 가까운 막대한 예산을 투입하였다. 그러나 효과는 미진하였다. 그 이유는 대기오염(미세먼지) 저감대책이 노후 경유차 등의 차량 개선에만 집중되었기 때문이다.

오염물질 배출이 심한 노후 경유차의 운행제한 조치가 효과를 발휘하려면 '오염물질 과다배출차량에 대한 운행제한 조치(LEZ)' 제도를 전면적으로 시행해야 한다. 그래야 노후 경유차가 단계적으로 조기 폐차되며 미세먼지 문제도 단계적으로 개선될 수 있다. 사실 LEZ은 지난 2009년부터 관련 법 · 제도가 시행되고 있는 제도임에도 불구하고 과태료 부과와 같은 법 집행이 엄격하게 되지 않고 있어 사실상 유명무실화되고 있다. 최근 지방자치단체는 '녹색교통진흥지역' 지정 등 차량운행 자체를 억제하면서도 보행과 자전거, 대중교통 이용을 활성화는 교통수요관리와 병행하는 움직임을 보이고 있다.

중앙정부 차원에서는 경유차 비율을 근본적으로 줄이기 위하여 경유가격 인상을 골자로 하는 에너지 세제 개편을 할 수 있다. 그러나 이는 교통 · 에너지 · 환경세법 징수기한인 2018년 12월 31일 이후에나 시행 가능하며 사회적 합의도 필요하다.

셋째, 사회적 · 행태적으로 녹색교통으로의 전환(shift)을 유도하는 정책이다. 녹색교통은 개인승용차의 통행량을 줄이는 대신에 보행, 자전거와 전기차 등의 공유교통을 활성화하는 것이다. 이를 달성하기 위해서는 채찍과 당근 정책이 필요하다. 즉, 개인승용차의 소유와 운행을 억제하는 채찍 정책을 펴는 동시에 보행, 자전거, 전기차 공유교통 등 녹색교통수단을 활성화하는 당근 정책이 함께 필요하다. 녹색교통수단으로 전환하는 정책은 다음 내용을 참조하기 바란다.

녹색교통의 인본주의적 설계

인본주의적 설계(Humanistic Design)란 사람의 마음과 행태를 고려한 설계를 말한다. 특히, 도시의 보행자와 자전거 등 무동력 교

2 독일 베를린의 '완충지대(transition area)'
교통사고는 교통수단들의 상충에 의해서 발생한다. 상충을 없애려면 여유를 주어야 한다. 도시계획에서는 이러한 여유를 부드러운 완충지대(soft edge)라고 부르고, 도로 설계에서는 '다른 영역으로 변화'하는 여유공간을 두어 '전환지대(transition area)'라고 부른다. 사진은 베를린의 보도와 자전거도, 자전거도로와 차도 사이의 변화영역이다. 이 영역은 사진에서 보면 휠체어 환자의 하차공간이 되기도 한다. 또한 보행자가 택시 등을 기다릴 수 있는 공간이기도 하다. 완충지대는 차도와 자전거도로 그리고 보도가 모두 제 각각의 기능을 하도록 도와준다. 갓길 주차도 시간대별로 다르게 허용하고 있어 생활주차에도 불편이 없다.

통수단을 우선으로 한 도시가로 설계를 말한다. 인본주의적 설계는 보행자를 가드레일로 가두어 두지 않는다. 무조건 분리가 아닌 공유를 기본으로 하되 보행자를 우선으로 한다. 보행자와 차량을 분리하더라도 중간에 완충지대를 만든다. 이를 위한 대표적 기법 중의 하나가 차량과 보행자 사이에 전환지대(transition area), 보행교통류와 건축물 사이에 부드러운 완충지대(soft edge)를 조성하는 것이다. 전환지대는 도시가로에서 보행자가 차로에 접근하기 전에 필요한 여유공간의 설계 개념이며, 완충지대는 도시가로를 걷는 보행자가 주변 건축물과 단절되지 않고 소통될 수 있는 여유롭고 개방된 접촉지대를 의미한다. 완충지대는 코펜하겐의 건축가인 얀 겔(Jan Gehl) 교수가 제안한 용어로서 미래도시의 공공 공간(public space) 조성에서도 매우 중요한 개념이 될 것으로 보인다.

교통민주주의

해외에서 성공한 보행친화 정책, 자전거 활성화 정책, 공유교통 정책들이 우리나라에서는 현실적 난관에 부딪쳐 제대로 실행되지 못하고 있다. 이는 녹색교통의 본질이 기존의 질서를 개혁하는 것이기 때문이다. '새로운 사람 중심 문화와 도시 패러다임'을 기존의 교통체계에 적용하기가 그만큼 어려운 것이다.

아마도 그것은 정책의 첫 단추를 잘못 끼워서인 것 같다. 시설 개선부터가 아니라 시민들의 서비스 요구를 수렴하는 게이트웨이 구축부터 먼저 시작해야 할 것이다. 서구에서처럼 시민참여통로를 제도화한 교통민주주의가 필요하다. 교통문제도 민주주의적 합의 절차에 기초하여 정책을 만들고 발전시켜야 할 때다.

서구에서도 교통민주주의의 실패가 있었다. 1960년대 영국의 런던의 교통상황이 대표적이다. 1963년 영국의 "부캐넌 보고서(The Buchanan Report: Traffic in Towns)"는 "런던의 교통혼잡을 혁신하지 않으면, 보행 환경 악화는 물론 자동차의 효용도 급속히 쇠퇴할 것"이라고 지적했다. 또한 도시경쟁력을 위해 자동차를 불편하게 만들어야 하지만 일부 시민들의 반대로 실행되지 못하고 있다고 했다. 결국 영국은 부캐넌의 예언처럼 도시 경쟁력이 쇠퇴하고야 말았다.

교통민주주의의 성공은 독일의 자전거정책 사례를 참고할 수 있다. 필자는 2013년에 독일 아헨주 자전거클럽 'adfc'를 찾은 적이 있다. 당시 그곳의 대표로 있는 분을 만나 어떻게 독일은 자전거 교통량이 없는 데도 수십 년간 꾸준하게 자전거도로를 만들 수 있었는지 물었다. 일부 시민들의 반대와 조롱을 어떻게 견디었느냐는 것이다. 그는 해답을 '민주주의'라고 일갈했다. 시민들의 토론이 거버넌스 협력 과정을 거쳐 마을, 도시, 주, 연방까지 올라가 의회에서 의결되면 그 정책은 정권이 바뀌어도 계속된다고 했다. 일선 공무원들이 일관성 있게 정책을 펼칠 수 있는 힘은 고도의 교통민주주의 추진 방식에서 나온다는 것이다.

3 자전거를 즐기는 adfc 회원들
(출처 : 크리에이티브 커먼즈)

4 adfc
(출처 : 위키피디아)

독일도 한때 녹색교통 정책의 일관성이 불안한 적이 있었다고 한다. 통독 후에 시민 주도적인 도시공간 활동을 국가적 차원에서 지원해 시민들의 자발적 참여를 유도하였다고 한다. 최근 미국 교통부(US DOT)에서도 시민참여를 이끌어 내는 정책에 초점을 맞추고 있다. 근대국가의 발전이 르네상스 시민정신에 근거했다면, 현대 선진도시의 발전은 도시 공간복지를 중심으로 한 보다 고도화되고 정밀화된 민주주의 거버넌스에 기초하는 것 같다.

현대 도시문제는 '사람 중심의 도시 건설'을 통해서만 극복할 수 있다. 자동차와 같은 기계가 주인이 아니라 사람이 주인이 되는 도시. 그것은 인류 문명 진화의 플랫폼이며, 도시의 '스마트한 성장(Smart Growth)'의 비전이며, 녹색교통이 꿈꾸는 도시이기도 하다. 그런 점에서 적색교통을 길들이고 녹색교통을 활성화하는 것이 '미래를 위한 도시'의 성장지표가 되어야 할 것이다. 녹색교통을 위한 재정 확보를 통해 보행 네트워크, 전기자전거, 대체교통, 공유교통 등을 한국적 토양에서 뿌리내리게 해야 할 것이다. 그 어느 때보다 건강한 시민참여를 국가 차원에서 이끌어 내고 지원해야 할 때다.

걷고 싶은 도로

도로의 주인은 보행자

| 보행자 천국 | 1970년 8월 2일 일본에서는 도쿄의 번화가인 긴자, 신주쿠, 이케다 등에서 보행자들에게 차도를 개방하였다. 자동차에 점령된 도시의 도로, 안전하고 쾌적한 것과는 거리가 먼 도시의 도로가 보행자들로만 채워진 역사적인 날이었다. 이것이 일본인들이 말하는 '호코텐[1]'의 시작이다. 도로 공간을 온전히 인간을 위해 사용하고, 배기가스를 대폭 감소시키는 등 '보행자 천국'은 대성공이었

1 시부야의 보행자 거리
(출처 : 크리에이티브 커먼즈)

1 호코텐은 일본에서 사용되는 말로 '보행자 천국'이라는 말의 줄임말이다.

다. 호코텐은 한 달 후에 일본 각지의 20개 도시로 확산되면서 하나의 유행처럼 번져 나갔고, 동남아까지도 확대되었다.

| 걷기 위한 길 | 보행자에게 좋은 도로는 기분 좋게 걸을 수 있는 도로를 말한다. '편안하게 걸을 수 있는 거리'가 길수록 환경이 좋은 도로라고 할 수 있다. 도로의 환경은 안전성, 도로의 너비, 경관과 녹지, 냄새, 걷기 쉬움, 기후와 기온 등이 결정한다.

옛날에도 도시에서는 보행자가 차로부터 위협을 받았던 듯하다. 고대 로마의 율리우스 카이사르(Gaius Julius Caesar)는 교통 혼잡을 해소하기 위해 일출 때부터 일몰 때까지 마차가 로마 시내를 통행하지 못하도록 하였다. 그리고 보행자가 안전하게 통행하도록 마차가 다니는 차도와 사람이 다니는 보도의 높이를 다르게 만들었다. 도로공학에서는 이것을 '단차'라고 한다.

원래 도로에는 보행자를 위한 보도가 따로 있었던 것이 아니다. 도로 자체가 보행자가 다니는 길이었기 때문이다. 르네상스시대를 지나 도로의 폭이 넓어지면서 부자들이나 귀족들은 마차를 타고 도로 중앙을 빠른 속도로 달릴 수 있게 되었고, 가난한 사람들은 도로 끝으로 밀려나게 되었다. 보행자를 의미하는 영어 단어인 'Pedestrian'이 '보행자'라는 의미 외에 '진부한' 또는 '낮은'이라는 의미로도 사용되는 것은 여기서 유래한 것이다. 그러나 도로를 여유 있게 걸을 수 있어야 한다는 주장이 제기되면서 보행자를 위한 특별한 통행 공간인 '보도'가 따로 만들어지기 시작하였다.

| 도로에서 차량을 배제 | 20세기 후반에 이르러 안전한 보행자 공간을 만들기 위해 도로의 일정 구획에 자동차가 진입하는 것을 금지하거나 속도를 규제해서 이른바 보행자가 도로를 점유하는 몰(mall)이 생기기 시작하였다.

2 뮌헨에 있는 퓐프 회페(Fünf Höfe)의 가로 방향 통로
(출처 : 크리에이티브 커먼즈)

뮌헨에서는 사방 약 1km인 구 시가지 전체에 자동차 진입을 금지하고 보행자 전용지역인 몰을 조성하였다. 구 시가지를 둘러싼 순환도로와 방사형 도로를 만들고, 국영철도인 S반과 시영철도인 U반이 몰의 지하로 바로 연결되도록 하였다. 교외의 지하철역에는 주차장을 정비해서 파크 앤 라이드(park & ride)[2]가 가능하도록 하고, 순환도로 지하에는 큰 주차장을 만들어서 차를 이용하지 않고도 구 시가지의 번화가로 들어갈 수 있도록 하였다.

일본에서 처음으로 몰의 개념을 도입한 곳은 1972년에 개장한 아사히카와시(旭川市) 헤이와도리(平和通り) 쇼핑공원이다. 이 쇼핑몰은 전체 길이가 약 1km이고 폭은 20m다. 이후 비슷한 몰이 사카타시(酒田市)나 요코하마시(横浜市) 등에서 만들어졌으며, 아사히카와시에서는 1978년에 긴자도오리(銀座通り)에도 쇼핑몰을 만들었다.

2 파크 앤 라이드는 교외에 있는 철도역 또는 버스정류장 주변의 주차장에 자가용 차량을 주차하고, 대중교통을 이용해서 도심으로 진입하는 통행행태를 말한다.

| 보행자와 자동차가 공존하는 도로 | 도로에 자동차가 늘어날수록 보행자에게는 도로가 위험한 장소가 되었다. 따라서 사람들은 보도나 아케이드(arcade) 또는 보행자전용도로를 만들어서 피해 다녀야 했다. 그럼에도 불구하고 교통사고는 계속해서 증가하였고, 어린이들은 집 앞에서조차 놀 수 없을 정도로 공간을 빼앗기자 도로를 생활의 공간으로 환원시키려는 다양한 노력이 진행되었다.

이러한 노력이 처음 실행에 옮겨진 것이 래드번(Radburn) 방식[3]이라 불리는 시스템이다. 1928년 뉴욕 교외의 래드번 지역에 새로운 주택지를 개발하면서 자동차와 보행자를 완전히 분리하는 것을 기본으로 하는 교통계획이 만들어졌다. 전체적으로 125ha의 개발 면적을 8~20ha의 블록으로 나누고, 블록 내에 있는 차도는 모두 막다른 골목(cul-de-sac)으로 처리해서 차량이 블록을 통과할 수 없도록 하였다. 블록은 학교 단위로 구성하고, 학생들은 차도를 통과하지 않고도 학교나 공원으로 갈 수 있도록 하였다.

그러나 자동차를 피하는 데는 한계가 있다. 그래서 자동차의 속도를 제한하면서 사람과 차가 도로 공간을 공동으로 사용하는 '보차공존(步車共存)'이라는 개념이 도입되었다. 차도의 일부를 좁히는 방법과 노상 주차장을 설치하거나 교차로 신호를 철거하고 일단정지 표지판을 설치하는 방법 등이 도입되었다. 최근에는 과속방지턱을 연속으로 설치하는 물결포장이 적용되기도 한다.

포장에 요철(凹凸)이 있으면 차는 속도를 낼 수 없다. 요철 부분 통과 시 차의 속도에 따라 진동의 파장이 변하기 때문에 차량의

3 도로 조성의 한 수법으로, 주택지 내에서 보행자와 자동차의 접근로를 완전히 분리한 보차분리형의 대표적인 방법이다. 차로를 컬데삭(프랑스어 cul-de-sac, 막다른 골목) 형식으로 해서 외부에서 통과 교통이 진입하는 것을 억제하고 사람들은 각 주택에서 학교 · 공원 · 상점 등으로 갈 때 녹지가 있는 보행자전용도로를 이용한다. 교통안전 대책과 녹지공간 확보를 동시에 충족시킬 수 있는 방법이다. 미국 뉴저지 주 래드번 지구에서 1920년대에 설계되었으며, 일본의 뉴 타운 개발에도 큰 영향을 미쳤다.

3 **네덜란드의 본엘프**
(출처 : Erauch from nl)

속도를 어느 정도 조정할 수 있다. 이런 요철 포장은 주택가를 통과하는 도로나 과속이 우려되는 도로에서 효과가 크다.

4 **독일의 본슈트라세 표지판**
(출처 : 위키미디어)

보차공존 도로로는 네덜란드의 본엘프(Woonerf)나 독일의 본슈트라세(Wohnstraße, 생활도로)가 유명하다. 일본에서는 1980년에 오사카시(大阪市) 나카이케(長池)에 만들어진 커뮤니티도로인 '유즈리하(ゆずり葉)도로'[4]가 보차공존 도로의 시초다. 유즈리하도로는 도로에 식수대를 설치하고 차도를 지그재그로 만들어서 차의 속도를 낮추고 통과교통을 억제하여 보행자가 안전하게 다닐 수 있도록 한 도로다.

보차공존 도로를 지역 내에 있는 도로 전반에 걸쳐 적용한 것이 'Zone 30'이다. 네덜란드에서는 1983년에 이 개념을 법제화하였으며 독일에서는 1985년에 법제화하였다. 간선도로로 둘러싸인 주거구역 전체를 'Zone 30'으로 하고, 그 안에서는 차량의 속도를 시속 30km로 제한한다. 일본에서는 'Zone 30' 제도를 실시한 이후에 교

4 유즈리하(ゆずり葉) 나무는 일반적인 나무들이 낡은 잎이 떨어진 후에 다시 새잎이 나오는 데 반해 이 나무는 새로운 잎이 충분히 자라고 나서, 낡은 잎이 떨어지는 나무다. 유즈리하도로는 다음 세대가 자랄 수 있도록 보호하는 도로라는 의미가 있다.

통사고가 20%나 감소하였다고 한다.

보행자를 위한 도로 만들기

| 유니버설 디자인(Universal Design) | 교통약자[5]들도 안전하고 안심하면서 쾌적하게 걸을 수 있는 도로를 만들어야 한다. 누구나 안전하고 기분 좋게 사용할 수 있도록 만들어진 디자인을 '유니버설 디자인'이라고 하고, 우리나라에서는 '범용 디자인'이라고 번역하기도 한다. 유니버설(universal)이라는 말은 '모든' 또는 '보편'이라는 의미가 있기 때문에 유니버설 디자인을 '모든 사람을 위한 디자인' 또는 '어디에서나, 누구든지 자유롭게 사용할 수 있는 디자인'이라고 할 수 있다.

사람은 모두 같을 수 없다. 성별이나 인종, 연령, 키, 신체 특성, 지식, 취미, 기호, 성격 등 각각 고유한 특성을 가지고 살아가고 있다. 모든 사람은 생활을 하면서 공평하게 사회의 일원으로 인정받고 살아갈 권리가 있고, 누구나 그 권리를 행사할 수 있도록 하는 디자인이 유니버설 디자인이다. 이 개념은 1980년대에 미국 노스캐롤라이나주립대학의 로널드 메이스 교수[6]가 '배리어프리(barrier free)[7]의 개념'에 맞서 '가능한한 많은 사람이 이용할 수 있는 제품, 건물, 공간을 디자인'하자는 주장을 하면서 도입된 개념이다.

5 교통약자는 이동에 다소 불리한 부분이 있는 사람을 일컫는 말로, 보행 보조차나 휠체어를 이용해야 이동이 가능한 사람, 눈이 부자유스러워서 흰 지팡이에 의존해서 걷는 사람, 귀가 부자유스러워서 자동차나 자전거의 경적을 들을 수 없는 사람, 양손에 무거운 짐을 들고 걷는 사람, 신체의 상태가 나빠서 긴 거리를 걸을 수 없는 사람, 임신한 사람, 유모차를 밀고 있는 사람, 목발에 의존해서 걷는 사람 등이 교통약자에 해당한다.

6 로널드 메이스 교수는 미국 노스캐롤라이나주립대학교 유니버설 디자인 센터 창설자다. 9살 때 소아마비로 휠체어를 이용하기 시작하였고, 장애인만을 위한 것이 아닌 모든 사람을 대상으로 하는 유니버설 디자인을 제창하였다.

7 배리어(barrier)는 장벽을 의미하므로 배리어프리는 장벽을 제거하는 것이다. 즉, 휠체어를 이용하는 사람들에게 도로의 단차는 장벽이 된다. 물리적 장벽이 대상이었지만, 최근에는 장벽의 개념을 넓게 해석해서 정보의 장벽, 법률과 제도의 장벽, 신체 장애인에 대한 마음의 벽 등을 포함한 개념이 되었다. 베리어프리는 장벽을 철거하거나 보완해서 이용자들이 장벽 때문에 시설이나 제품을 이용하지 못하는 일이 없도록 하고자 하는 제도나 정책이다.

신체장애가 있는 사람을 위해서 건축물이나 도로 등에서 물리적인 장벽을 제거한다는 개념은 1960년대 이후 미국에서 널리 사용되었지만, 현재는 물리적인 장벽뿐 아니라 사회생활이나 제도, 정보 또는 장애를 가진 것에 대한 각자의 마음가짐까지 다양한 방면에서 장벽을 제거하자고 하는 넓은 의미로 사용되고 있다. 그러나 어떤 장애를 가진 사람을 위해 해당 장벽을 제거하고 나면 또 다른 사람이 불편을 느끼는 경우도 있다.

보도에서 시각장애자 유도 블록은 눈이 불편한 사람에게는 보행을 유도하는 배리어프리시설이지만, 보행 보조차나 휠체어를 이용하는 사람에게는 장벽이 될 수 있다. 그래도 시각장애인 유도 블록의 옆에 보행 보조차나 휠체어가 통과할 수 있는 평탄한 공간이 확보되어 있다면 시각장애인 유도 블록이 더는 장벽이 되지는 않는다. 이것이 보도에서 유니버설 디자인의 개념이 적용된 사례다.

유니버설 디자인은 한 개의 장벽을 제거할 때 그것에 의해 다른 입장에 있는 사람에게 새로운 장벽이 되지 않고 누구라도 사용할 수 있도록 디자인하는 것이다. 장애에도 시각, 청각, 지체(운동 기

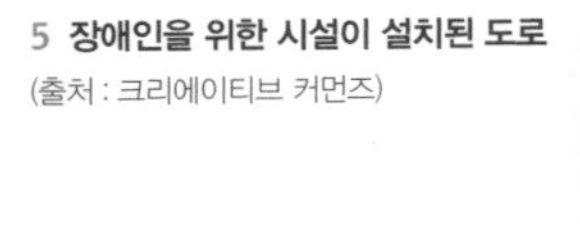
5 장애인을 위한 시설이 설치된 도로
(출처 : 크리에이티브 커먼즈)

능), 내부(내장 기관이나 면역 기능), 지적기능, 정신기능 등 다양한 장애가 있고, 같은 종류의 장애도 정도가 달라서 장벽도 서로 다르다. 누구든지 어린아이일 때는 출입문의 손잡이에 손이 닿지 않는다든가 다치거나 병에 걸렸을 때는 일시적으로 신체가 부자유스러워지기도 한다. 언어가 통하지 않은 지역에 가면 길을 헤매거나 자유롭게 물건을 살 수 없는 등의 장벽을 경험하게 된다.

유니버설 디자인은 '모든 사람은 인생의 어느 시점에서 장애를 가질 수 있다'고 하는 개념에서 '장애를 가질 수 있는 모든 사람을 위해 디자인 하자'고 하는 자선의 마음이 아니고, '장애 유무에 상관없이 모든 사람이 기분 좋게 생활할 수 있는 환경을 디자인 하는 것'을 의미한다. 이런 의미에서 유니버설 디자인은 약자를 위한 환경정비가 아니고 모든 사람을 위한 환경정비라고 할 수 있다.

| 유니버설 디자인의 원칙 | 유니버설 디자인은 다음과 같은 7개의 원칙으로 구성된다.

누구든지 공평하게 이용할 수 있어야 한다 _ 모든 사람이 차별이나 굴욕을 느끼지 않고 공평하게 사용할 수 있는 것을 의미한다. 사용할 때는 남에게 간섭받지 않을 권리인 프라이버시(privacy)가 지켜지고 안심하고 안전하게 이용할 수 있어서 사용하는 사람에게 매력있는 디자인이어야 한다.

사용할 때 유연성이 있어야 한다 _ 모든 사람이 사용할 수 있도록 하려면 사용 방법이나 순서가 너무 엄격하면 안 된다. 사용하는 사람의 상황에 맞게 사용 방법을 선택할 수 있도록 해야 한다. 어느 쪽을 선택하더라도 정확하게 조작할 수 있도록 해야 하고 사용하는 사람의 여건에도 맞출 수 있어야 한다. 오른쪽이나 왼쪽 둘 중 아무곳이나 잡아 당겨도 열리도록 만든 냉장고가 있다. 이런 디자인은 왼손잡이든 오른손잡이든 상관이 없고 냉장고를 두는 장소에도 상관이 없는 디자인이다.

간단하고 직감적으로 이용할 수 있어야 한다 _ 사용하는 사람의 지식, 경험, 언어 이해도, 집중력 등에 관계없이 처음 사용하는 사람이라도 사용 방법을 쉽게 이해할 수 있도록 하여야 한다. 복잡한 설명서를 읽지 않아도 '이것을 당기거나 돌리거나 하는 것이다' 또는 '이것을 사용할 때는 이렇게 한다'라고 하는 등 취급방법을 직관적으로 알 수 있고, 생각대로 기대한 결과를 얻을 수 있어야 한다. 여행지에서 다른 사람이 나의 카메라를 이용해서 나를 찍어줄 때 특별히 사용법을 따로 설명하지 않아도 바로 사진을 찍어줄 수 있어야 한다.

필요한 정보가 간단하게 이해되어야 한다 _ 사용하는 상황이나 사용하는 사람의 시각, 청각 등 감각 능력에 관계없이 필요한 정보가 효과적으로 전달되도록 만들어져야 한다. 중요한 정보를 충분히 전달하기 위해서는 그림이나 문자, 소리, 손의 촉감 등과 같이 서로 다른 방법을 동시에 사용해서 알기 쉽게 표시하는 것이 중요하다.

단순한 실수로 위험에 빠지지 않아야 한다 _ 무의식중에 하는 행동이나 의도하지 않은 행동 때문에 예상하지 못한 일이 발생하거나 중대한 사고나 위험으로 연결되지 않아야 한다. 단순한 실수로 위험한 상황에 놓이더라도 소리나 빛 또는 물건의 움직임 등으로 경고하는 장치가 작동되도록 하는 것이 중요하다. 기차가 건널목 가까이 접근해도 차단기가 고장 나서 내려오지 않을 때는 기차가 자동으로 멈추거나 곡선부에서 한계속도 이상으로 주행할 때 자동으로 제동기가 작동하도록 하는 장치가 필요하다. 부주의로 석유난로를 넘어뜨리면 자동으로 소화되는 기능이 부착되어 있어야 한다.

신체적으로 부담이 적어야 한다 _ 자연스러운 자세로 큰 힘을 들이

지 않고 사용할 수 있는 디자인이어야 한다. 같은 동작을 반복하지 않고 신체에 무리한 부하가 걸리지 않게 디자인해야 한다. 또한 사용하면서 피로하지 않고 기분 좋게 사용할 수 있어야 한다. 공중전화나 우편함은 어린이나 휠체어 이용자도 손이 닿는 높이에 설치되어야 하고, 자동판매기는 허리를 숙이지 않고도 음료수를 꺼낼 수 있어야 한다. 또한 현금 자동 인출기(ATM)는 조작판 아래로 다리 부분이 들어 갈 수 있는 공간을 만들어서 휠체어 이용자도 쉽게 이용할 수 있도록 해야 한다.

규격이나 공간이 충분해야 한다 _ 신체가 부자유스러운 사람의 보조구나 조력자가 움직일 수 있는 공간 등이 충분히 확보되어야 한다. 상점의 상품을 휠체어 이용자를 포함해서 누구라도 볼 수 있도록 진열하는 것과 상품을 간단하게 카트로 옮길 수 있도록 하는 것, 은행의 현금 자동 출금기 앞에 줄 서 있는 사람들이 있어도 휠체어가 충분히 지나 갈 수 있도록 공간을 확보하는 것 등이 여기에 해당하는 사례다.

생활도로의 유니버설 디자인

주거지역이나 상가지역과 같은 생활영역을 통과하는 도로를 '생활도로'라고 하며, 생활도로는 간선도로와 정비하는 방법이나 방향이 다르다. 생활도로는 보행자의 안전과 쾌적함을 가장 중요하게 생각하고 정비해야 한다. 그래서 자전거나 자동차는 보행자의 통행을 방해하지 않는 범위 내에서 이용하도록 해야 한다. 생활도로에는 보행자전용도로와 보행자와 자전거가 혼합된 도로, 보행자와 자전거 · 자동차가 혼합된 도로 등 3가지 종류가 있고, 생활가로에서는 다음과 같은 형태로 유니버설 디자인이 적용된다.

| 차량의 진입이 금지된 도로(보행자전용도로) | 보행자전용도로는 보행자만 통행할 수 있는 도로이다. 보행자 중에는 목발을 짚는 사람, 눈이 불편한 사람, 휠체어를 이용하는 사람, 보행 보조차를 미는 사람, 산소봄베를 끄는 사람, 유모차를 미는 사람, 자전거를 끌면서 걷는 사람, 귀가 불편한 사람, 다리가 약해서 먼 거리를 걷지 못하는 사람, 임신한 사람, 큰 짐을 들고 걷는 사람 등 다양한 형태의 보행자가 있다. 모든 보행자가 이 도로를 안전하고 쾌적하게 사용하기 위해서는 유니버설 디자인의 7번째 원칙을 적용해서 충분히 넓은 도로를 만들어야 한다.

| 보행자, 자전거가 함께 통행하는 도로 | 자동차의 진입을 금지하고 보행자와 자전거만 통행하도록 하는 도로이다. 이런 종류의 도로는 자전거에 비해 약자의 입장인 보행자가 우선이며, 자전거는 보행자가 도로를 안전하고 쾌적하게 통행할 수 있도록 배려하고 보행자의 통행을 방해하지 않아야 한다. 그러나 자전거와 보행자가 혼합된 교통에서는 자전거가 보행자를 어느 정도 배려한다고 하더라도 눈이 불편한 사람, 신체가 약한 고령자 등에게는 자전거가 늘 불안요소다. 따라서 도로 공간의 일부를 자전거가 들어가지 못하도록 해서 보행자를 보호할 필요가 있다.

보행자전용공간과 자전거 · 보행자공용공간을 구분하는 경계는 눈이 불편한 사람도 경계를 쉽게 확인할 수 있도록 하여야 한다. 이때 기둥이나 펜스를 설치할 수도 있는데, 휠체어가 자유롭게 통과할 수 있는 정도의 간격으로 설치해야 한다.

| 보행자, 자전거, 자동차가 함께 통행하는 도로 | 이런 형태의 도로는 생활도로에서 가장 많은 형태의 도로이다. 주행하는 차량 때문에 보행자가 차량을 피하면서 걸어야 하는 좁은 길이 대부분이다.

생활도로에서는 가장 약자인 보행자의 통행이 우선되고 다음으로 자전거, 자동차 순이 되도록 정비하는 것이 기본이다. 이런 도로에서 모든 보행자가 쾌적하고 안전하게 통행하도록 하려면 차량이 침범하지 못하는 보행자전용공간을 확보하는 것이 바람직하다. 보행자는 보행자전용공간과 자동차 · 보행자공용공간을 자유롭게 이용할 수 있지만, 자전거와 자동차는 보행자전용공간을 이용할 수 없다. 또한 공용 공간에서도 자전거나 자동차는 보행자 통행을 방해하지 않고 주행해야 한다.

보행자전용공간과 공용 공간의 경계에는 기둥이나 펜스 등을 일정한 간격으로 설치하거나 연석으로 작은 단차를 설치해서 자전거나 자동차가 보행자전용공간에 진입할 수 없도록 해야 한다.

이런 종류의 도로에서는 차량의 속도를 제어하기 위한 시설인 과속방지턱이나 시케인(chicane) 등을 설치할 필요가 있다.

| 보행자전용공간의 차량 횡단 | 자동차, 자전거, 보행자가 공용하는 생활도로가 교차하는 곳에서는 자동차나 자전거가 보행자전용공간을 횡단해야 한다. 이때 보행자전용공간과 공용 공간의 경계에 단차를 만들어 그 단차가 과속방지턱 역할을 하게 해 차량이 감속하도록 유도함으로써 보행자의 안전을 확보할 수 있다. 따라서 공간의 경계에는 가능한한 단차를 설치하는 것이 바람직하고, 휠체어 이용자를 포함한 모든 보행자가 횡단할 수 있도록 단차는 2cm 정도로 낮게 해야 한다. 또한 이 단차는 시각 장애인이 인식할 수 있도록 해야 한다.

| 보차분리도로의 유니버설 디자인 | 보도와 차도가 분리되어 있는 도로를 '보차분리도로'라고 한다. 보차분리도로의 차도는 자동차가 안전하고 원활하게 주행하도록 하는 것이 우선이고, 보도는 보행자

를 자동차의 위험에서 보호하는 안전지대다. 자동차 주행을 우선한다고 해서 보행자가 위험해도 좋다는 의미는 아니고, 자동차가 원활하게 주행할 수 있도록 보행자를 안전한 곳으로 통행하게 한다는 의미다.

따라서 보행자가 차도를 횡단하는 장소는 정해져 있고, 평면으로 횡단할 때는 신호의 지시를 따라야 하고 입체횡단일 때는 지하보도나 보도육교를 이용해서 도로를 횡단해야 한다.

차도의 횡단시설은 간선도로끼리 교차하는 곳에 설치되는 경우가 많지만, 교차로의 간격이 넓으면 그 사이에도 횡단시설을 설치해야 한다. 입체횡단시설에는 보도육교와 지하보도가 있으며, 계단 외에 휠체어나 자전거가 이용할 수 있는 경사로 또는 엘리베이터, 에스컬레이터 등을 설치하는 것이 바람직하다.

횡단보도는 시각 장애인, 청각 장애인, 노약자, 휠체어 이용자 등을 고려해서 설치해야 한다. 횡단보도의 신호 시스템은 교차로에서 회전하는 차량이 횡단하는 보행자를 충돌하는 것을 방지하기 위해서 보행자와 차량이 횡단보도 위에서 교차하지 않도록 해야 한다.

| 자전거도로의 유니버설 디자인 | 보도와 차도가 분리되어 있는 간선가로에서 자전거는 차도로 주행해야 하지만, 교통량이 많은 도로에서 자동차는 자전거에게 매우 위협적인 존재이다. 우리나라에는 자전거도로를 따로 설치한 도로가 많지 않기 때문에 보도를 자전거 · 보행자도로로 지정한 도로가 많다. 자동차 교통량이 많은 차도에서 자전거가 자동차 주행을 방해하는 요소라는 개념에서 자전거를 보도로 쫓아내는 것을 목적으로 자전거 · 보행자도로를 지정하는 것은 문제가 있다. 부득이하게 보도의 일부를 자전거가 주행하는 공간으로 활용하는 자전거 · 보행자도로로 지정하더라도 보행자와 자

전거 교통량을 합한 교통량을 감당할 수 있도록 보도의 폭을 충분히 넓게 확보해야 한다. 그리고 보행자가 자전거 때문에 위험하지 않도록 자전거 주행속도를 규제하고 자전거가 진입할 수 없는 보행자전용공간을 확보해야 한다. 뿐만 아니라 자전거를 세울 수 있는 공간을 확보하는 등 보행자와 자전거 모두 안전하고 쾌적하게 이용할 수 있는 유니버설 디자인을 검토해야 한다.

자전거도로는 일반적으로 보도와 차도 사이에 설치되지만 차도 쪽에 설치되거나 보도 쪽에 설치되기도 한다. 버스정류장이나 주차대 또는 횡단보도 등 보행자가 차도에 가까워지는 곳은 자전거도로를 횡단해야 하므로 필요한 장소에 자전거도로의 횡단보도가 설치되어야 한다. 그러나 자전거도로의 횡단보도가 차도의 횡단보도에 연결되지 않았을 때는 신호나 입체 횡단시설이 설치되지 않기 때문에 보행자는 안전을 확인하면서 건너야 한다. 또한 자전거가 차도를 건너야 할 때는 보행자 횡단보도 옆에 자전거 횡단도를 설치하는 것이 일반적이다.

녹색교통의 시작, 자전거

자전거의 역사

자전거의 역사는 200년이 넘었다. 1815년 인도네시아의 화산 폭발로 이듬해인 1816년에 유럽지역은 여름이 없는 해가 되었다. 수확이 별로 없었기에 사람들은 생존을 위해 화물을 나르거나 농업에 이용하는 말을 잡아먹어야 했다. 이에 말에 대한 의존을 줄이고 싶은 독일 바론 카를 드라이스 폰 사우어브론(Baron Karl Drais von Sauerbronn)은 달리기 기계(독일어로 laufmaschine)라는 발명품을 만들고 1817년 프랑스에 공개하였다. 발명자의 이름을 따 드라이지네(Draisine) 또는 프랑스어로 벨로시페드(Velocipede)라고도 불렀다. 그림[1]처럼 바퀴 두 개와 나무로 연결된 기계였다. 앞바퀴와 연결된 핸들이 있었고 페달과 브레이크 없이 발로 걸으며 움직일 수 있었다(Penn, 2011).

1 드라이지네(Draisine)
(출처 : 위키미디어)

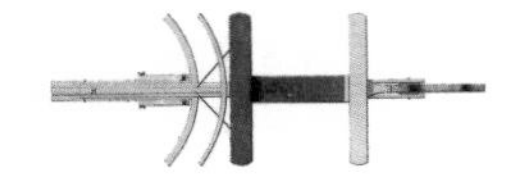

이 발명품이 바로 인간의 역사에서 사람의 힘으로 움직일 수 있는 첫 이동수단이었다. 그런데 드라이지네는 불편한 점이 많아 대중화되지 못하였다. 수십 년 후에, 파리에 살고 있었던 피에르 랄르망(Pierre Lallement)은 앞바퀴에 페달과 크랭크 셋을 추가하였다.

미국으로 이민을 간 랄르망은 페달이 있는 벨로시페드를 미국에서 팔고 싶었지만 성공하지 못하였다. 하지만 랄르망이 미국으로 이민을 가고 없던 그때 프랑스에서 벨로시페드는 큰 인기를 끌었고 곧바로 파리 시내에서 흔하게 목격되었다. 당시 벨로시페드는 75kg으로 아주 무거웠으며 아스팔트가 없는 도로에서는 많이 흔들렸다. 별칭으로 벨로시페드를 뼈 세이커(Boneshakers)라고도 하였다(Vivanco, 2013).

다음 단계로 나타난 자전거는 하이 휠(high wheel)이었다. 큰 앞바퀴와 그 위에 있는 안장을 설치한 아주 특별한 모양이었다. 속도를 높이기 위해서 페달과 연결하는 앞바퀴를 최대한 크게 만들어야 했다. 하이 휠 자전거가 1870년과 1880년에 미국과 영국에서 인기를 끌었는데, 근로자의 월급만큼 비싸서 상류층만 살 수 있었다. 하지만 단점도 많았다. 하이 휠에 올라타기가 어렵고 멈추는 것도 쉽지 않아 사고가 빈발했다. 하이 휠을 타는 사람이 갑자기 멈출 때 앞으로 넘어지는 사례가 많았던 것이다.

자전거의 가장 중요한 변화는 페달이 뒷바퀴와 연결되는 것이었다. 세이프티 자전거(safety bicycle)라고 불렀는데 앞뒤 바퀴의 사이즈가 똑같고 두 바퀴 사이에 안장이 있으며 페달은 체인으로 뒷바퀴와 고정되었다. 타다가 다리를 쉽게 땅에 디딜 수 있어서 세이프티라고 명명하였다. 존 켐브 스탈리(John Kemp Starley)가 이 자전거의 성공적인 모델을 1885년에 발명했다.

세이프티 자전거가 20세기에 주류 자전거가 되었고 이 기본 원리를 따르는 자전거가 현재까지 이어지고 있다. 그동안 자전거는 계속 진화하였고 많이 개선되었다. 부품과 소재는 좋아졌으며 다양한 기능을 갖춘 자전거가 속속 등장하였다.

한반도에 등장한 첫 자전거는 1884년 미국인 필립 랜스데일(Philip V. Lansdale)이 가져온 자전거이다. 이때의 자전거는 하이 휠이었고 시민들은 아주 신기해 하였다. 자전거를 보고 싶었던 고종황제는 랜스데일을 초대해 타 본 후에 미국에 자전거를 주문한 기록도 있다(Neff, 2007).

광복 직후에 자전거는 가장 많이 사용된 교통수단이었다. 1946년에 세종로와 주변도로에서 진행한 교통조사에 따르면 24%가 자전거, 20.4% 자동차, 19.5% 트럭, 1.8% 말이나 소였다. 1980년대까지 자전거는 중요한 교통수단이었다(Shin et al., 2013). 현재는 교통수단 중에 자전거가 차지하는 비율이 2%에 불과하다. 도시의 교통수단분담률을 보면 자전거가 '기타'에 포함되어 있어서 정확하게 몇 퍼센트 정도가 자전거를 타고 이동하는지 쉽게 파악하지 못하고 있다.

요약하자면 첫 드라이지네부터 세이프티 자전거까지 자전거는 변화를 거듭하였고 새로운 자전거가 나올 때마다 큰 반향을 일으켰다. 자전거는 지위의 상징이었다. 그렇지만 자전거가 서서히 도로에서 사라졌다. 도시개발자와 정책 입안자가 대중교통과 자동차를 선호하는 정책들을 내세우면서 자전거는 주목받지 못했다. 특히 20세기 중반 미국과 유럽에서 소득이 높아진 중산층이 교외의 넓은 주택으로 이동하면서 자동차가 교통의 중심이 되었다.

그러나 도시의 매력이 커지면서 교외보다 도시를 선호하는 추세가 나타나면서 자전거가 부활하고 있다. 자전거가 효율적인 이동수단으로 녹색교통을 구현하는 데 큰 역할을 할 수 있다고 보는 것이다. 사실 삶의 질에 신경을 쓰는 사람들이 많아지면서 자전거 타는 사람이 점점 많아지고 있다.

자전거 친화도시

자전거 하면 떠오르는 나라가 네덜란드이다. 네덜란드는 자전거 천국이다. 위트레흐트, 흐로닝겐과 암스테르담에서 대다수의 사람들은 자전거로 이동한다. 네덜란드에서 자전거 문화가 발달하게 된 배경에는 가디언의 한 기사(Zee, 2015) "어린이 살인 그만"(Stop de Kindermoord)과 1973년의 석유 위기가 있다. 제2차 세계 대전 후 자가용의 급격한 증가로 어린이 교통사고가 빈발하였는데 시민들은 도시 내 자동차 통행의 제한을 요구하였다. 2년 후에 위트레흐트에서 자전거 정책을 촉진하기 위한 자전거조합 피처스본드(Fietserbond)가 창립되었다. 피처스본드의 많은 활동으로 자전거의 권리가 높아졌다. 현재 자전거조합 피처스본드의 가입자는 3만 5,000명이 넘고 사무실만도 150개나 된다.

암스테르담은 시내에 80만 명이 거주하고 광역 도시지역에 220만 명이 살고 있다. 자전거는 시내 거주인의 절반 이상이 이용하는 가장 중요한 이동수단이다. 암스테르담은 도시 안에 운하가 너무 많은 독특한 도시구조를 띠고 있다. 1,000여 개가 넘는 다리는 동네들을 잘 연결해 주고 있으나 쉽게 개발하거나 인프라를 바꿀 수는 없다. 또 트램과 기차망이 잘 갖춰진 대중교통체계를 유지하고 있다. 암스테르담에서 자전거 통행을 관찰하다 보면 곧 사고가 날 것 같다는 생각이 들 수 있다. 자전거들이 작은 골목에서 나오고 사거리를 빠르게 지나가며 또 다른 골목으로 사라진다. 몇 초 안에 수백 대의 자전거를 볼 수 있다. 자전거를 타는 사람들은 빠르지만 그렇다고 공격적으로 타는 스타일이 아니다. 자전거 통행의 흐름 속에 있는 사람들은 매우 효율적이며 안전하게 자전거를 타고 있다.

전 세계 도시계획가들이 네덜란드로부터 자전거 정책을 배우기 위해 많이 방문한다. 네덜란드는 자국의 자전거 정책을 세계와 공유하기 위해 더치 사이클링 엠버시(Dutch Cycling Embassy)를 만들었다. 더치 사이클링 엠버시는 지속가능한 교통 네트워크로 연구, 교환, 자문 등을 통해서 네덜란드의 자전거 정책에 대한 경험을 전 세계와 나누고 있다.

두 번째 사례로 덴마크의 수도 코펜하겐을 소개한다. 이 도시의 인구 60만 명 중 3분의 1이 자전거를 타고 다닌다. 1970년 덴마크에서는 네덜란드나 다른 유럽 나라보다 석유 위기가 더 심하였다. 석유 위기와 함께 시민의 환경운동을 통해서 자전거가 중요한 이동수단으로 떠올랐다. 당시 덴마크의 자전거연합 'Cyklistforbundet(Danish Cycling Federation)' 회원수가 크게 늘었고 이들의 활동도 성공적이었다. 시민과 자전거연합의 노력에 힘입어 자전거 인프라가 1980~1990년 사이에 집중적으로 설치되었다.

코펜하겐의 자전거전용도로는 차로보다 조금 더 높게, 보도보다는 낮게 설치돼 있다. 각 도로는 턱으로 분명히 구분되어 있어 안

2 코펜하겐에서 자전거로 이동하는 시민들(출처 : 크리에이티브 커먼즈)

전하게 다닐 수 있다. 자전거도로가 길 양쪽에 있어 차량 진행 방향과 같이 움직인다. 무엇보다 중요한 것은 이 자전거전용도로망이 시 전체를 연결해 준다는 것이다. 특징적인 것은 자전거를 위한 신호가 따로 있고 승용차보다 버스와 자전거가 먼저 녹색신호를 받는다는 것이다. 그리고 많은 곳에서 신호를 기다릴 때 자전거에서 안 내려도 되게끔 발받침을 두고 있다. Green Wave라는 개념 덕분에 대로에서 시속 20km로 달리면 항상 녹색신호를 받을 수 있다. 통상적인 자전거 주행속도에 맞게 신호체계를 설계하였기 때문이다. 또 하나 눈에 띄는 것은 자전거 길 옆에 기울어 있는 쓰레기통이다. 자전거로 달리면서 쉽게 쓰레기를 버릴 수 있게 한 것이다.

3 **코펜하겐의 자전거 보관소**
(출처 : 크리에이티브 커먼즈)

4 **코펜하겐의 자전거도로**
(출처 : 크리에이티브 커먼즈)

코펜하겐은 창조적인 자전거도로 계획을 실행한 덕분에 매력적이고 안전한 자전거 문화를 만들었다. 인프라와 설계를 통해서 자전거에 우선순위를 뒀기 때문이다.

코펜하겐 방식으로 만든 자전거시스템을 수출하는 것이 바로 코펜하게나이즈 디자인 회사(Copenhagenize Design Company)이다. 이 회사의 CEO 미카엘 콜빌레 앤더슨(Mikael Colville-Andersen)은 2007년에 '사이클 쉬크(Cycle Chic)'라는 표현을 만들었고 웹사이트로 코펜하겐의 자전거 패션을 보여 줘서 인기를 끌었다. 이 회사는 코펜하겐의 자전거 정책을 널리 알리기 위해 노력하고 있다.

세 번째 사례로 조금은 덜 유명한 자전거 도시를 소개한다. 독일 남쪽에 있는 도시 프라이부르크이다. 이 도시는 22만 명이 살고 있고 태양 에너지를 많이 이용해서 지속가능한 도시로 인정을 받고 있다. 프라이부르크의 정치인들은 다른 지역보다 환경에 대한 관심을 더 많이 가지고 있다. 그 때문인지 1970년대부터 시민참여를 적

5 **자전거 도시 프라이부르크**
(출처 : 크리에이티브 커먼즈)
프라이부르크과 관련된 더 자세한 내용을 알아보려면 Buehler and Pucher(2011)의 연구를 참고하기 바란다.

극 유도하여 고시를 친환경적인 방향으로 개발하였다. 예를 들어, 면적 41만m^2 지역에 자동차 없는 동네인 보봉(Vauban) 마을을 만들었고 현재 인구는 5,500명에 달한다.

이 도시의 특징적인 자전거 정책은 기차역 옆에 큰 무인 자전거 주차장을 운용하고 있다는 점과 도시 중심 사거리 자동차 정지선 앞에 바이시클 박스라는 공간을 두고 있다는 점이다. 이는 자전거가 먼저 출발하도록 운전자들이 배려하여 안전하게 탈 수 있도록 하는 것이다. 이 도시 역시 코펜하겐처럼 자전거 신호가 먼저 녹색으로 바뀌도록 자전거에 우선순위를 두고 있다.

앞에서 소개한 세 도시의 자전거 사례 특징은 남자, 여자, 어린이, 어른 등 모두가 자전거를 타고 다닌다는 점이다. 사람들은 어렸을 때부터 자전거에 쉽게 접근해 습관이 되어 있고 사이클링 선수처럼 옷을 입지도 않는다. 헬멧을 쓴 사람도 흔하지 않다. 왜냐하면 교통의 안전성이 높기 때문이다. 사실 자전거를 탈 때 헬멧이 필요 없도록 도로가 안전해야 한다. 이들 도시에서 자전거를 선호하는 이유는 매우 합리적이다. 좋은 인프라로 시민들이 자전거를 타게끔 만들기 때문이다.

대도시에서 자전거의 활성화

"아시아도시 자전거 친화성 평가연구(Baik and Medimorec, 2016)"를 바탕으로 대도시 자전거 활성화 정책을 추천한다면 '자전거 인프라 확대'와 '공공자전거 도입'을 들 수 있다.

자전거길은 대도시에 필수이다. 한국 대도시에는 레저스포츠를 위한 자전거 인프라가 잘 개발되어 있다. 서울의 경우 한강을 따라 자전거를 쉽게 탈 수 있으며 전국 자전거도로망과도 연결되어 있다. 하지만 자전거를 일상생활에 이용할 때 강변에 있는 자전거 전용도로는 거의 소용없다. 왜냐하면 많은 사람들이 강변을 이용해 출퇴근하지 않고 강변에 자주 방문할 만한 생활시설(마트, 식당, 도서관 등)이 없기 때문이다.

자전거 인프라의 형태는 크게 세 가지로 나뉜다. 첫째, 자전거와 보행자 겸용도로서 자전거가 보도에서 통행하는 것이다. 표면은 빨간색이나 녹색으로 분리되어 보행길과 구분되었다. 그렇지만 보행자와 자전거가 같이 통행하는 것은 좋은 아이디어가 아니다. 설령 보도가 넓더라도 사고 위험성이 높기 때문이다. 둘째, 자전거 우선도로이다. 도로의 한 차로에 자전거 표시를 해 두어 자동차에게 자전거도 통행함을 알려 준다. 운전자가 자전거를 배려해야 하는 의미도 포함하고 있다. 그렇지만 도로 위의 표시는 별로 효과가 없다. 자전거를 타는 사람들이 안전하다고 느끼지 않기 때문이다. 마지막으로 가장 좋은 형태는 자전거전용차로이다. 차로 하나가 자전거만 통행할 수 있는 형태이다. 다른 교통수단이 진입을 못하게 턱이나 장애물을 설치하면 더 안전하고 편리하게 다닐 수 있다.

자전거전용도로는 도시에서 자전거 교통을 활성화하는 가장 좋은 인프라다. 무엇보다 이 전용도로가 시 전체의 일상적인 장소들

6 **룩셈부르크의 바이시클박스**
(출처 : 크리에이티브 커먼즈)

7 **맨해튼의 바이시클박스**
(출처 : 크리에이티브 커먼즈)

을 연결해야 한다. 갑자기 전용도로가 끊기면 매우 위험하다. 자전거전용도로 도로망은 도시에서 필수적이다.

밀집한 도시에 공간이 너무 부족하지만 새로운 자전거전용도로를 만들 수 있는 방법이 있다. 바로 도로다이어트(road diet)인데 도시 안에 도로의 속도 제한을 낮추는 것이다. 보통 "도로교통법"으로 시속 50~60km로 달릴 수 있지만 시속 30km로 낮추면 차로의 폭을 줄일 수 있다. 왜냐하면 차를 저속으로 운전하면 공간이 덜 필요하기 때문이다. 도로다이어트로 얻은 공간은 자전거전용차로로 바꿀 수 있다. 자전거전용차로는 공간이 많이 필요하지 않아 방향마다 1.5m 넓히면 충분하다. 도로다이어트의 다른 장점으로는 교통사고가 났을 때 사망 확률을 줄일 수 있고 교통으로 인한 소음도 덜하다.

인프라 확대 외에 자전거를 공급하는 것도 중요한 정책이다. 요즈음 자전거 정책으로 가장 유행하는 것은 '공공자전거'이다. 파리, 뉴욕, 런던에서 도입한 공공자전거는 성공적인 것으로 알려져 있

8 **런던의 공공자전거**
(출처 : PAUL FARMER)

다. 공공자전거의 장점은 일단 자전거를 살 필요가 없고 관리를 안 해도 된다. 그리고 저렴한 요금으로 필요할 때만 이용할 수 있다. 자전거를 가지고 다닐 필요도 없다. 버스나 지하철에서 내린 후 목적지까지 자전거를 빌려 탈 수 있다. 자전거 도난은 많은 도시에서 심각한 문제인데 공공자전거를 타면 개인 부담을 줄일 수 있다. 대중교통의 접근성이 좋아져 가장 가까운 지하철역 대신 다른 지하철역까지 갈 수도 있어서 시간이 많이 걸리는 환승을 피할 수 있다. 공공자전거는 교통분야의 'last mile'이라는 문제를 해결한다. 이 문제는 집에서 대중교통까지 어떻게 빠르고 편리하게 갈 수 있느냐 하는 것이다.

한국의 최초 공공자전거 시스템은 2008년에 창원에서 도입되었다. '누비자'라고 부르는 이 공공자전거 시스템은 250개의 대여소와 2,500대의 자전거를 구비하였다. 대여소마다 자전거를 20~30대까지 놓을 수 있으며 주중 아침과 저녁에 이용자가 제일 많은 것으로 보아 출퇴근 때 활용도가 높은 듯하다.

2015년 10월부터 서울 곳곳에서 하얀색과 초록색 자전거로 변화가 시작됐다. 서울 공공자전거는 '따릉이'라고 부른다.

자전거 인프라와 공공자전거 정책을 충분히 활용하기 위해서는 기본 조건이 몇 가지 필요하다. 유럽 도시의 자전거 정책은 시민으로부터 시작함을 강조했지만 지도자가 요구한 것을 받아들여야 한다. 지방자치단체에는 시민과 환경에 신경 쓰는 리더가 있어야 자전거와 관련된 정책을 도입할 수 있다. 이 리더는 녹색교통에 대한 비전과 장기적인 목표를 세워야 한다.

자전거 친화 도시의 핵심은 자전거 이용률을 높이고 도로의 안전성을 더욱 증가시키는 것이다. 모두가 자전거를 타는 게 목적은 아니다. 다양한 정책을 통해서 더 많은 사람들이 자전거를 탈 수 있도록 기회를 만들어줘야 한다. 이제는 효율적인 이동수단으로서 자전거 교통을 활성화해야 한다.

함께 나누어 쓰는 공유교통

공유경제시대

제레미 리프킨(Jeremy Rifkin)은 일찍이 그의 책『소유의 종말』을 통해 재산을 소유하고 상품화하던 자본주의가 전자통신의 발달로 말미암아 영구적인 소유보다는 일시적인 사용만을 하려 드는 자본주의로 바뀔 것이라고 예측한 바 있다.

그의 주장대로 세상은 어떤 물건들을 소유하기보다는 일시적인 접속(access)을 통해 서로 나눠 쓰는 시장체제로 빠르게 재편되고 있다. 이렇게 개인이 소유한 유휴 자원(물건 및 여유시간 등)을 시장을 통해 여러 사람이 함께 나눠 쓰는 방식을 공유경제(sharing economy)라고 하는데, 이 말은 미국 하버드대 로렌스 레식(Lawrence Lessig) 교수가 처음으로 제시했다. 특히 빈부 격차가 점점 심해지고 세계적인 경제위기로 평소처럼 돈을 쓰기가 어려운 사람들이 증가하면서, 또 환경보호와 에너지 절감이라는 범지구적인 가치관이 힘을 얻으면서 합리적이고 알뜰한 소비를 추구할 수 있는 새로운 방식의 틈새시장이 등장한 것이다.

게다가 스마트폰과 모바일 인터넷 기술의 비약적인 발전으로 개인의 위치 정보가 실시간으로 파악되는 가운데 이 새로운 비즈니스 모델인 공유 개념의 사업이 급속하게 확산되고 있다. 이런 공유경제를 위키피디아에서는 '개인, 기업, 비영리 법인 및 정부로 하여금 정보기술을 활용해 여유분이 존재하는(excess capacity) 상품 및 서비스의 배포, 공유 및 재사용을 가능하게 하는 여러 가지 형태의 시스템'이라고 정의하고 있다. 많은 학자들은 아마도 경제상황이 더 나빠지고 부의 편중이 가속화할수록 공유경제를 이용한 시민들의 협력적 소비는 더욱 증가할 것이라고 예측하고 있다.

1 생활 속에서 볼 수 있는 공유경제

그림[1]에서 보는 것처럼 미스터 공유 씨는 아침 7시에는 영어 강의를 공유해서 듣고, 8시에는 공공자전거를 빌려서 출근한 후 10시에는 지식 공유시스템인 위키피디아를 이용해서 프레젠테이션을 한다. 점심시간 후에는 빌리지에서 빌린 운동기구로 운동을 하고, 3시에 PPT를 만들 때는 슬라이드 셰어에서 마음에 드는 PPT를 얻어 활용을 한다. 그러다 오후 7시 퇴근 후 여자 친구를 만나러 갈 때는 카셰어링 쏘카에서 값싸게 차를 빌려 데이트하러 간다. 지금 여기서 열거한 모든 것들이 공유경제의 한 부분들이고 이렇듯 공유경제는 알게 모르게 우리 삶의 깊숙한 곳까지 자리 잡아 온 것이다.

공유경제의 유형

현재까지의 공유경제는 크게 세 가지 유형으로 분류된다. 표[2]에 나타낸 것처럼 첫 번째는 쏘카, 그린카, Zipcar, 따릉이와 같이 제품 또는 서비스를 소유하지 않고 사용하는 것으로 기존의 렌탈 사업과 유사하다. 두 번째는 물물교환 재분배 시장으로 경매(eBay), 물물교환시장(Kipple)처럼 필요하지 않은 제품을 필요한 사람에게 다시 나눠주는 방식이다. 세 번째는 협력적 생활방식으로 커뮤니티 내 사용자 간의 협력을 통해 숙박 공간을 공유하는 AirBnB나 여행 경험을 공유하는 플레이플레닛처럼 유형·무형 자원 전체를 포괄하여 이웃과 공유하는 방식이다.

이 가운데 대표적인 몇 가지 사례를 소개하면 다음과 같다.

2 공유경제의 제공 서비스에 따른 분류

제공 서비스	거래방식	공유자원	공유기업	
			국외	국내
제품 서비스	사용자가 제품이나 서비스를 소유하지 않고도 사용할 수 있음	자동차 공유	Zipcar, Streetcar, GoGet	쏘카, 그린카
		자전거 공유	Velib, Bardays, CycleHire	따릉이, 피프틴
		태양에너지 공급	SolarCity, SolarCentury	퍼즐
		장난감 대여	DimDom, BabyPlays	희망장난감 도서관
		도서 대여	Chegg, Zookal	국민도서관, 책꽂이
물물 교환	불필요한 제품을 필요한 사람에게 재분배	경매시장	ebay, claiglist, flippid	옥션, 지마켓, 11번가
		물물교환시장	Threadup, Swapstyle	번개장터
		무료/상품권 교환	Freecycle, Giftflow	–
협력적 커뮤니티	커뮤니티 내 사용자 간의 협력을 통한 방식	공간 공유	AirBnB, Roomormara	코자자, 모두의 주차장
		구인구직	Loosecubes, Desksnearme	알바몬, 알바천국
		여행경험	AirBnB	플레이플래닛
		지식 공유	TeachStreet, TradeSchool	위즈돔
		택시 공유	Uber, Taxi2, 滴滴出行(띠띠추싱)	–
		클라우드 펀딩	Kickstarter, Indiegogo	씨앗펀딩, 굿펀딩
		인력지원	TaskRabbit	해주세요, 띵동

(출처: 경기개발연구원, 2014(저자 가필))

| AirBnB | AirBnB는 개인 간 숙소 임대를 중개하는 공유경제서비스로 190개국 3만 4,000여 개의 도시에 100만이 넘는 숙박지 리스트를 가지고 있다. 사용자는 사용 전에 온라인으로 등록하고 프로필을 작성해야 한다. 모든 숙박 장소는 제공하는 사람의 프로필, 추천 여부, 숙박객들의 평가 등이 소개된다. 2014년 하반기 기준으로 10조 원(100억 달러)의 기업 가치가 있다고 평가되는데, 이는 2013년 기준으로 7만 5,000명의 종업원과 500개의 호텔을 보유한 하얏트 호텔보다 더 큰 가치이다. Piper Jaffray Estimates(PJC)에 따르면, 2014년 4만 3,600만 달러, 2015년 6만 7,500만 달러, 2020년에는 21억 2,000만 달러의 매출(숙박비의 11%에 해당)을 올릴 것으로 추정되고 있다.

| TaskRabbit | TaskRabbit은 소규모 작업과 이 일을 해줄 사람을 매칭해 주는 온라인/모바일 마켓 서비스로 일종의 심부름 서비스라고 할 수 있다. 2008년에 창립되었으며 보스턴, 샌 안토니오 등 미국 내 주요 도시에서 서비스 중이다. 이용자는 전용 웹사이트에 해야 할 '일(Task)'과 일을 해 주었을 때 지불할 의사가 있는 최대 금액을 올려놓으면, 사전에 자격요건이 검증된 심부름꾼들이 온라인에서 제시된 작업에 대해 입찰을 해서 결정하는 구조이다.

| eBay와 Kipple | eBay는 1995년에 설립되어 사이버공간에 벼룩시장과 경매방식을 도입해 제품등록 · 판매 · 광고로 수익을 만들어내는 세계 최대의 전자상거래시장을 가진 기업이다. 국내기업인 키플(Kipple)은 2011년에 키플머니로 중고 아동복의 교환을 중개하는 회사로 설립되어 옷의 품질에 따라 A등급은 유료로, B등급은 무료로, C등급은 제3 세계에 기부하는 등 중고아동복의 중개와 사회적 봉사활동을 병행하는 기업이다. 이들은 사이버 공간에서 수요자

들의 이해에 맞춰 중고물품 등을 공유하게 해 주는 아이디어로 큰 수익을 내고 있는 회사라는 것이 공통적인 특징이라고 할 수 있다.

| 우버(Uber) 택시 | 공유경제시대에 가장 큰 관심을 끄는 사업 중의 하나는 2009년에 설립된 우버택시가 아닐까 싶다. 2014년 6월 기준으로 전 세계 37개국 140개 이상의 도시에서 서비스 중이며 2015년 말에는 약 1조 원의 총매출을 올릴 것으로 예측되었다. 이 중 20%를 우버에서 서비스 비용으로 가져가니까 엄청난 이윤 창출 사업이다. 창립 후 약 5년 만에 1조 원대 매출을 기록한 것은 페이스북(Facebook)이 10년 걸려서 달성한 것과 비교하면 우버가 얼마나 빨리 성장했는지를 짐작케 한다. 우버는 우버블랙(고급 렌터카와 운전기사를 함께 대여), 우버엑스(개인 소유 자가용으로 서비스 제공), 우버택시와 같은 다양한 형태의 서비스 모델이 있는데 우리나라와 유럽 등 여러 국가에서 불법택시 운영이라는 이유로 서비스가 금지되기도 했다.

왜 공유교통이 중요한가?

| 공유교통(Shared Transport)의 개념 | 위키피디아에서 공유교통에 대한 정의는 Demand-Driven Vehicle-Sharing Arrangement 시스템이라고 되어 있다. 공유교통시스템 내에서 여행자들은 차량을 동시적으로 공유하거나(예 함께 타기), 번갈아 가며(예 카셰어링, 자전거셰어링) 차량을 공유할 수 있다. 이런 과정에서 이용자들은 여행경비를 분담할 수 있게 되고, 사회적으로는 새로운 수익을 창출하는 동시에 사회적 비용을 줄일 줄 수 있다. 공유교통은 개인적인 차량 이용(private vehicle use)을 대중교통화(public transport)한 하이브리드라는 측면에서 개인화된 대중교통이라고

할 수 있는 것이다. 그 종류로는 카셰어링, 자전거셰어링, 승차셰어링(Carpool, Vanpool, Real-Time Ridesharing, Community Buses and Vans 등), 주차장 셰어링 등이 있다.

| 공간점유 문제의 해결 | 카셰어링은 다른 어떤 것보다도 자동차가 점유하는 공간의 문제에서 출발했다고 볼 수 있다. 경기개발연구원(2010)에서 조사한 결과에 따르면 대부분 개인승용차는 하루 1~2시간 정도밖에 사용되지 않는다. 즉, 개인승용차는 아침에 출근 목적으로 사용한 다음부터는 거의 하루 종일 주차된 상태로 있다가 저녁 때 다시 집에 돌아간 후에도 집 안의 주차장이나 골목길에 밤새 세워두게 된다. 그 결과 우리 동네의 골목길은 항상 자동차로 가득차서 어린이 통학 길에 위험한 요소로 작용하기도 하고, 사람들이 걸어 다니는 데 너무 많은 불편을 준다. 아마 이 글을 읽으며 우리 동네 골목길을 떠올려 보면 사진[3,4]와 같은 풍경에 모두 동의하게 될 것이다. 도로 한쪽은 주차차량이 점거하고 있고 보행자들은 가운데로 다니는 자동차를 피해서 위태롭게 곡예를 부리듯 걸어 다녀야 한다. 그러다보니 우리나라 교통사고 사망자 10중 4명은 보행 중에 사고를 당하며, 그중에서도 약 3명은 도로 폭원 13m 이하에서 사망하는 것으로 나타난다.

3 자동차가 점거한 우리 동네 골목길

4 보도 위까지 점유한 주차 차량

공유교통은 이러한 공간점유 낭비를 줄일 수 있는 좋은 대안으로 평가받는다. 게다가 개개인이 승용차를 보유함으로써 발생하는 차량 구매와 유지비용도 대폭 절약할 수 있다. 이런 측면에서 볼 때 공유교통은 단순한 수익성 사업 차원을 뛰어넘어 사회에 공헌할 수 있는 대안이 될 수 있는 것이다.

| 대중교통서비스 증진 | 우리나라에서 도로혼잡을 유발하는 대부분의 원인은 개인승용차, 그것도 운전자 혼자 타고 다니는 나홀로 승용차이다. 그런데 사람들은 왜 그렇게 개인승용차를 좋아할까? 아마도 집 문 앞에서 목적지 문 앞까지(door to door) 데려다 줄 수 있는 승용차의 신속성과 자동차 안에서 자신만의 공간을 확보할 수 있는 편안함 때문이다. 하지만 도시의 팍팍한 일상 속에서 하루 종일 일을 하느라 지친 많은 사람들은 만약 대중교통체계가 잘 갖춰져 있다면 피곤하게 승용차를 운전해서 다니기 보다는 전철이나 버스에서 스마트폰을 보며 가고 싶어 할 수도 있다. 하지만 도로정체를 감안하더라도 승용차를 이용하면 1시간도 걸리지 않는 거리를 대중교통으로는 1시간 반은 걸릴 것이기 때문에 하는 수 없이 승용차를 이용하는 사람들도 많다.

또한 승용차는 내가 원하는 시간에 언제든 이용할 수 있지만 대중교통은 심야시간에는 운행을 하지 않는다. 지역도시의 경우에는 더 심각해서 밤 10시 이후에는 대중교통이 아예 없는 경우도 많다. 이런 상황에서 등장하였던 공유교통 중 하나가 2011년 1월 'eBus'라는 이름으로 시작된 통근버스 공동구매 서비스였다. eBus는 등장하자마자 사람들에게 큰 인기를 얻었으나 불법운행으로 규정되어 서비스 시작 2주 만에 중단되었다. 물론 같은 해 12월 관련법이 개정되어 정기이용권 버스라는 이름으로 제도권 교통수단으로 인정받았지만 그 후 어쩐 일인지 시들해지고 말았다.

이러한 대중교통의 사각지대를 해소하기 위한 노력은 미국을 중심으로 수요대응형 대중교통(demand responsive transit, DRT), 준대중교통(paratransit) 서비스가 기존 전화시스템을 이용해서 제공되었던 것을 예로 들 수 있다. 그런데 DRT, 준대중교통이 스마트폰 기반 ICT와 접목되면서 혁명적인 진화를 한 것이 오늘날의 공유교통이라고 볼 수 있다. 우리나라에서는 기존 택시업계의 반발로 인해 아직 인정을 못 받고 있지만, 우버택시 같은 형태가 이에 해당될 수 있을 것이다.

그런데 여기서 우리가 한번 더 생각해 봐야 할 문제는 대중교통 서비스가 왜 악화되어 왔는가에 대한 것이다. 즉, 사람들이 개인승용차를 많이 이용하면 할수록 대중교통이용자는 줄어들게 되고 대중교통이용자가 줄어들수록 전철이나 버스를 운영하는 회사는 운영수지를 맞추기 위해 운행하는 편수를 줄이거나 손님이 없는 이른 아침이나 밤에는 더 띄엄띄엄 보내려고 할 것이다. 그러면 결과적으로 대중교통은 더 서비스가 악화하여 사람들은 승용차에 더 의존할 수밖에 없게 될 것이다. 이른바 이런 상황을 교통문제가 악순환 고리에 들어갔다고 표현한다. 그런데 공유교통은 개인교통의 비용을 줄여주면서도 개인교통과 대중교통의 장점을 포함할 수 있기 때문에 우리가 사는 도시에서 당면한 교통문제를 완화해 주는 중요한 역할을 할 수 있기 때문에 주목을 받고 있는 것이다.

공유교통의 사례

이미 미국 등 선진국에서는 공유교통이 보편화하고 있다. 가장 대표적인 공유교통기업으로 2000년에 설립된 Zipcar를 들 수 있다.

5 Zipcar(출처 : 크리에이티브 커먼즈)

Zipcar는 전통적 렌터카 업체와 달리, 회원을 대상으로 짧은 시간 단위 차량대여를 별도의 계약서 없이 멤버십 카드 하나만으로 사용–반납–결제할 수 있도록 했다. 현재는 북미 최대의 카셰어링 운영기업으로 보스턴, 뉴욕, 워싱턴D.C. 등 대도시를 중심으로 서비스를 제공하고 있다. 2007년 Flexcar와 합병된 후, 2013년 초에는 렌터카 시장의 공룡 Avis Budget Group이 5억 달러에 인수하여 연간 5,000만 달러에서 7,000만 달러의 시너지 효과가 발생하는 것으로 예측하고 있다. Zipcar는 창업 이후 계속 적자였지만 연매출 두 자리 수의 성장으로 2011년에는 주식상장에 성공하였고, 2012년부터는 흑자로 전환되었다. 약 90만 명의 회원을 보유하고 있으며, 2013년 기준 약 3,000억 원(2억 9,600만 달러)의 매출을 기록하고 있다. Zipcar 외에도 매달 60만 명이 이용하고 있는 파리의 블라블라카(Blablacar) 등이 있다.

우리나라에서는 2011년 10월 그린카라는 회사가 카셰어링 서비스를 시작하면서 본격적인 상업적 카셰어링 서비스가 도입된 것으로 볼 수 있다. 이외에도 2012년 3월에 제주도에서 시작된 쏘카가 있다. 쏘카는 공유경제 대표 투자펀드인 콜라보레이티브 펀드(Collaborative Fund)로부터 투자를 유치하고, 카카오택시와 서비스 제휴를 맺는 등 매우 적극적으로 사업을 확장하고 있다. 2012년 차량 100대로 서비스를 시작하여 28개월 만에 2,000대, 다시 5개월 만에 3,000대 규모로 성장하였고, 회원 수도 100만 명을 돌파하였다. 세계 최대 규모의 Zipcar가 서비스 시작 후 8년 만에 3,000대 규모로 성장한 것과 비교하면 눈부신 성장 속도라 할 수 있다. 우리나라에서 카셰어링은 시작 단계이기는 하지만 향후 발전 가능성이 잠재되어 있는 것으로 보인다.

대도시 중에는 서울이 적극적으로 공유교통 활성화에 나서고 있다. 서울시는 2012년 9월 '공유도시 서울'을 선언하였다. 이듬해인 2013년 5월 '서울 교통비전 2030'에서 서울시는 '사람', '환경'과 함께 '공유'를 미래 교통부문에 추구해야 할 3가지 핵심가치의 하나로 설정하였다. 2013년 2월 서울은 '나눔카'라는 이름의 승용차 공동 이용 서비스를 시작하였다. 나눔카의 설치 위치는 서울 교통정보 웹사이트 등에서 실시간으로 확인할 수 있다. 서울 이외 도시에서 카셰어링의 개념은 아직 생소하다. 현재 '쏘카', '아워카' 등 민간업체 몇 곳이 부산 등 일부 대도시에 진출하였지만 이용자는 미미한 수준이다.

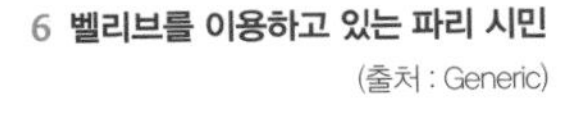
6 벨리브를 이용하고 있는 파리 시민
(출처 : Generic)

한편, 자전거셰어링은 프랑스 수도 파리에서 벨리브(Velib)라는 시스템을 세계 최초로 도입하여 선풍적인 인기를 끌고 있다. 간단한 회원 가입 방식으로 원하는 사람 누구든지 자전거를 대여해서 원하는 지점에서 원하는 지점까지 갈 수 있도록 해 준 자전거 공유시스템은 이후 전 세계로 전파되어 우리나라에서도 일산의 피프틴, 서울의 따릉이 등으로 애용되고 있다. 서울에서 따릉이 이용객이 증가하고 있기는 하지만 이 역시 아직은 도입 단계라고 말할 수 있다.

공유교통 산업 전망

현재 우리나라에서는 불법이지만 전 세계적으로 우버와 같은 라이드 셰어링 서비스가 앞으로 더욱 더 영역을 확대할 것으로 예상된다. 모바일폰 이전 시대에는 택시라는 분명한 표시를 한 차량을 길거리에서 세워서 타고 다녔다. 정부가 안전하다고 공인해 준 라이드 셰어링 교통수단이었던 것이다. 하지만 모바일폰 이용이 일상화 하면서 길거리에서도 택시를 호출할 수 있게 되었고, 택시가 호출되면 모바일폰에 내가 타야 할 택시번호를 알려 준다. 그런데 모바일폰으로 차량의 예약 · 지불이 가능해지고 운전자 및 승객에 대한 평가 등이 용이해져 점점 더 기존 택시의 안전성만큼이나 라이드 셰어링 서비스의 안전성도 확보되면서 택시와 라이드 셰어링의 경계가 사라지고 있다. 이 때문에 라이드 셰어링에 대한 수요는 점점 더 많아질 것이고 이에 따른 산업규모도 커질 것이라 예상할 수 있다.

지난 2013년 구글은 이스라엘의 내비게이션 스타트업, 웨이즈를 인수하였으며 인수 금액은 10억 달러가 넘는 것으로 추정된다. 웨이즈는 운전자들이 직접 사고, 도로, 교통정보 등을 올려서 공유하는 내비게이션 앱이다. 이후 웨이즈는 그림[7]처럼 기존의 서비스

7 **웨이즈로 카풀 등 교통정보 교환**
(출처 : 크리에이티브 커먼즈)

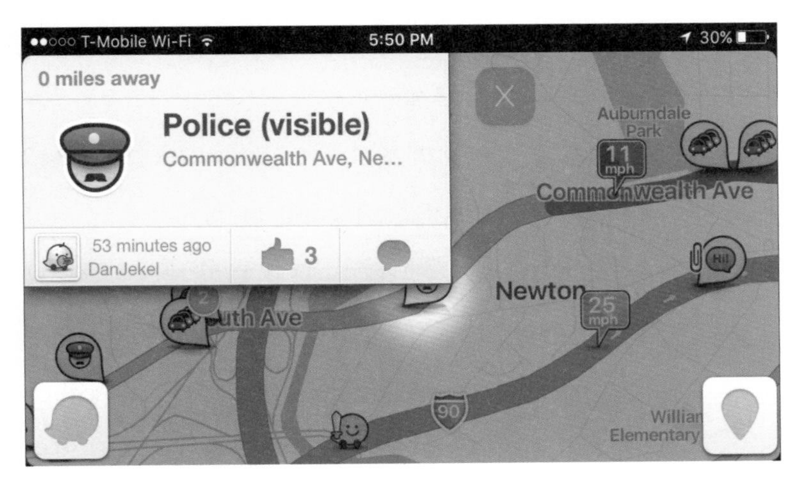

를 바탕으로 2015년부터는 카풀 시범 서비스를 시작하였다. 이용자가 가게 될 목적지 정보와 시간 정보를 웨이즈에 올리면, 같은 길을 가게 되는 동승자가 카풀서비스를 신청하고 비용을 지급하는 형태의 서비스이다. 구글은 2016년 9월부터 샌프란시스코를 시작으로 카풀서비스(Waze Carpool)를 공식적으로 상용화한다고 발표하였다. 목적지가 비슷한 사용자들이 카풀을 통해서 승차 공유 서비스를 이용할 수 있도록 하였으며, 대표적인 승차 공유 서비스인 우버보다 요금이 저렴한 것도 장점이 된다. 수익을 위한 서비스가 아닌 사용자들의 참여로 만들어지는 카풀 서비스를 표방하면서, 요금은 1마일당 54센트로 우버의 1마일당 1.15달러(우버엑스 기준)보다 저렴하다. 구글 이용자들의 참여가 늘어날수록 사고, 도로정보의 정확성도 높아지고, 내비게이션의 길 안내가 정확해지면서 주행시간도 빨라지게 된다. 앞으로 구글의 자율주행 자동차가 상용화되어 이 서비스에 추가된다면 또 하나의 주문형 교통 시스템 모델이 가능해질 것이다. 우버의 주문형 교통 시스템 모델과 같이, 개인의 자동차 소유와 대중교통이 사라지는 자율주행 자동차 기반의 차량 및 승차 공유 서비스가 펼쳐지게 될 것이다.

카셰어링 시장 역시 장기적으로는 차량 구매시장을 대체할 수 있을 것으로 보인다. 앞에서도 얘기한 것처럼 현재의 개인승용차는 가장 이용효율이 낮은 자산으로 평가되고 있다. 미국에서 승용차 한 대당 유지비용은 8,485달러로, 카셰어링 한 대가 승용차 13대를 대체할 경우 승용차 비용 절감효과는 연간 11만 달러로 추정되고 있다. 더구나 무인자동차가 상용화되면 개개인이 차량을 소유하고 유지관리 해야 할 이유가 없어질 가능성이 굉장히 높아질 것이다. 최근 한 연구 결과에 따르면 공유교통과 자율주행 기술이 접목되면 현재의 약 10% 차량으로 거의 모든 통행수요를 충족시킬 수 있을 것으로 분석된 바 있다. 아마도 그때가 되면 아침, 저녁 출근할 때는 아주 작은 1인승 차량을 이용하고, 주말에는 고급 승용차를 예약해 교외로 가족나들이를 가는 시대가 올 수도 있을 것이다. 이런 공유교통의 발전 정도는 정부의 정책적 지원과 긴밀한 관련성을 갖게 될 것이다. 즉, 공유교통이 자동차 이용 억제 등의 정책과 함께 시행될 경우 공유교통 서비스는 생활교통수단으로 정착될 수도 있을 것이다. 이에 따라 이미 GM(General Motors), 폴크스바겐, Daimler, BMW 등 영향력 있는 자동차 업체들이 시장 진출을 준비 중인 것으로 알려지고 있다. 현재 차량공유서비스의 수익은

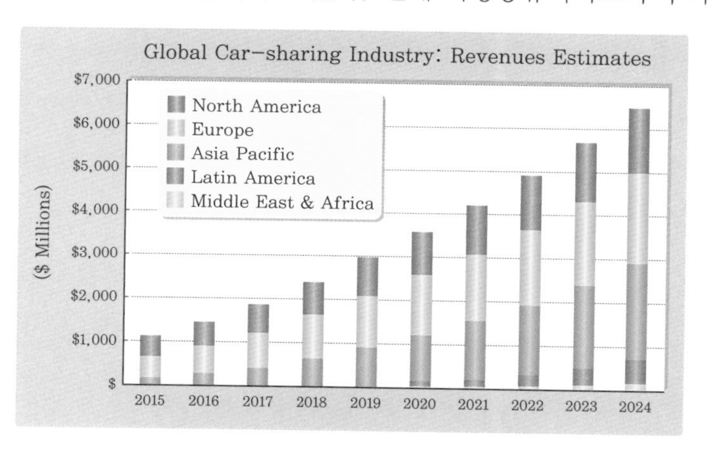

8 글로벌 카셰어링 매출성장 추정
(출처 : Market Realist, Navigant Research)

자동차 산업에서 미미한 수준이지만 지속적으로 높은 성장률을 기록하고 있으며, 미래 자동차 산업에서 중요한 사업이 될 것으로 전망하고 있다. 그림[8]에서 볼 수 있는 것처럼 2015년 약 11억 달러 규모였던 차량공유서비스 시장은 2024년 65억 달러 규모까지 성장할 것으로 전망되고 있다.

공유교통 사업이 성공하려면 채찍과 당근이 적절히 주어져야 한다. 채찍이란 개인의 자동차 소유 자체를 원천적으로 억제하기 위한 정책을 말한다. 이미 세계의 주요 도시들은 도심에 주차장을 더는 만들지 않음으로써 도심에 차를 끌고 들어오는 것을 어렵게 만들고 있으며 도심 주차비용을 올리고 주차장 위치에 따라 요금차이를 주고 있다. 당근은 공유교통서비스에 대한 의식 개선이다. 만일 시민들이 자율주행하는 전기차를 공유한다면 공유교통은 최첨단 서비스라는 인식이 생겨날 것이다. 또한 출퇴근 시간대 대량의 통행수요를 위해서는 개인화된 대중교통수단(Personalized Public Transit) 개발에 박차를 가해 시민들이 개인적으로 차량을 소유할 필요를 느끼지 않도록 해줘야 한다. 또 다른 당근은 민간기업체에 대한 지원이다. 공유교통수단으로서 전기차를 구입하는 경우에는 구입비용을 지원하고, 운영하는 경우에는 공용주차장 이용료를 면제해주는 등의 혜택을 줄 필요하다. 주차장 공유서비스 같은 경우에는 주차장 주변 도로 위에 불법주차한 차량들에 대한 철저한 단속과 높은 과태료 부과가 전제되지 않으면 이 또한 활성화되기 어려울 것이다.

그러나 이 모든 것에도 불구하고 실시간으로 라이딩 셰어를 하는 데 가장 큰 장애는 안전과 개인정보의 유출에 대한 염려가 될 것이다. 실제로 본부나 운영센터에서 제공하는 운전자에 대한 정보,

탑승자에 대한 정보만을 믿고 낯선 사람들이 함께 차를 타야 하는 것은 어떤 사람들에게는 모험이 될 수도 있다. 드물지만 간간이 뉴스에서 우버택시의 운전자가 범죄자로 돌변했다거나, 술 취한 탑승객이 우버택시 운전자를 폭행했다는 등의 얘기를 들을 수 있다. 물론 이런 안전보장은 더 철저한 방법(본부와 연결된 CCTV, 경찰차와 연결된 비상벨 등)으로 줄일 수 있겠지만 안전도를 높일수록 운전자와 탑승객의 개인정보는 투명한 유리 속의 물건들처럼 더욱 선명하게 드러날 수밖에 없게 된다는 것이 가장 큰 우려이기도 하다. 만에 하나라도 1984년에 나온 조지 오웰의 소설 "빅브라더" 같은 인물이 등장해서 개인의 정보를 통제하려 든다면 지금 우리가 논의하고 있는 미래형 동적 라이드 셰어링은 인류의 교통문제를 해결해 줄 수 있는 구원자가 아니라 아마도 인류를 옴짝달싹 못하게 옭아맬 새로운 재앙이 될 것임에 분명하다.

인류라는 존재는 완벽하지 않아서 인류가 고안한 대부분의 것들은 명암을 갖는 불완전한 것들로 만들어지기 일쑤라는 것을 겸손히 인정해야만 한다. 예컨대 원자력처럼 평화롭게 쓰일 때는 가장 강력한 에너지원이 될 수 있지만 전쟁 무기가 되면 인류를 송두리째 멸망시킬 수도 있다는 것을 잊지 말고 지속적으로 공유교통의 적절한 적용방안을 고민해야 할 것이다.

세계 최초의 교통수단

세계에서 가장 빠른 자동차, 세계에서 가장 큰 여객기…. 이런 기록들은 언젠가는 깨지게 되어 있으며 도전의 목표이다. 하지만 '최초'는 깨어지지 않는 기록으로 영원하다. 오직 한번만 존재하기 때문이다. 이 최초로 인해서 기록이 생겨나고 깨어지고 발전해 나간다. 세계 최초의 자동차 개발이 없었다면 지능형자동차, 하이브리드 자동차, 이를 뒷받침하는 운영시스템 역시 존재하지 않았을 것이다.

| 자동차, 버스, 택시 | 자동차의 정의를 어떻게 하느냐에 따라 달라질 수 있겠지만 1480년경 레오나르도 다빈치는 태엽과 스프링을 동력원으로 하는 자동차 설계도면을 만들었다고 한다.

세계 최초의 자동차(증기기관)(출처 : 크리에이티브 커먼즈)

세계 최초의 자동차는 1769년 프랑스의 군인이자 기술자인 니콜라 조제프 퀴뇨가 프랑스군의 포차(砲車)를 견인하기 위한 시속 5km의 3륜 증기기관 자동차이다. 그런데 이 불안정한 차량은 전복되어 제1호 교통사고를 내고 말았다. 이후 영국의 리처드 트레비틱이 증기엔진 자동차를 만들어 1801년 시속 13km로 시운전에 성공하였다. 세계 최초의 휘발유 자동차는 독일의 카를 벤츠가 1885년 개발한 3륜 자동차로 최고 시속 16km를 기록하였다. 디젤엔진은 1894년 독일의 루돌프 디젤이 자신의 이름을 따서 발명하였다.

| 오토바이, 스쿠터, 자전거 | 세계 최초의 오토바이는 1885년 독일의 빌헬름 마이바흐와 고틀리브 다임러에 의해서 개발되었다. 휘발유 내연기관을 장착하였으며 시속 12km로 주행할 수 있었다. 스쿠터는 원래 한쪽 발로 올라서고 다른 한쪽 발로 땅을 차면서 달리는 어린이용 외발 롤러스케이트였다. 1902년 프랑스에서 나온 모터달린 안락의자라는 뜻의 '오토포퇴유'는 작은 바퀴와 방패형 보호대가 있어서 앉아서 운전할 수 있었다.

세계 최초의 오토바이(출처 : 크리에이티브 커먼즈)

현대 자전거의 효시는 1790년경 프랑스의 콩트 메데 드 시브락이 나무틀에 두 개의 바퀴를 달아 발명한 '셀레리페리'이다 이를 1817년 프러시아 사람인 바론 칼 프리드리히 크리스티안 루트비히 드라이스 폰 사베르브룬이 독일의 발명가 카를 폰 드라이스 이름을 따 '드라이지네'로 재발명하였다.

세계 최초의 자전거(출처 : 위키미디어)

세계의 독특하고 재미있는 교통이야기

세계에는 사회 · 문화에 따라서 잘 알지 못하는 교통 약속도 있고 독특한 제스처, 예절, 상식 등이 있다. 여기에서는 독자에 따라 익히 알고 있는 내용도 있지만 '이런 의미도 있었네', '다른 나라의 교통문화는 조금 다르네' 하는 내용들을 소개해 보고자 한다.

| 영국의 택시는 유턴을 자유자재로? | 블랙캡이라는 애칭으로 더 유명한 런던의 택시는 다른 차량과는 달리 유턴규제가 완화되어 있어서 아주 특별한 곳을 제외하고는 어디에서나 유턴할 수가 있다. 손님을 배려하기 위해서라고 한다. 반면에 인원이 많거나 행선지가 맞지 않으면 탑승이 거부되기도 하는데 승차거부는 불법이 아니라고 한다.

| 나라에 따라 상향전조등의 의미가 다르다 | 우리나라에서는 운전자가 상향전조등을 켜면 과거에는 전방에 경찰단속이나 교통사고 등의 위험요소가 있으니 주의하라는 운전자들만의 '신호'였으나 요즘에는 보통 '내가 화났다', '끼어들지 말라' 등과 같이 부정적인 의미로 사용된다.

그런데 영국에서는 상향전조등을 깜빡거리면 양보의 의미이다. 예를 들어 회전을 위해 방향지시등을 켜고 기다리고 있을 때 상대방이 상향전조등을 깜빡거리면 '내가 양보할 테니 가도 좋습니다'라는 의미이다. 우리나라와는 반대의 의미인 것이다.

| 사우디아라비아와 예멘에서는 여성운전이 금지 | 사우디아라비아와 예멘 등 일부 이슬람국가에서는 여성운전을 금지하고 있다. 그래서 사우디아라비아의 여성들은 막대한 비용을 들여 운전사를 고용하거나 남성 친척들이 운전하는 차를 이용해야 하는 불편을 겪고 있다. 너무나 운전이 하고 싶은 이 나라의 공주는 다른 나라에 가서 운전을 했다는 후문도 있다. 원래는 여성운전이 허용되었으나 1990년 남성권위주의에 항의해 시위를 벌인 뒤 여성운전금지법이 제정되었다고 한다. 그런데 이웃나라인 이란에서는 여성운전이 허용될 뿐 아니라 여성운전택시까지 있다. 그런데 지금은 여성운전금지가 서서히 사라져가는 분위기가 조성되고 있다고 한다.

| 러시아 택시는 다 불법차량? | 러시아의 수도 모스크바 택시의 약 90%는 미등록 또는 불법차량이라고 한다. 택시를 잡기 위해서는 길가에 손만 들고 있으면 지나가는 차들이 알아서 선다. 그리고 요금협상을 한다. 서로 간의 요금이 맞으면 타는 거고 그렇지 않으면 계속 기다린다. 일부이겠지만 심지어 경찰차도 흥정의 대열에 합류하는 경우도 있다고 한다. 물론 정식으로 미터기를 달고 영업을 하는 택시도 있지만 생각보다 요금이 비싸서 미터기를 끄고 흥정을 하기도 한다.

러시아 모스크바 시내의 택시(출처 : 크리에이티브 커먼즈)

chapter 7

경제와 통하는 물류이야기

경제와 통하는 물류

물류, 어떻게 발전되어 왔나?

경제활동은 생산활동, 소비활동 그리고 생산과 소비를 연결하는 유통활동으로 이루어진다. 1차, 2차 산업에서 생산된 물자는 다양한 유통채널을 통해 구매기업과 소비자에게 전달된다. 이 과정에서 물자나 제품의 판매와 같은 상거래활동과 이들의 이동과 보관을 위한 물류활동이 이루어지게 된다.

| 물류, 전쟁과 교역의 역사 | 물류(物流)는 기본적으로 물자의 이동과 보관에 관련된 활동이다. 예로부터 전쟁이나 육상, 해상을 통한 상품 교역을 지원하기 위한 목적으로 물류가 발전하여 왔다. 고대로부터 대규모 원정(遠征)에서 군대에 적기에 무기나 식량을 보급하는 것

1 물류의 역사

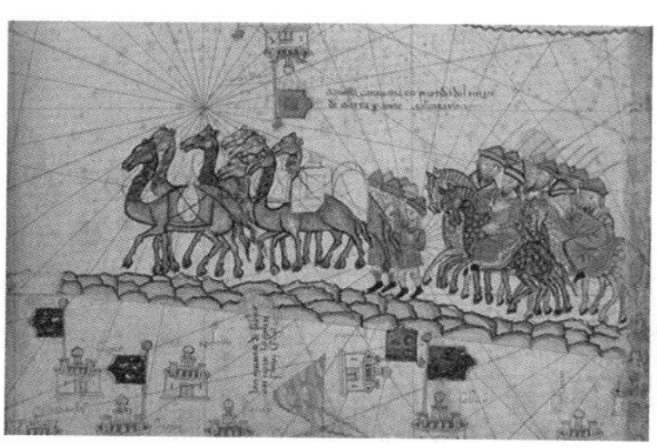

실크로드(출처 : 위키피디아)

대항해시대(출처 : 위키피디아)

은 전쟁의 승패를 좌우하는 중요한 요소였다. 이후 중국과 유럽을 연결하였던 실크로드의 형성이나 15세기부터 유럽과 아시아를 연결하는 해상 교역로 확보를 위해 치열하게 경쟁하였던 대항해시대 또한 그 핵심은 물류 루트의 확보였다. 유럽과 아시아 간 교역의 역사는 특산품의 교역을 위한 물류의 역사라고도 말할 수 있다.

물류라는 용어는 과연 언제, 어디에서 유래되었을까? 물류의 역사는 전쟁과 많은 관련을 가지고 있다. 전쟁을 위해서는 군사의 이동에 따라 무기와 물자를 보급하고 이를 관리할 필요가 있었기 때문이다. 고대 그리스, 로마, 비잔틴제국시대에 'Logistikas'라고 불리는 전쟁을 위한 물자와 자금을 담당하는 장교들이 있었다는 기록이 있다. 이후 프랑스 나폴레옹시대 병참(兵站)을 담당하는 장교와 부대의 명칭에 'Logistique'라는 용어를 처음으로 사용하였다. 이 'Logistique'가 현재 물류를 지칭하는 영문용어인 'Logistics(로지스틱스)'로 발전하였다는 것이 가장 보편적인 견해이다.

| 물류, 기업경영에 도입되다 | 이처럼 물류란 본래 군사학 용어로서 군사작전을 수행하기 위해 필요한 군수품의 보급과 관리를 위한 병참

눈이 번쩍 뜨이는 **교통이야기**

앙리 조미니의 전쟁술(The Art of War)

물류의 프랑스어인 'Logistique'는 1838년 나폴레옹 시대 프랑스 군 장성으로 활동하였던 앙리 조미니(Antoine-Henri Jomini)가 저술한 『전쟁술』(The Art of War)에 처음 등장한 것으로 알려져 있다. 이 책에서 조미니는 'Logistique'가 병참을 담당하는 군사적 기능이라고 기술하고 그 역할에 대해 설명하였다. 이 책은 1862년 미국 공병단 장교였던 멘델과 크레이그힐에 의해 영어로 번역되었으며, 여기에서 물류를 지칭하는 영문용어인 'Logistics'가 명확하게 사용되었다. 이후 미국 군사학교들이 이 책을 교재로 채택하면서 용어와 개념이 널리 보급되기 시작하였다.

앙리 조미니(출처 : 위키피디아)

활동을 가리키는 용어에서 출발하였다. 이후 물류의 개념이 기업물류개선에 본격적으로 도입되면서 기업물류(business logistics)라는 새로운 영역으로 발전하게 되었다.

물류가 기업경영에 본격적으로 도입된 시기는 1960년대부터이다. 현대 경영학의 거장인 피터 드러커(Peter Drucker)가 1962년 "포춘(Fortune)"지에 기고한 '경제의 암흑대륙(The Economy's Dark Continent)'에서 처음으로 경제에서 물류의 중요성을 역설하였다. 같은 해 도널드 파커(Donald Parker)는 물류를 기업의 '비용절감을 위한 최후의 미개척 분야'라고 주장하였는데, 기업들이 이 주장에 공감하면서 물류가 기업의 비용절감과 경쟁력 제고를 위해 널리 도입되었다. 이후 물류관리는 점차 생산이나 판매와 같은 기업의 전통적인 활동과 함께 중요한 관리 대상으로 자리 잡게 되었다.

현재 우리가 사용하고 있는 물류(物流)라는 용어는 로지스틱스의 일본식 표현인 물적유통(物的流通, physical distribution)의 줄임말이다. 우리나라는 물류와 함께 영문용어인 로지스틱스를 병행해서 쓰고 있다.

| 물류… 혁신의 역사 | 물류산업은 기본적으로 운송기술의 등장과 함께 발전의 맥을 같이 해 왔다. 선박은 해상운송 산업을, 자동차의 발명은 자동차운송 산업을 그리고 항공기의 등장으로 항공운송 산업이 형성되었다. 교통산업도 같은 과정을 거쳐 발전하여 왔다.

운송수단별로 형성된 운송서비스는 주로 연결성과 경제성을 추구하면서 발전해 왔다. 시장 점유율을 높이기 위해 사업자들은 꾸준히 운송 네트워크를 확장해 왔으며, 규모의 경제(economy of scale)를 통한 원가 경쟁력을 높이기 위해 운송수단의 대형화를 꾸준히 추구해 왔다. 예를 들어, 현재 운영 중인 컨테이너 선박 중에서 규모가 가장 큰 선박은 컨테이너를 2만 개나 실을 수 있으며 그 크기가 축구장 4개를 합친 것과 맞먹는다.

한편 수단별로 발전된 운송서비스는 약점을 가지고 있다. 바로 화물을 다른 수단으로 옮길 때(이를 환적이라고 한다) 시간과 비용이 많이 든다는 점이다. 경제활동이 글로벌화되면서 국제무역은 활발해진다. 육상으로 운송한 화물을 항만에서 다시 선박에 실어 다른 나라로 이동해야 하고 다른 나라에 도착한 화물은 다시 선박에서 내려 육상으로 목적지까지 운송하는 과정을 거치게 된다. 국제운송 과정에서 화물을 여러 번 환적하게 되는데 소요되는 시간과 비용 문제를 해소하기 위해 보다 표준화된 운송용기의 활용이 필요하게 되었다. 이때 등장한 것이 컨테이너(container) 운송이다.

컨테이너의 등장과 확산으로 국제물류는 여러 운송수단을 연결

눈이 번쩍 뜨이는 **교통이야기**

컨테이너의 발명

컨테이너는 복합운송에 사용되는 국제적으로 표준화된 운송용기이다. 1950년대 중반 미국에서 트럭운송 회사를 운영하고 있던 말콤 맥린(Malcom McLean)은 육상과 해상에서 함께 사용할 수 있는 운송용기를 개발하기 시작하였다. 개발의 결과, 오늘날의 국제표준보다는 작은 10피트 길이의 철제 컨테이너를 개발하여 특허를 취득하였다. 맥린은 컨테이너 개발과 함께 2차 세계 대전 당시 사용되었던 유조선을 컨테이너선으로 개조하였다. 마침내 1956년 4월 26일 'Ideal X'로 명명된 세계 최초의 컨테이너선은 58개의 컨테이너를 싣고 뉴왁크(Newark)에서 휴스톤(Houston)까지 역사적 운항을 하게 된다. 이 작은 철제 컨테이너 박스는 환적에 따른 시간과 비용을 크게 절감시키면서, 물류의 대변혁을 가져오게 되며, 물류 역사상 가장 혁신적인 발명의 하나로 불리게 된다.

말콤 맥린과 화물컨테이너 운송(출처 : 위키피디아)

해상 컨테이너(출처 : Pixabay)

하는 복합운송(intermodal transportation)이라는 새로운 부흥기를 맞이하게 된다. 컨테이너의 장점을 활용한 해상과 육상을 연결하는 복합운송이 표준적인 국제물류 서비스로 자리 잡게 되고, 글로벌 서비스를 제공하는 물류기업들이 속속 등장하게 된다. 이후 컨테이너선이 점차 대형화되면서 수심이 충분하고 배후에 대규모 생산지나 소비지를 갖춘 항만들이 허브 항만으로 성장하고 허브 항만이 되기 위한 국가 간 경쟁도 치열해지고 있다.

컨테이너의 등장 이후 물류혁신을 주도한 것은 컴퓨터와 정보통신기술의 활용이다. 물류관리에서 상품의 흐름 못지않게 중요한 것이 정보의 흐름이다. 운송 과정에는 다양한 서류가 요구되는데 정보통신기술이 발전하지 않았던 시기에는 이들 서류의 송수신이 우편이나 팩스로 이루어졌고, 정보의 입력과 재입력이 수작업으로 이루어져 많은 오류가 발생하는 불편이 있었다. 전자문서교환(Electronic Data Interchange, EDI)은 컴퓨터와 컴퓨터 간 표준화된 전자문서를 교환하는 방식으로 이 시스템의 도입을 통해 훨씬 낮은 비용으로 정확한 물류정보의 전달이 가능해졌다.

바코드(barcode)는 컨테이너 못지않게 물류의 대혁신을 가져온 발명의 하나이다. 지금은 모든 상품에 부착되어 있어 생활 속에서 친숙하게 된 바코드는 1950년대 영화필름에 음향을 덧붙이는 사운드트랙 기술과 메시지 전달용 모스 부호(Morse Code)에서 착안

표준 바코드(출처 : 위키피디아)

바코드가 부착된 상품(출처 : 위키피디아)

2 물류와 바코드

하여 개발된 코드 체계이다. 이 기술은 상품 품목별로 고유한 일련 번호를 부여할 수 있는 기반을 만들었다. 특히 매장이나 창고에서 취합된 바코드 정보를 통해 상품의 판매 및 재고를 실시간으로 보다 정확하게 관리할 수 있도록 만들었으며, 유통산업과 물류운영 전반에 혁신을 가져오게 된다. 또한 이후 운송관리나 창고관리 등 물류운영을 지원하는 다양한 상업용 소프트웨어들이 보급되면서 물류운영이 정보기술을 활용, 보다 과학화되는 전기를 맞이하게 된다.

1960년대 도요타 자동차는 기존의 대량생산 중심의 포드 생산방식을 획기적으로 개선한 칸반(Kanban, 看板) 시스템을 도입하였다. 도요타 생산방식 또는 적시생산(Just-in-Time, JIT) 방식으로도 알려진 이 개념은 다품종 소량생산이라는 새로운 생산 환경에 부합하고 시스템 내 재고를 획기적으로 절감할 수 있다는 장점이 알려지면서 이후 전 세계 기업들로 급속히 확산된다. 이 생산방식의 도입은 기존 보편적으로 이루어져 왔던 예측에 기반을 둔 대량생산이 아니라 필요한 제품을 필요한 만큼만 생산함으로써 시스템 내 불필요한 낭비요인들을 효과적으로 제거하고 비용 절감을 가능하게 만든다. 지금은 대부분의 기업들이 정도의 차이는 있겠지만 이 개념을 도입하고 있으며, 물류분야에도 널리 활용되고 있다.

물류, 왜 필요한가?

| 생산과 소비의 연결 | 경제활동의 촉진을 위해서는 생산과 소비가 활발하게 이루어져야 한다. 이때 생산과 소비를 연결하는 기능이 유통(distribution)이다.

유통은 기능적으로 상거래 기능과 물류 기능으로 구분되며 이를 상적유통, 물적유통이라고 구분하기도 한다. 상거래 기능은 제품이나 서비스의 소유권을 판매자에게서 구매자로 이전시키는 기능이다. 제품에 대한 소유권이 이전되더라도 제품이 구매자에게 물리적으로 전달되는 것은 아니다. 물류는 상거래의 결과로 발생하는 제품의 이동이나 보관에 대한 수요를 충족시켜 줌으로써 유통 기능을 완결시키는 역할을 한다. 즉, 생산과 소비의 연결이 완성되기 위해서는 상거래와 함께 물류활동이 이루어져야 한다. 부품이나 원자재의 생산과 소비를 연결하는 기능인 조달과 구매에서도 물류는 동일한 역할을 한다.

| **경제적 효용의 창출** | 경제적 관점에서 효용(utility)이란 요구(want)나 필요(needs)를 충족하는 데 제품이나 서비스가 가질 수 있는 가치(value)나 유용성(usefulness)을 의미한다. 제품이나 서비스에 가치를 부가하는 경제적 효용에는 4가지 형태가 있다. 형태, 장소, 시간, 소유 효용이 여기에 포함된다. 일반적으로 형태 효용은 생산, 시간과 장소 효용은 물류, 소유 효용은 마케팅과 밀접한 관련이 있다.[1]

- 형태 효용(form utility): 형태 효용이란 제조, 생산, 조립 과정을 통해 재화에 가치를 부여하는 것을 의미한다. 예를 들어, 원자재가 미리 정해진 방식으로 조합되어 완제품으로 만들어 질 때 형태 효용이 발생한다. 음료회사가 시럽, 물, 이산화탄소를 조합해서 탄산음료를 만드는 경우가 여기에 해당한다. 제품의 형태를 변경함으로써 제품에 가지를 창출하게 된다.
- 장소 효용(place utility): 물류는 생산지로부터 수요가 있는 지점으로 재화를 이동함으로써 장소 효용을 창출한다. 물류

1 Coyle, Bardi and Langley, The Management of Business Logistics, 7th Edition, Thomson, 2003

는 시장의 물리적 경계를 확대하는 역할을 하며 이를 통해 제품에 경제적 가치를 부가하게 된다. 이러한 형태의 효용을 장소 효용이라고 한다. 물류는 주로 수송에 의해 장소 효용을 창출한다. 예를 들어, 농작물을 철도와 트럭을 통해 이를 필요로 하는 소비자가 있는 시장으로 가져감으로써 장소 효용이 창출된다. 장소 효용에 의한 시장 경계의 확대는 경쟁을 키우게 되고 이는 대개 가격 인하나 제품 가용성(product availability) 증대로 나타나게 된다.

– 시간 효용(time utility): 제품이나 서비스는 소비자가 필요로 하는 곳에 있어야 하지만 이와 함께 필요한 때에도 있어야 한다. 이를 시간 효용이라고 한다. 물류는 적절한 수준의 재고유지나 제품이나 서비스의 전략적 입지를 통해 시간 효용을 창출한다. 제조기업의 경우 모든 부품과 원자재가 적시에 공급될 때 비로소 생산라인이 가동될 수 있다. 매장에서도 고객이 원하는 시점에 필요한 제품이 있어야 한다.

– 소유 효용(possession utility): 소유 효용은 제품이나 서비스를 고객이 소유할 수 있도록 지원함으로써 발생하는 가치이다. 소유 효용은 제품이나 서비스의 판매 촉진에 관련된 마케팅 활동을 통해 창출된다. 판매 촉진이란, 고객과의 직접적 혹은 간접적인 접촉을 통해, 고객이 제품을 소유하려는 욕구를 키워주거나 서비스로부터 편익을 얻을 수 있도록 하는 제반 활동이라고 정의할 수 있다.

결론적으로 경제에서 물류의 기본적인 역할은 제품이나 서비스의 수요가 존재할 때 고객이 원하는 장소에 원하는 시간까지 제품이나 서비스를 구매와 사용이 가능하게 함으로써 장소 효용과 시간 효용을 창출하는 데 있다.

물류부문의 효율성은 경제 각 부문의 생산성과 밀접한 관련이 있다. 물류부문이 효율화되면 우선 상품과 서비스의 이동에 따른 비용과 시간이 줄어들게 된다. 노동, 자본과 마찬가지로 물류활동은 생산의 주요 투입요소이기 때문에, 물류비용은 상품과 서비스의 가격과 생산자의 이윤에 직접적으로 영향을 미치게 된다.

물류부문에 대한 적절한 투자는 물류시스템의 처리능력, 효율성, 신뢰성, 서비스를 증대시키고 이는 물류비용의 절감, 운송시간 및 리드타임(lead time)의 단축, 산업입지의 적정배치로 연결되어 궁극적으로 경제 각 부문의 생산성을 높여주게 된다. 이러한 생산성의 증대는 곧 국가와 산업의 경쟁력을 높여주는 원동력이 된다.

대부분의 국가들은 이러한 물류부문의 중요성을 일찍부터 깨닫고 보다 효율적인 물류시스템을 구축하기 위해 물류인프라에 대한 투자와 물류산업의 경쟁력 제고를 위해 노력해 오고 있다.

나아가 일부 국가들은 전략적 입지조건과 항만, 공항 등 우수한 인프라를 기반으로 지역경제권의 주변지역에 물류서비스를 제공함으로써 물류부문에서 새로운 부가가치를 창출하는 지역 물류중심지로 성장하기 위해 집중적인 노력을 기울이고 있다. 네덜란드, 싱가포르, 홍콩(중국), 두바이 등이 대표적인 사례이다.

그렇다면 물류활동에는 얼마나 많은 비용이 쓰이고 있을까? Armstrong and Associates 자료에 의하면 2015년 전 세계적으로 물류활동에 지출한 비용은 전 세계 GDP의 11.7%에 해당하는 연간 8조 6,615억 달러에 이르는 것으로 추정되고 있다. 주요 국가의 물류비 수준은 미국이 GDP 대비 8.2%, 독일이 8.8%, 일본이

8.5%, 우리나라는 이 보다 조금 높은 9% 수준으로, 아직 물류인프라와 시스템이 충분히 갖추어지지 않은 중국은 무려 18%에 이르는 것으로 나타나고 있다.

어떤 국가에서 상당히 높은 비용이 물류활동에 지출되면 이는 아직 이들 국가의 물류체계 전반에 상당한 개선의 여지가 있다는 것을 의미한다. 특히 국가별로 나타나는 물류비용 수준의 차이는 결국 글로벌 시장에서 국가 간 경쟁력의 차이를 초래하기 때문에, 기업 차원의 물류혁신과 함께 국가 차원에서도 물류관련 사회간접자본의 확충이나 제도적 개선과 같은 정책적 노력이 적극 요구되는 것이다.

물류시스템의 구성

| 물류시스템은 어떻게 구성되나? | 물류시스템의 구성요소를 운송시스템의 예를 통해 살펴보기로 한다. 운송활동이 이루어지는 운송시스템은 모드(mode), 링크(link), 노드(node), 운영(operation), 시장(Market)의 5가지 요소로 구성된다.

① 모드 혹은 운송수단(mode): 운송수단이란 자동차, 기차, 선박, 항공기 등 실제 물자를 공간적으로 이동하는 수송기기를 말한다.

② 링크 혹은 운송로(link): 운송로란 도로, 철도, 항로(航路), 항공로 등 물품을 적재한 운송수단의 흐름이 이루어지는 통행로(right-of-way)를 의미한다.

③ 노드 혹은 결절점(node): 결절점이란 항만, 공항, 철도역, 화물터미널, 물류센터 등 운송활동이 시작, 종료 혹은 교차하는 지점이나 관련 인프라를 의미한다.

④ 운영(operation): 운영이란 운송업체, 선사, 항공사 등 실제 운송행위를 담당하는 주체와 이들이 운송서비스를 제공하는 제반 프로세스를 의미한다.

⑤ 시장(market): 운송시장이란 운송수요에 대한 운송서비스의 공급이 이루어지는 시장으로, 공급자는 운송서비스를 제공하고 수요자는 운송서비스를 이용하는 대가로 운임을 지불하게 된다. 공정한 시장거래나 거래 활성화를 위해 정부가 규제나 지원을 통해 개입하기도 한다.

운송시스템은 선박, 자동차, 철도, 항공기와 같은 운송수단(mode) 기술의 발달에 따라 발전되어 왔다. 운송수단에 따라 고유한 운송로와 화물의 선적 · 환적이 이루어지는 결절점이 구축되는데 이를 운송 네트워크라고 부른다. 그리고 운송 네트워크를 이용하여 기업이나 개인의 화물을 이동하거나 저장하는 것을 사업으로 하는 운영주체들이 등장하고 발전하여 왔다. 이러한 사업자들이 모여 운송서비스의 공급자와 이용자 사이에 경제적 논리에 따라 거래

3 **운송수단의 종류**

화물자동차(출처 : 크리에이티브 커먼즈)

화물열차(출처 : 위키피디아)

컨테이너선(출처 : 위키피디아)

화물전용 항공기(출처 : 크리에이티브 커먼즈)

4 물류시설의 종류

물류센터(출처 : 위키피디아)

철도 컨테이너 야드(출처 : 위키피디아)

컨테이너 항만(출처 : 위키피디아)

공항 화물터미널(출처 : 크리에이티브 커먼즈)

가 이루어지는 고유한 시장을 형성하게 된다.

| 물류와 교통은 어떤 관계가 있을까? | 그렇다면 물류와 교통은 어떤 관계에 있을까? 기본적으로 교통은 기업의 물류활동이 원활하게 이루어질 수 있도록 인프라와 서비스를 제공하는 역할을 한다. 도로, 철도, 항만, 공항과 같은 교통 인프라를 충분히 갖추게 되면 기업들은 이러한 운송 네트워크를 통해 생산과 유통에 수반되는 물류활동을 보다 효율적으로 수행할 수 있게 된다. 따라서 산업과 국가의 경쟁력을 높이기 위해서는 충분하고 발달된 교통 인프라와 시스템을 구축하는 것이 중요하게 된다.

기업의 물류관리

| 기업 물류관리의 진화 | 미국과 유럽 국가에서 기업 활동과 관련하여 물류의 중요성을 인식하기 시작한 시점은 1950년대 중반부터라고 볼 수 있다. 이 시기는 기업경영에서 마케팅의 중요성이 인식되고 그 개념이 학문적으로 정립된 시기였다. 그러나 이때까지도 기업은

물류문제보다는 구매문제에 더 관심을 가졌으며, 물류의 중요성이 널리 확산되지는 못하였다.

그러나 제2차 세계 대전 이후 빠르게 성장하던 경제가 침체기에 접어들고 기업이 장기불황에 빠져들면서 기업들은 생산성을 향상시킬 수 있는 새로운 접근방법을 모색하게 되었는데, 이때부터 물류부문이 비용절감을 이룰 수 있는 중요한 분야가 될 수 있다는 점이 인식되기 시작하였다.

이 시기에 들어서 1950년대에서 1970년대에 걸쳐서 형성된 물류의 개념과 원리가 실제 기업경영에 도입되었다. 아마도 물류가 기업경영에 본격적으로 도입된 가장 큰 동기는 1970년대 초에 있었던 석유파동 사태일 것이다. 이 당시 유가의 급등은 수송비용의 증가를 가져왔고 더불어 자본비용의 증가는 재고비용의 증가를 초래하였는데, 이로 인해 경영자들은 물류부문이 비용절감에 중요한 역할을 한다는 것을 인식하게 되었다.

물류의 개념과 원리가 발전하여 현재의 공급사슬관리가 등장하기까지의 발전 과정은 크게 다음과 같은 단계로 나누어 살펴볼 수 있다.

- 1960~70년대: 물적유통관리(Physical Distribution Management)
- 1980~90년대: 로지스틱스관리(Logistics Management)
- 2000년 이후: 공급사슬관리(Supply Chain Management, SCM)

| 물류의 관리 범위 | 현재 학계와 산업계에서 가장 많이 인용되고 있는 미국 로지스틱스 관리협의회(Council of Logistics Management,

CLM)에 의하면 물류(logistics)란 "고객의 요구를 충족시키기 위한 목적으로 발생지에서 소비지까지 원자재, 중간재, 완제품 및 관련 정보의 흐름과 저장이 효율적이고 비용 효과적으로 이루어지도록 계획, 실행, 통제하는 프로세스이다"라고 정의되고 있다.

이러한 물류에 대한 정의를 바탕으로 우리는 물류프로세스의 기본적인 목표, 대상, 범위, 활동 등을 도출할 수 있고 물류관리자가 되기 위해 주로 어떤 분야의 지식습득이 필요한지도 추론해 볼 수 있다.

① 물류의 목표 _ 물류프로세스는 고객의 요구를 충족시킴으로써 고객가치를 창출하는 것을 목표로 하고 있다. 이는 기업이 물류관리를 통해 비용절감과 같은 단기적인 목표보다는 고객가치의 창출이라는 보다 장기적이고 전략적인 목표를 추구해야 한다는 것을 시사하고 있다.

물론 물류관리도 경영활동이기 때문에 일반기업이 추구하는 것과 같은 효율성과 효과성을 추구해야 된다. 물류비용의 절감은 물류관리의 단기적인 목적을 나타내는 대표적인 예가 될 수 있을 것이다.

② 물류의 흐름 _ 물류프로세스의 대표적인 흐름은 상품과 정보의 흐름이다. 최근에는 상품뿐만 아니라 서비스, 정보, 나아가 지식의 흐름까지를 포함하는 방향으로 그 범위가 확대되고 있다.

③ 물류의 범위 _ 물류프로세스의 범위는 공급지로부터의 원재료 구매, 생산지에서의 반제품 또는 완제품의 생산, 소비지로의 완제품 유통을 포괄한다. 따라서 물류프로세스는 기업의 구매, 생산 및 유통 프로세스와 밀접히 연결되어 관리되어야 한다.

물류 프로세스의 공간적 범위와 관련하여, 최근 기업 활동이 글로벌화하면서 국제적으로 물류활동이 활발해짐에 따라 국제물류에 대한 중요성이 커지고 있다. 국제물류는 국내물류에 비해 공간적으로 확대된 영역으로 구매, 생산, 유통활동이 국경을 초월하여 이루어진다. 따라서 상품의 이동과 관련한 수출입 및 통관절차, 운송경로 및 방법의 다양성, 법 · 제도 등 국내물류에 비해 훨씬 복잡하며 외부환경의 제약을 많이 받게 된다.

④ 물류의 주요 활동 _ 물류활동에는 기본적으로 상품의 흐름과 저장을 위한 활동이 포함된다. 상품의 흐름을 위해서는 운송활동이 필요하며, 다시 운송수단에 따라 도로운송, 철도운송, 해상운송, 항공운송 등으로 구분될 수 있다.

상품의 보관을 위해서는 재고관리 및 창고관리가 필요하다. 운송과 보관의 양끝에서 하역활동이 이루어지며, 운송, 보관, 하역의 효율성을 높이기 위해 필요한 것이 적절한 포장이다. 정보는 물류관리의 대상일 뿐만 아니라, 물류 프로세스 전반적인 효율성을 제고시키는 중요한 활동으로 최근 정보기술의 발전과 함께 그 중요성이 계속 커지고 있다.

| 물류활동의 기능 | 물류활동은 그 기능에 따라 운송, 보관, 하역, 포장, 정보, 유통가공 등으로 구분할 수 있다.

① 운송 _ 운송(또는 수송)이란 트럭, 철도, 선박, 항공기 등의 운송수단을 이용하여 물자를 공간적으로 이동시키는 것이다. 운송활동에 의해서 생산지와 수요지의 공간적 거리가 극복되어 장소적 효용을 창출한다.

② 보관 _ 보관이란 물자를 창고, 물류센터 등의 보관시설에 물리적으로 보관 · 관리하는 활동이다. 보관활동을 통해 생산과 소비 사이의 시간적 차이를 조정함으로써 시간적 효용을 창출한다.

③ 하역 _ 하역이란 운송과 보관의 접점에서 물품을 취급하는 활동으로 하역설비와 기기를 이용하여 물품을 상하 좌우로 이동시키는 활동이다.

④ 포장 _ 포장이란 물품의 운송, 보관, 취급, 사용 등에서 물품의 가치 및 상태를 보호하기 위하여 적절한 재료, 용기 등을 시행하는 기술 또는 시행한 상태라고 정의할 수 있다.

⑤ 물류정보 _ 물류에서 정보란 물류활동에 관련된 정보를 수집, 처리, 제공함으로써 각 활동들을 유기적으로 연결하고 결합하여 전체적인 물류관리를 효율적으로 수행하게 하는 정보시스템을 의미한다.

⑥ 유통가공 _ 유통가공이란 물류활동이 수행되는 과정에서 가공, 조립, 재포장 등 물품에 부가가치를 높이기 위한 활동이다. 이를 부가가치 물류(Value-Added Logistics) 활동이라 부르기도 한다.

| 물류와 관련된 주요 의사결정 | 물류계획은 물류분야 의사결정과 관련하여 '무엇을, 언제, 어떻게'라는 문제에 관한 해답을 구하려는 것으로 계획기간에 따라 전략적, 전술적, 운영 계획의 3단계로 이루어진다.[2]

전략적 계획은 계획기간이 1년 이상의 장기계획이며, 전술적 계획은 중간적인 계획기간으로 통상 1년 이하가 된다. 운영계획은 의사결정이 시간에 따라 혹은 매일 일어나야 하는 것으로 단기 의사결정에 속한다. 여기서 주된 관점은 전략적으로 계획된 물류채널을 통해 제품을 효율적이고 효과적으로 이동하는 것이다. 이러한 계획기간에 따른 의사결정문제의 예가 표5에 제시되어 있다.

2 Ballou, Ronald H., Business Logistics/Supply Chain Management, 5th Edition, Pearson, 2004.

의사결정 분야	계획기간		
	전략적	전술적	운영
입지	창고, 공장, 터미널의 수, 규모 및 위치		
재고	재고처의 위치 및 운영정책	안전재고 수준	주문량 및 주문시기
운송	수단선택	계절별 장비임차	경로설정(Routing), 배차(Dispatching)
주문처리	정보시스템 설계		주문 처리, 주문 충족, 미납(Back Orders) 처리
고객서비스	서비스 기준 설정	고객주문에 대한 우선순위 설정	긴급배송
창고	장비 선정, 창고 설계	계절별 창고임차	오더피킹(Order Picking), 재고 보충
구매	공급자-구매자 관계 설정	계약, 공급업체 선정, 선매(Forward Buying)	발주, 긴급조달

(출처 : Ballou 2004)

5 물류 분야 의사결정의 예

전자상거래가 새로운 물류시장을 만들고 있다

전자상거래로 대표되는 디지털 경제의 확산은 국제 비즈니스 환경의 급격한 변화를 초래하고 있다. 디지털 경제란 '인터넷 등의 전자상거래를 통해 상품과 서비스의 거래가 이루어지는 경제'(OECD)로 정의할 수 있다.

디지털 경제 확산의 대표적인 분야로 전자상거래시장의 성장을 들 수 있다. 글로벌 전자상거래의 확산은 유통업계와 물류산업의 사업 지형을 근본적으로 바꾸고 있다. 2016년 맥킨지(McKinsey) 보고서에 따르면 2020년 글로벌 B2C 전자상거래 시장 시장규모는 3.4조 달러 규모로 성장할 것으로 예측되고 있다. 특히 국경 간 전자상거래가 전체 시장의 29%를 점유할 것으로 전망된다.[3]

우리나라 전자상거래시장 또한 빠른 속도로 성장하고 있다. 우리나라 온라인 쇼핑시장은 2001~2015년 연평균 22% 성장한 것으

3 McKinsey, Digital Globalization, 2016. 3.

로 나타났다. 특히 모바일 쇼핑은 2013년에 비해 3.7배, 3년간 연평균 93.1%로 고속 성장하였으며 거래 비중 또한 전체 온라인 쇼핑의 45.4%에 달하는 것으로 나타났다. 소매 판매액 중 온라인 쇼핑 거래액 비중은 2015년 14.6%로 중국 11.7%, 일본 9.2%(2014년), 미국 7.3% 등에 비해 높게 나타나고 있다.[4]

전자상거래시장의 성장과 함께 국내 택배시장 또한 높은 성장세를 보이고 있다. 국내 택배물량은 2001년 2억 개에서 2015년 18

눈이 번쩍 뜨이는 **교통이야기**

아마존(Amazon)의 성공과 물류 경쟁력

1995년 온라인 서점을 표방하면서 시장에 진출한 아마존(Amazon)은 혁신적인 비즈니스 플랫폼을 통해 지난 2015년 1,070억 달러의 매출을 달성한 대표적인 글로벌 전자상거래 기업이다. 아마존은 온라인 쇼핑을 지원하기 위한 정보인프라뿐만 아니라 배송을 위한 물류인프라에 대한 지속적인 투자를 통해 강력한 물류서비스 플랫폼을 구축하고 있다.

아마존은 현재 미국 160개(Fulfillment Center 75개, Sortation Center 25개, Prime Now Hub 59개)를 포함, 전 세계에 291개의 물류센터를 보유하고 있으며 전체 면적이 1억 1,110만ft^2에 달한다. 또한 물류센터의 운영프로세스 향상을 위해 2012년 무인 자동화 로봇 생산업체인 KIVA Systems를 7억 7,500만 달러에 인수하였다.

아마존은 기존 유통업체와의 차별화 전략으로 2002년부터 당시로서는 획기적인 무료배송 서비스를 도입하였다. 2005년부터는 회원제 무료배송 서비스인 'Amazon Prime'이라는 프로그램을 본격적으로 도입하였다. 2015년 현재 미국의 Amazon Prime 고객수는 5,400만 명에 달하며 Amazon은 2020년까지 미국 가구의 절반을 Amazon Prime 회원으로 가입시킨다는 목표로 관련 서비스를 강화하고 있다. Amazon Prime 가입 고객들에게는 구매 상품에 대해 무료 익일배송(2-day delivery) 서비스를 제공하고 있으며 Prime Now 서비스가 제공되는 지역의 경우 무료 2시간 배송 서비스를 제공하고 있다.

이러한 물류인프라에 대한 공격적인 투자와 무료배송 서비스 확대 등으로 2015년 기준으로 아마존은 물류운영에 매출의 10.8%에 달하는 115.4억 달러를 지출하고 있는 것으로 나타났다. 흥미로운 사실은 아마존이 물류부문에서 65.2억 달러의 수입도 창출하고 있다는 점이다. 아마존은 2006년부터 자사 웹사이트를 통해 상품을 판매하고 있는 판매기업들을 위한 물류서비스를 제공하고 이를 통해 물류부문에서 수익을 창출하고 있다. 아마존은 세계적인 전자상거래 기업이기도 하지만 동시에 세계적인 물류기업으로 변신을 도모하고 있다.

4 통계청, 통계로 본 온라인쇼핑 20년, 2016. 6.

억 개로 연평균 17.1% 성장한 것으로 나타났다.[5] 향후 전자상거래 시장의 지속적인 성장이 전망됨에 따라 택배서비스 시장도 함께 성장할 것으로 전망된다.

전자상거래 기업들의 도전과제 중 하나는 고객 측에서 이루어지는 수많은 주문을 효율적으로 충족시킬 수 있는 역량을 갖추는 것이다. 온라인 거래는 주문의 규모, 고객수요의 특성, 배송처의 집중도 등에서 오프라인 거래와 전혀 다른 특징을 가지고 있다. 특히 오프라인 거래에 비해 주문충족 프로세스의 효율성이 훨씬 중요한 요인으로 작용하게 된다.

이처럼 고객주문을 신속하고 효율적으로 충족할 수 있는 역량, 특히 라스트 마일 부문의 효율성 확보가 기존 오프라인 유통기업과의 경쟁을 위한 핵심 성공요인으로 꼽히면서, 전자상거래 기업들이 라스트 마일을 포함한 물류역량을 강화하는 데 집중적인 투자와 노력을 기울이고 있다. 또한 이는 오프라인과 온라인 유통기업 간 '배송전쟁'을 촉발하고 있다.

5 통합물류협회, 2016.

무역의 핵심요소, 국제물류

국제물류는 얼마나 중요한가?

상품의 국가 간 이동을 포함하는 국제물류 활동에는 여러 가지 중요한 기능이 있다. 첫째, 국제물류는 국제 간 상품의 생산과 소비를 연결하는 역할을 수행하고 생산능력과 소비능력을 증대시켜 관련 국가들의 생산자와 소비자들의 후생 증대에 기여한다. 둘째, 국제물류는 운송시간의 단축 및 적기인도 등을 통하여 외국고객에 대한 서비스 활동을 향상시킴으로써 신뢰감을 높이고 수요를 늘려서 기업매출 증대와 발전에 기여한다. 셋째, 국제물류는 생산과 수출뿐만 아니라 총비용이라는 측면에서 기업들의 이윤 원천 역할을 한다. 또한 국제물류는 수출입 물품의 최적유통과 물류비 절감을 추구하여 글로벌화 시대에 경제발전을 도모할 수 있게 한다.

우리나라는 1960년대부터 수출 등 무역을 통한 고도성장으로 중진국을 지나 현재는 선진국 진입을 눈앞에 두고 있다. 1960년에는 국가경제규모(GNP)에서 수출의 비중은 1%를 조금 넘고, 수입은 18%에 달했으나, 이후 수출 비중이 비약적으로 높아져서 2000년대에는 수출과 수입 비중이 모두 30%를 넘게 되었다. 많은 사람들은 우리나라의 고도성장과 산업화는 수출의 비약적 성장 덕분이라고 이야기하고 있다. 수출은 수출재화의 생산을 통해 고용을 늘리고, 외국의 선진기술을 도입하여 외국시장에서 우리 상품의 경쟁력을 높이는 계기를 만들었다, 또한 수출을 통해 벌어들인 외화로 국내투자와 소비를 위한 수입을 할 수 있었다.

우리나라의 최근 무역규모는 연 1조 달러를 넘어섰다. 2011년에 수출액 약 5,550억 달러, 수입액 약 5,240억 달러로서 무역규모 1조 달러를 넘어서서, 2014년까지 4년 연속 무역 1조 달러에 도달하였다. 2015년에는 세계경제의 경기침체에 따라 약 9,600억 달러로 축소되었으나, 여전히 큰 규모를 유지하고 있다. 수출액 규모를 기준으로 볼 때, 우리나라는 2008년 세계 12위, 2014년 세계 7위, 2015년에 세계 6위를 기록하는 등 무역대국의 위상을 유지하고 있다.

우리나라에서 무역이 갖는 국민경제적 의미는 고도성장의 견인차라는 것이다. 수출은 해외시장에서 경쟁을 해야 하므로 국내 산업구조를 고도화시킬 뿐만 아니라 수출을 위한 투자를 촉진시켜 고도성장을 가능하게 한다. 또한 수출의 대 GDP 비중이 높아지면서 수출의 직접적인 경제성장 기여도가 늘어나게 된다. 우리나라 경제성장에 대한 수출의 기여도를 살펴보면, 그림[1]에서 알 수 있듯이 글로벌 경기의 흐름에 따라 변화가 있었지만 큰 비중을 차지하

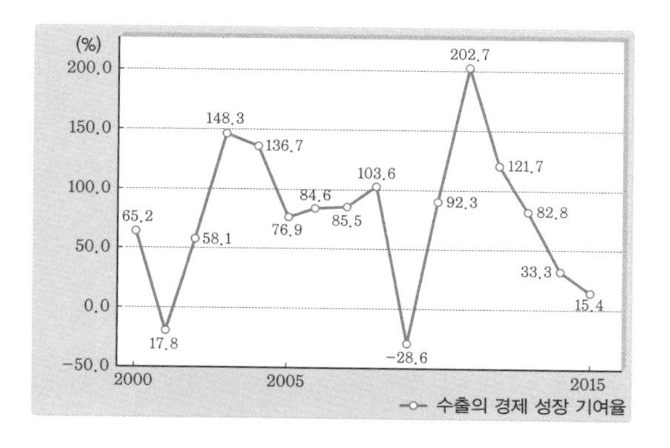

1 우리나라 수출의 경제성장 기여율 추이

여 왔다.

이처럼 무역이 경제성장에 높은 기여도를 유지할 수 있었던 것은 무역의 지속적 성장을 지원하는 국제물류시스템이 있었기 때문이다. 효율적인 국제물류활동이 없을 경우에는 수출 증대는 불가능할 것이다. 수출이 경제성장에 크게 기여한 것은 달리 말해 국제물류의 높은 경제성장 기여도라고 해도 무리가 없을 것이다.

국제물류의 절차는 어떻게 되는가?

어떤 상품의 국가 간 이동(수출 또는 수입 등 무역으로 나타남)이라는 국제물류 프로세스는 운송업무 이외에 수출입 계약, 통관, 은행 등 복잡한 업무가 수반된다. 따라서 국제물류 프로세스를 이해하기 위해서는 먼저 수출입 무역 업무에 대한 절차를 파악하고, 수출입 운송 절차를 이해하여야 한다.

수출 절차의 최초의 단계는 해외시장조사이다. 수출상(輸出商)은 특정 상품에 대한 거래선을 발굴한 후 계약을 체결한다. 외국의 수입상(輸入商)은 계약 내용에 따라 수출상을 수익자로 하는 신용장(Letter of Credit, LC)을 개설하고, 이를 수취한 수출상은 상호 합의내용에 따라 제품을 생산 및 가공하여 수출통관을 마친 후 운송인에게 인도하거나 또는 운송수단에 적재한다. 운송사에 화물을 인도한 다음 수출상은 신용장에서 요구하는 제반서류를 갖춰 거래은행에 매입을 의뢰한 후 수출대금을 회수하고 수출이행에 따른 관세 환급과 수출용 원자재의 사후관리를 받음으로써 일련의 수출입 절차는 완료된다.

참고로 신용장에서 요구하는 각종 서류를 살펴보면 다음과 같다.

• 선하증권(Bill of Lading) • 보험증권(Insurance Policy) • 상업송장(Commercial Invoice) • 영사 또는 세관송장(Consular and Customs Invoice)	• 포장명세서(Packing List) • 중량증명서(Certificate of Weight) • 원산지증명서(Certificate of Origin) • 검사증명서(Inspection Certificate) 등

한편, 수입 절차라 함은 수입상이 해외로부터 물품을 수입하기 위하여 수입대상품목의 거래처를 선정하여 수입계약을 체결한 후 수입승인(승인대상품목에 한함)을 받은 다음 수입신용장을 개설하고 해외의 수출상으로부터 물품선적 관련 서류 및 수입어음이 도착하면 수입대금을 지급하고 서류를 인도받아 수입통관 절차를 거쳐 물품을 수령하는 일련의 절차를 말한다.

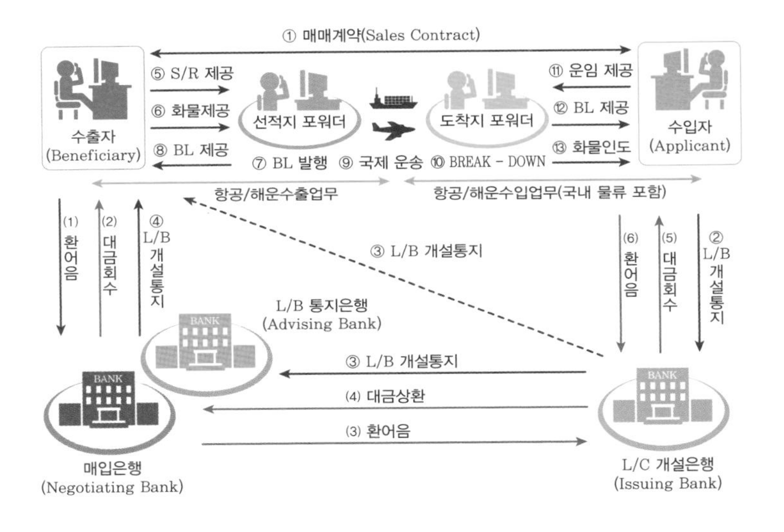

2 수출입 절차

이상에서 살펴본 복잡한 수출입 절차 중 수출입 화물에 대한 운송업무는 수출상이 제품을 생산 및 가공하여 수출통관을 마친 후, 운송사에 운송요청(shipping request)을 함으로써 시작된다. 일반적으로 수출입 화물은 컨테이너 운송과 벌크 운송으로 구분된다.

국제물류와 해상운송

해상운송(Shipping, Ocean Transportation)이란 선박이라는 운송

수단을 이용하여 해상에서 사람이나 화물을 운송하고 그 대가로서 운임을 받는 상업행위를 말한다. 운송의 기본적인 기능이 장소적 효율의 창출, 즉 효용이 낮은 곳에서 높은 곳으로 화물을 이동시키는 것이라고 할 때, 해운은 운송기능의 일환으로서 장소적 효용을 창출한다는 점에서 다른 운송활동과 유사하다.

해운시장은 크게 4가지로 구분할 수 있다. 바로 화물운송시장(freight market), 선박매매시장(sales and purchase market), 신조시장(new building market) 그리고 선박해체시장(demolition market) 등이다. 화물운송시장은 선박에 의한 화물수송의 대가로 운임을 받는 시장으로서 화물운송서비스가 시장에서 거래되는 상품이 되며, 나머지 3개 시장은 선박의 건조와 매매 및 해체에 관련된 시장으로서 선박 자체가 상품이 된다.

해운 경영자는 일반적으로 선박소유자인 선주로서, 해운영업을 통해 이윤을 추구한다. 하지만 세계 경제와 교역 및 해운경기의 흐름을 정확하게 판단하여 신규 선박의 발주와 중고 선박의 용선, 매

3 국제 해상운송의 개요

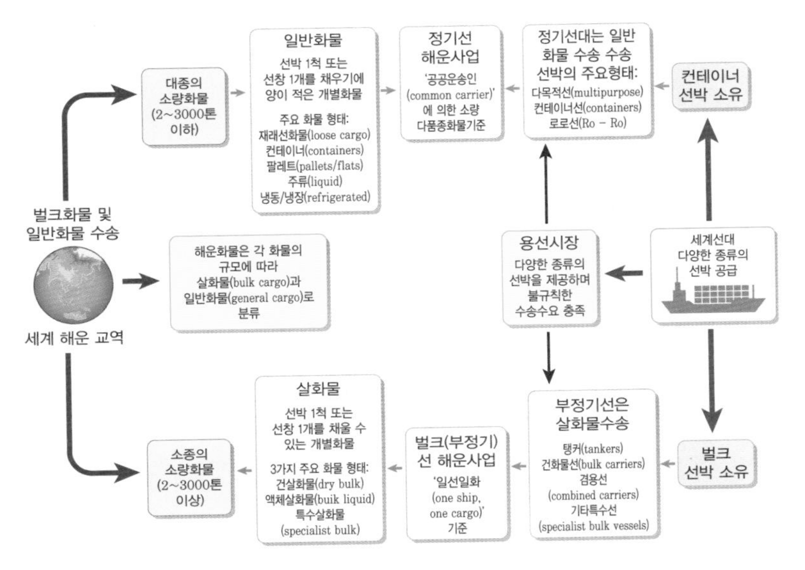

매 및 선박의 해체 등을 적기에 수행함으로써 이윤을 실현하기도 한다. 이러한 상황 때문에 앞에서 말한 4개의 해운시장은 서로 영향을 주고받는 것이 일반적이다. 이 chapter에서는 일반적인 해운의 개념에 부합하는 화물운송시장에 초점을 맞추어 논의를 진행한다.

해상화물운송시장은 크게 부정기선(tramping) 시장과 정기선(liner) 시장으로 분류된다. 부정기선 시장은 다시 건화물(dry bulk)과 액체화물(liquid bulk) 시장으로 구분되고, 정기선 시장은 일반화물(general cargo)과 컨테이너화물(container cargo) 시장으로 나뉜다.

국제물류와 항공운송

항공물류는 '항공화물운송서비스를 이용한 물류서비스'로 정의할 수 있다. 항공운송수단인 항공기를 이용하여 상품을 한 지점에서 다른 지점으로 운송하는 과정에서 제공되는 종합적인 물류서비스를 항공물류라고 할 수 있다.

항공물류는 해상이나 육상운송 등과 비교할 때, 운송시간이 짧아 신속성과 정시성을 보장할 수 있다는 특징이 있다. 현대사회의 경제활동에서 생산자와 소비자들은 신속한 서비스를 원하는데, 특히 부가가치가 큰 제품일수록 소비자는 빠른 배송을 원하는 경향이 있다. 따라서 기업의 경쟁력은 서비스의 신속성에 따라 달라질 수 있는 것이다.

또한 해상운송은 장기간의 운송에 따른 원형 변질, 파도 · 태풍 등에 의한 화물손상, 해수에 의한 침식 또는 부식의 가능성이 있는 반면, 항공운송은 운항시간의 단축으로 위험 발생률이 상대적으로 낮다. 이러한 측면에서 항공운송이 더 안정적인 서비스를 제공할 수 있는 것이다.

항공물류의 대상으로는 부가가치가 높은 상품이 주를 이룬다. 우리나라의 수출입 물동량의 경우 톤 기준으로는 약 99%를 해운이 담당하고 1% 정도를 항공운송이 담당한다. 그러나 가격기준으로 볼 때는 항공물류의 점유율이 약 30% 정도인데, 이는 항공물류가 높은 부가가치의 제품을 취급하고 있다는 뜻이다. 실제로 항공물류의 취급 품목들을 보면 첨단제품인 반도체, 무선통신기기, 컴퓨터, 영상기기 등이 전체 항공화물운송의 절반 정도를 차지하고 있다. 이 외에 정밀기계, 고급의류, 금속제품, 화학제품 및 합성수지 등이 항공물류의 주요 취급품목들이다.

항공물류는 크게 항공화물(freight), 특송화물(express), 우편물(mail) 등으로 분류할 수 있다. 더 세분하면 항공화물은 일반화물(general freight)과 특수화물(special freight)로 나뉠 수 있다. 여기에서 특수화물이란, 접수, 보관, 탑재 과정에서 특별한 주의를 필요로 하는 품목의 화물을 뜻한다. 위험물(dangerous goods), 살아 있는 동물(live animals), 중량 및 대형화물(heavy and out-

4 화물전용비행기
(출처 : 크리에이티브 커먼즈)

sized cargo), 부패성 화물(perishable goods), 유해화물(human remains), 귀중화물(valuable goods), 외교행낭(diplomatic pouch) 등이 해당한다.

국제물류와 복합운송

복합운송(multimodal transport, intermodal transport, combined transport)은 1980년대 이후 본격적으로 활용되기 시작한 운송형태이다. 복합운송은 육 · 해 · 공 전반에 걸쳐서 두 종류 이상의 서로 다른 운송수단을 이용하여 단일의 복합운송인(multimodal transport operator)이 복합운송증권(multimodal transport bill of lading)을 발행하여, 물품을 인수한 때로부터 인도할 때까지 전 운송구간에 대하여 단일의 일관운송책임을 지면서 단일의 복합운송운임률(multimodal transport rate)에 의해서 운송되는 형태이다.

국제 간 상품운송에서 선박의 가동률을 높이고 운송원가의 절감을 위해 개발된 컨테이너의 출현으로 화물취급 및 항만하역의 기계화가 가능하게 되었다. 이러한 여건 변화는 복합운송이라는 운송형태의 경제적 효용성을 증대시켰다. 복합운송의 도입으로 국제운송의 신속성, 안전성 및 경제성을 도모할 뿐만 아니라 육상, 해상 및 항공 운송 전반에 걸쳐 여러 가지 운송수단을 연결하는 운송방식이 발달하게 되었다. 이에 따라 국제물류에서 가장 이상적인 문전에서 문전까지의 서비스 체계가 이루어지게 되었다.

신속성, 안전성 및 경제성으로 대변되는 복합운송은 국제 컨테이너 운송의 지배적 형태로 자리 잡았다. 미국과 러시아 등의 랜드브리지 서비스(Land Bridge Service, 대륙횡단의 육상운송을 이용하여 바다와 바다를 연결하는 운송서비스)와 같은 대륙횡단 복합운송체제에서뿐만 아니라, 유럽 국가들과 개발도상국에서도 경제적이고 신속하며 편리한 서비스를 제공하는 대표적인 국제물류의 형태가 되었다.

국제복합운송은 '컨테이너에 의한 물품운송뿐만 아니라 컨테이너를 이용하지 않는 물품운송'을 모두 포함하는 개념으로서, 컨테이너를 이용하지 않는 플랜트, 강재, 공사용 자재, 견본시 상품 등의 화물이 현재에도 복합일관운송되고 있다. 그러나 컨테이너의 보급에 따라 도로 · 철도 · 해운 · 항공운송을 결합한 다양한 국제복합운송이 이루어지고 있다. 국제물품운송에서 컨테이너는 운송분야에 여러 가지 영향을 주었지만, 특히 문전에서 문전까지의 복합일관운송을 실현하는 데 커다란 공헌을 하였다.

물류기능의 핵심, 화물운송

화물운송이란?

우리나라의 경우 인터넷이나 마트에서 제품을 구매하면 몇 시간 또는 늦어도 하루 안에 제품을 집에서 받아 볼 수 있다. 일정 금액 이상을 구매하면 운송비용도 무료이다. 또한 다른 나라에서 생산, 판매되는 제품을 과거에 비해 훨씬 싼 가격으로 손쉽게 구매할 수 있게 되었다. 특히, 수입과일과 육류는 운송기간이 일반적으로 최소 2~3일에서 한 달 정도 걸리는 데도 신선도는 그대로 유지되어 우리 식탁에 오른다. 어떻게 이런 일이 가능한 것일까?

오늘날 화물운송시스템의 발달은 제조, 유통 및 무역 분야의 발전에 기여함으로써 개인의 삶의 질을 높일 뿐만 아니라, 기업의 경영효율성 및 국가 경쟁력 제고에 큰 도움을 주고 있다. 최근 첨단 정보통신기술의 발전으로 운송사는 고객에게 화물의 위치 및 상태에 대한 정보를 실시간으로 파악, 제공하고 있다. 이로써 화물의 공급사슬(supply chain)에서 물류관리의 가시성(visibility)을 확보하게 되어 보다 정확한 화물의 배송뿐만 아니라, 재고관리에 소요되는 비용을 줄이는 데 이바지하고 있다. 냉장냉동 기술의 발전은 일정한 온도관리가 요구되는 신선제품의 유통기한을 늘려주고, 기계화 · 자동화 기술의 발전은 많은 양의 화물을 단시간 내 처리할 수 있게 해 준다. 그 결과, 운송은 단순히 제품을 한 장소에서 다른 장소로 옮기는 기능 이외에 고객이 원하는 시간과 장소에 보다 빠르고 안전하게, 보다 저렴한 비용으로 제품을 전달하는 등 많은 가치를 창출하게 되었다.

여기에서는 물류학의 한 분야이고 물류관리의 핵심 기능 중 하나인 화물운송의 기본개념과 운송시스템을 구성하는 기본요소, 그리고 화물운송시스템 운영관련 기초이론과 최근 화물운송모델의 발전 방향에 대해 살펴보고자 한다.

화물운송이란 장소적 효용(utility)을 창출하기 위해 트럭, 철도, 선박, 항공기, 파이프라인 등의 운송수단을 이용하여 화물을 한 장소에서 다른 장소로 옮기는 물리적 행위로서, 재화의 공간적 이동에 의해 가치(value)를 창조하는 물류학의 한 분야이다.

오늘날 경제규모의 확대와 국제무역의 활성화로 재화의 이동범위가 전 세계로 넓어지고 있다. 따라서 운송의 목적은 보다 많은 화물을 최소의 비용으로 안전하고 신속하게 이동시키는 것을 기본 목적으로 하되, 고객이 요구하는 운송서비스에 대한 요구(needs, 니즈)를 최대한 만족시켜야 한다. 이와 같이 물류비용 절감과 대고객서비스 향상이라는 운송의 목적을 달성하기 위하여 시도되는 효율적 운송시스템의 구축은 기업의 경쟁력을 결정하는 주요 요인으로 인식되고 있다.

국내 운송 vs. 국제 운송
- 국내 운송 : 공장이나 자가 창고에서 최종소비자 또는 선적항까지 운송
- 국제 운송 : 선적항에서 타국의 도착항까지의 운송(통관절차 수반)

FLC(Full Container) vs. LCL(Less-than Container Load)
- FLC : 대형화물로서 컨테이너에 혼재하지 않고 운송하는 형태
- LCL : 서로 다른 소형화물을 컨테이너에 혼재하여 FLC로 만들어서 운송하는 형태

정형 운송 vs. 비정형(Bulk) 운송
- 정형 운송 : 컨테이너 등과 같이 화물을 단위(Unit)화 하여 운송하는 형태
- 비정형 운송 : 단위화시킬 수 없는 화물(곡류, 목재, 유류, 가스 등)을 특수한 시설과 구조를 갖춘 운송 수단으로 운송하는 형태(=벌크 운송)

정기 운송 vs. 비정기 운송
- 정기 운송 : 물동량에 상관없이 정해진 시간에 맞추어 운송 서비스가 제공되는 형태
- 비정기 운송 : 일정량의 물동량이 있을 때 운송 서비스가 제공되는 형태

단일 운송 vs. 복합 운송
- 단일 운송 : 출발지에서 도착지까지 하나의 운송 수단을 이용하는 운송 형태
- 복합 운송 : 두 가지 이상의 운송 수단을 이용해서 최적의 운송 경로로 운송하는 형태

물류비용 절감을 위한 핵심과제

물류시스템에서 효율적 운송관리가 얼마나 중요한지 이해하려면 먼저 물류비를 구성하는 비용항목과 구성비에 대해 살펴보아야 한다. 한국교통연구원에서 수행한 우리나라 국가물류비 추이 분석에 대한 연구결과를 살펴보면, 2013년 국가물류비는 145조 8,124억 원으로 산정되었다. 이는 국내총생산(Gross Domestic Product, GDP) 대비 국가물류비 비율이 10.2%를 차지하는 것으로, 국내에서 생산되는 제품의 원가에서 평균적으로 약 10% 정도가 물류비용이 차지하고 있음을 의미한다. 따라서 기업의 물류비용 절감은 그만큼 우리나라에서 생산된 제품의 대내외 경쟁력이 높아질 수 있음을 나타낸다. 1997년 처음으로 국가물류비를 산정했던 당시 약 17%대의 높은 물류비 비중을 고려하면, GDP 대비 국가물류비 비중은 지속적으로 감소추세를 나타내고 있고, 결과적으로 국내기업과 국가의 경쟁력이 과거에 비해 높아졌음을 알 수 있다.

국가물류비를 물류기능별로 살펴보면, 가장 높은 비중을 차지하고 있는 것은 수송비(국제화물운송비 제외)로서 2013년 기준 전체 물류비의 약 70%를 차지하였다. 2000년의 경우 수송비가 국가물류비 전체의 약 65%를 차지하였으며, 1990년 50.4%를 점한 이후 연평균 9.9%의 높은 증가율을 기록하면서 지속적으로 수송비의 비중이 증가하여 왔다. 국가물류비 중 수송비가 가장 높은 비중을 점하는 것은 선진외국의 경우도 마찬가지인데, 일본은 64.6%, 미국은 62.5%를 차지하는 것으로 보고되고 있으나, 우리나라의 경우 선진국에 비해 수송비 비중이 상대적으로 높은 수준임을 알 수 있다.

수송비 다음의 높은 물류비용 항목은 재고유지관리비로서 22.4%를 차지하고 있다. 그 비중은 2000년 25.8%에서 감소하는 추세를 나타내고 있다. 그밖에 포장비, 하역비, 물류정보비, 일반관리비 등의 비중은 2013년의 경우 모두 합하여도 약 8% 정도에 불과하며, 이들 기능별 물류비가 점하는 비중은 지난 5년간 크게 변화되지 않았다.

그동안의 우리나라 물류비 증가 추이 및 기능별 구성비 측면에

2 **기능별 국가물류비 추이 (국제 화물수송비 제외)**

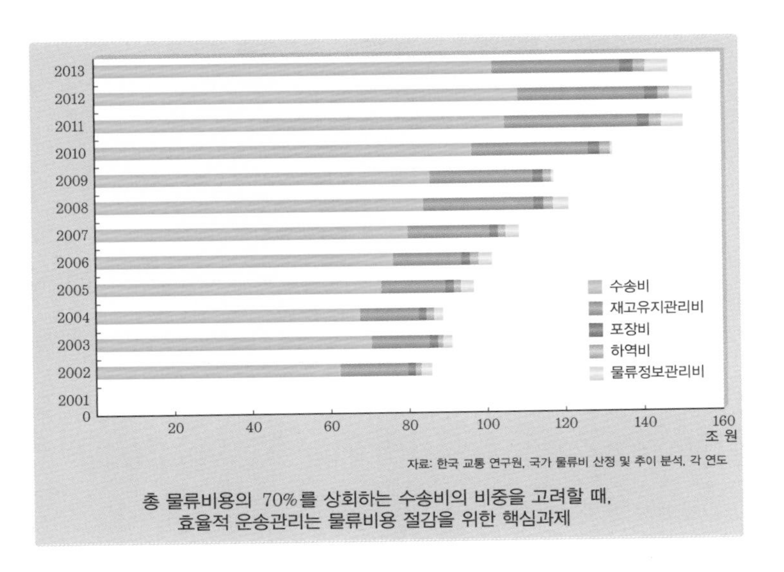

자료: 한국 교통 연구원, 국가 물류비 산정 및 추이 분석, 각 연도

총 물류비용의 70%를 상회하는 수송비의 비중을 고려할 때, 효율적 운송관리는 물류비용 절감을 위한 핵심과제

서 살펴볼 때, 기능별 국가물류비 중에서 가장 높은 비중을 차지하는 비용항목은 수송비임을 알 수 있다. 수송비는 국가물류비에서 연평균 증가율 측면에서도 전체 증가율을 크게 상회하고 있다. 이러한 연구결과는 물류비용 절감을 위하여 효율적 운송관리가 가장 중요한 핵심과제임을 의미한다.

화물운송수단은 어떻게 결정하나?

| 화물운송수단 특성 | 운송시스템은 크게 운송경로(link), 운송수단(mode), 연결점(node)로 구분된다. 운송경로는 도로, 철도, 해상항로, 항공로 등과 같이 운송수단의 운행에 이용되는 통로를 의미한다. 운송수단은 화물자동차, 열차, 선박, 항공기, 파이프라인 등과 같이 운송경로를 따라 화물을 운반하는 도구나 장비를 의미한다. 연결점은 화물의 집화 및 환적, 운송수단 간 중계 등이 이루어지는 장소나 시설을 의미한다.

* 운송경로(Link): 도로, 철도, 해상항로, 항공로 등 운송수단의 운행에 이용되는 통로
* 운송수단(Mode): 화물자동차, 열차, 선박, 항공기, 파이프라인 등
* 연결점(Node): 화물의 집화 및 운송수단 간 중계 등이 이루어지는 장소 또는 시설

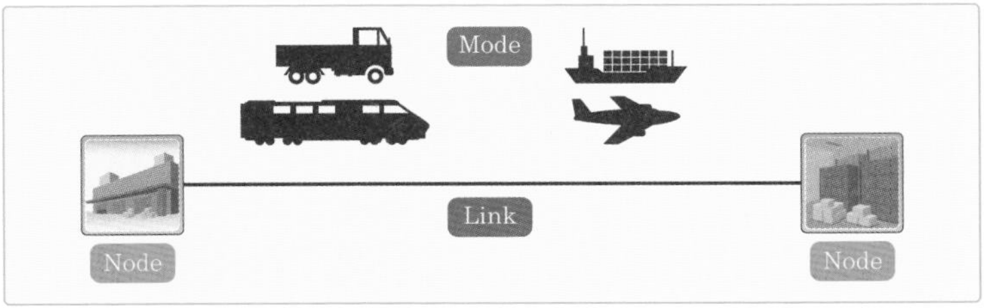

3 화물운송시스템의 구성요소

화물운송시스템의 구성요소 중 도로, 철도, 해상 및 항공 노선 등을 의미하는 운송경로(link)와 공항, 항만, 창고 등 물류시설을 포함하는 연결점(node)은 기업의 화물운송관리에서 대부분 경우 외부변수로 주어지기 때문에 여기에서는 운송수단(mode)을 중심으로 살펴보고자 한다.

화물운송수단은 각각 장 · 단점을 가지고 있다. 따라서 운송수단 선택 시 운송대상 화물의 특성 및 운송에 요구되는 조건(시간, 비용, 기타 서비스 등)을 고려하여 선택해야 한다. 표4는 일반적으로 판단되는 운송수단별 평가항목별 적합성을 개략적으로 정리한 것이다. 실질적으로 운송수단을 선택할 때는 보다 세밀한 분석과 판단이 요구된다.

4 화물운송수단별 특성 비교

구분	화물자동차	철도	선박	항공기	파이프라인
화물중량	소 · 중량	대량	대 · 중량	소 · 경량	대량
운송거리	중 · 근거리	중 · 원거리	원거리	원거리	근 · 중거리
운송비용	단거리 유리	중거리 유리	원거리 유리	고운임	저운임
기후 영향	조금 받음	별로 없음	많이 받음	매우 많이 받음	없음
안정성	조금 낮음	높음	낮음	낮음	높음
일관수송체제	용이	미흡	어려움	어려움	어려움
중량제한	있음	없음	없음	있음	없음
화물수취의 용이성	편리	불편	불편	불편	편리
운송시간	장기	장기	초장기	단기	보통
하역 및 포장비	보통	보통	고가	저렴	없음
운송원가 (c/ton-mile)	26.19	2.28	0.74	61.20	1.46

(출처 : Transportation in America, ENO Transportation Foundation, 2000)

| 화물운송수단 선택에 적용되는 경제원리 | 운송의 효율성과 관련하여 '규모의 경제(economy of scale)' 그리고 '거리의 경제(economy of distance)'와 같이 두 가지 기본적인 경제 원리를 적용할 수 있다.

화물운송에서 규모의 경제란 수송량을 키워 운송단위당 비용을 낮추는 것을 의미한다. 예를 들어 트레일러의 용량을 전부 활용하는 경우가 차량의 용량에 비해 적재량이 적은 경우보다 단위 무게(또는 부피)당 비용을 절감할 수 있다. 또한 철도나 선박처럼 대용량 수송이 트럭이나 항공기처럼 상대적으로 용량이 적은 경우보다 무게(또는 부피)당 비용을 줄일 수 있는 것이 사실이다. 수송 건당 발생하는 고정비용은 운송되는 제품의 무게나 부피가 증가할수록 그 비용이 고루 분포되기 때문에 이때 운송과 관련이 있는 규모의 경제가 나타나게 된다.

반면, 거리의 경제학이란 수송거리가 길어질수록 운송단위당 수송비용이 감소하는 것을 의미한다. 예를 들어, 동일한 수송량에 대해 400km의 거리를 한 번에 운송하는 것이 200km를 두 번 운송하는 것보다 비용 측면에서 효율적이라는 것이다. 운송에 관한 거리의 경제란 체감(tapering) 원리를 의미하기도 한다. 특히 수송거리가 증가할수록 단위 거리당 고정비용이 줄어드는 결과로 나타날 수 있다.

어떤 수송수단을 선택할 것인가 하는 의사결정은 물류합리화를 도모하는 데 상당히 중요한 부문을 차지하기 때문에 운송대안을 평가하는 경우 이와 같이 경제원리를 고려하는 것은 수송수단 선택에 대한 의사결정에서 특히 중요하다

그림[5]에서 나타난 바와 같이 철도는 운송속도는 느리지만 비용

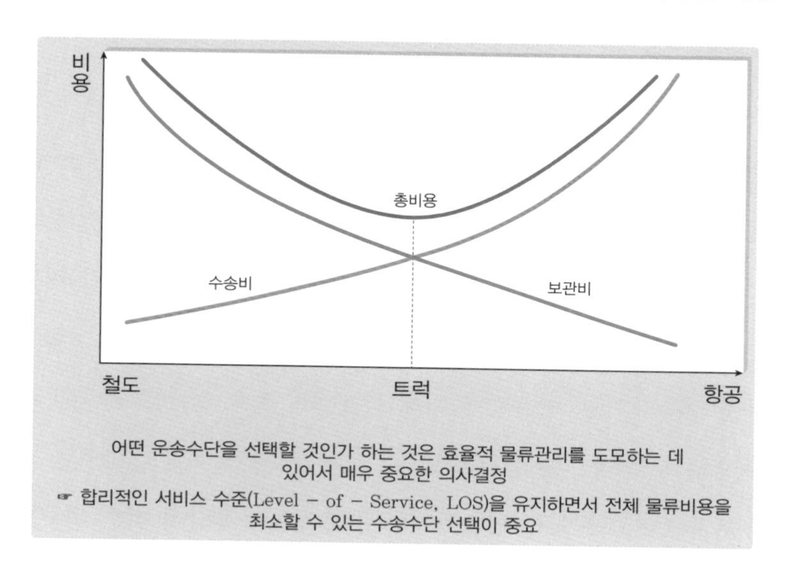

5 화물운송수단 간 속도와 비용의 관계

측면에서 저렴하고, 항공운송은 운송속도는 가장 빠르지만 수송비용 측면에서 타 운송수단에 비하여 매우 높다. 그러나 보관비용 측면에서 항공운송은 리드타임이 짧고 보관기간이 짧기 때문에 상대적으로 낮아진다. 이와 같이 운송수단을 선택할 경우에는 고객에게 제공되는 합리적인 서비스 수준(level of service, LOS)를 유지하면서, 운송비용과 재고비용 등 전체 물류비용을 최소화할 수 있는 수송수단 선택이 중요하다.

| 운송수단 결정 전 파악해야 할 사항 | 운송수단을 선택하기 위한 의사결정 전에 다음 사항들을 충분히 검토 한 후, 의사결정 우선순위와 운송수단별 적합성을 고려하여 최종 결정하는 것이 합리적이다.

화물의 종류 _ 운송할 화물의 종류에 따라 그 화물의 특성에 맞고 화물의 품질을 보장할 수 있는 운송수단을 선택해야 한다. 일반화물인지, 저온상태가 유지되어야 하는지, 고가화물인지, 국내 또는 국제화물인지에 따라 적합한 운송수단이 달라질 수 있다.

화물의 특성 _ 운송될 화물의 중량과 부피, 형태에 따라 운송할 운송수단의 크기와 적재능력이 적합해야 한다. 발송할 화물의 기본단위(lot size)도 고려해야 할 중요한 화물특성 중 하나이다. 기본단위란 한 번에 운송되는 화물의 양과 크기를 말한다. 한 번에 운송하는 화물의 양이 적다면 육상운송이나 항공을 이용하는 것을 먼저 검토해야 하겠지만 대량이라면 철도나 선박을 이용하는 것을 고려해야 한다.

운송조건 _ 화물의 출발지와 도착지 또는 경유지가 어느 곳이냐에 따라 운송수단이 달라질 수 있다. 예를 들면, 철도나 항만으로부터 원거리에 위치한 지역에서 출발하거나 그런 지역에 도착하는 화물은 트럭에 의한 운송비나 운송시간이 많이 소요되기 때문에 선박이나 철도를 이용하는 것이 부적절할 것이다. 그러나 철도역에 인접해 있는 물류센터에서 출발 · 도착하는 화물이라면 단거리운송에도 불구하고 철도운송이 경제적일 수 있다.

운송거리 또한 중요한 고려요인 중 하나이다. 운송할 화물의 운송거리가 길면 철도차량이나 선박 등을 이용하는 것이 경제적이며 짧다면 화물자동차를 이용하는 것이 경제적일 것이다. 이 밖에 운송대상 화물의 발송시기 또는 도착시기에 따라 어떤 운송수단이 적합한지를 판단해야 할 것이다.

기타 고려사항 _ 이 밖에 운송수단 결정전 고려사항으로는 화물의 운송비 부담력, 고객의 요구사항 및 기후조건 등이 있다. 운송비 부담력이란 운송수단별 운송단가에 비해 운송되는 화물의 가치 또는 판매했을 때 얻을 수 있는 이익의 크기가 운송비를 부담하고도 남을 수 있는가를 나타내는 것이다. 따라서 운송비 부담력이 높은 화물, 즉 고가(高價) 화물의 경우 높은 수준의 운송비를 부담하더라도 운송의 요구조건을 확실하게 충족시킬 수 있는 항공 등과 같은 고급 운송수단을 선택하는 경향을 나타낸다.

화물운송요금은 어떻게 결정되나?

화물의 운송요금은 일반적으로 운송원가에 기초하여 결정되기 때문에 운송수단별 운송원가를 이해하는 것이 필요하다. 운송원가는 일반상품의 제조원가와 다르다. 즉, 운송서비스는 무형의 재화이기 때문에 일반 제조원가에서와 같은 방법으로 재료비, 노무비, 제조경비 등으로 구분하여 원가를 산정하는 데 한계가 있다. 일반적으로 운송원가는 고정비와 변동비 또는 직접비와 간접비 및 일반관리비 등으로 구분, 계산하여 운송요금에 반영한다. 화물운송요금의 구성과 주요 결정요인에 대해 살펴보면 다음과 같다.

| 고정비 vs. 변동비 | 고정비(fixed cost)란 운송량 및 운송거리, 운송서비스의 제공여부에 관계없이 일정하게 발생하는 비용을 말한다. 운송장비를 구입하는 데 소요된 비용과 이자, 운송장비에 대한 감가상각비, 운송수단에 대한 보험료와 세금 등이 이에 해당한다.

변동비(variable cost)란 실제 운송서비스를 제공함으로써 발생하고 운송거리 및 운송량 등에 따라 비용의 크기가 변동되는 비용을 말한다. 주요 변동비 항목 중 운송수단을 운행하는 데 소요되는 운전자에 대한 인건비와 연료비의 비중이 크며, 복리후생비, 유지관리비 등도 변동비에 포함된다. 일반적으로 운송수단의 종류에 따라 원가 구성요소의 차이가 많이 발생한다.

| 운송요금을 결정하는 주요 변수 | 화물의 운송요금은 실제 운송에 투입되는 원가를 기초하여 정부의 승인 또는 신고에 의한 정액요금을 적용하거나, 수요와 공급수준에 따라 운송서비스 공급자와 수요자 간의 협상 및 계약에 의하여 정해지는 것이 일반적이다. 이러한 운송요금은 동일 운송시장, 동일 거리, 동일 중량 또는 부피에도 불구하고 화물에 따라 운송요금의 수준이 달라지는데, 이는 다음과 같은 7가지의 요인들에 의하여 실질적인 운송원가의 변동이 발생되기 때문이다.

거리(distance) _ 운송거리는 고정비용에 영향을 주는 차량의 운행시간과 연료비, 수리비, 타이어비 등 변동비에 영향을 주는 가장 중요한 요소이다, 따라서 운송거리가 길어질수록 총 운송원가는 증가하여 운임이 높아지게 된다. 그러나 앞에서 설명했듯이 운송에서는 '거리의 경제'가 존재하여 운송거리가 길어질수록 톤-km당 운송비는 체감된다. 한편 운송거리와 비용의 관계에서는 운행거리가 '0'이라고 해도 반드시 비용도 '0'은 아니다. 예를 들면 운송물량을 상차 또는 하차하기 위하여 대기했을 때에도 운전자의 급여 등 고정비는 발생하고 있기 때문에 대기사유가 수요자에게 있다면 이때 발생한 고정비는 운송요금의 산정과정에서 포함되어야 한다.

화물의 크기(shipment size) _ 두 번째 요금수준의 결정요인은 운송되는 화물의 크기이다. 한 번에 운송되는 화물의 단위(무게 및 부피)가 클수록 대형차량을 이용하게 되며 대형차량을 이용할수록 운송단위당 부담하는 고정비 및 일반관리비는 낮아지게 된다. 또한 변동비(연료비, 수리비, 타이어비 등)의 소모효율성도 커져 운송단위당 운송비는 낮아지게 된다. 그 결과, 일반적으로 화물자동차보다는 철도가, 철도보다는 선박의 운송단위당 운송비가 낮은 경향을 나타낸다.

밀도(density) _ 밀도란 무게와 부피 및 면적(운송장비의 적재공간)을 통합시킨 개념이다. 즉, 동일한 중량이라면 부피나 면적이 작은 화물이 밀도가 높다는 개념이며, 밀도가 높은 화물은 동일한 용적을 갖는 적재용기에 많은 양을 적재하고 운송할 수 있게 된다. 따라서 밀도가 높을수록 운송비는 낮아지는 경향을 나타낸다.

적재성(stowability) _ 적재성이란 제품의 규격이 운송수단의 적재공간 활용에 어떤 영향을 미치는가를 말한다. 과도한 중량이나 길이, 높이, 화물형상의 비정형성, 동일한 운송에 적재되는 화물형상의 다양성 등은 적재작업을 어렵게 할 뿐만 아니라, 적재공간의 운영효율성을 저하시킨다. 따라서 화물의 밀도가 동일할지라도 적재성이 떨어지는 화물은 운송량이 적어지고 작업시간 및 비용도 증가되기 때문에 운송요금은 상대적으로 높은 수준에서 결정될 수 있다.

취급의 용이성(handling) _ 운송되는 화물을 상하차와 적재를 하는

데 인력을 많이 필요로 하거나 일반적으로 이용되는 지게차 등을 이용하지 못하고 특수장비를 이용하게 된다든지, 안전한 운송을 위해 특수한 밴딩(banding)이나 장치를 이용하게 되면 상하차 시간과 비용이 많이 들게 되어 결국 운송비용의 증가를 초래하게 된다. 즉, 화물의 취급이 어려울수록 최종 운송비용은 높은 수준에서 결정된다.

책임(liability) _ 운송되는 화물의 파손, 분실, 부패, 폭발가능성 등 운송 중 화물사고 발생의 가능성 수준에 따라 운송요금이 달라진다. 클레임 발생 가능성이 큰 화물은 배상 가능성도 커지기 때문에 운송비도 높아져야 한다. 또한 운송계약 협상과정에 발생 가능한 사고의 책임수준 및 면책비율 등에 따라서도 운임수준은 달라질 수 있다.

시장요인(market factors) _ 기본 운송원가와 앞에서 서술한 6가지 운임결정 요인을 감안하여 화물의 운송요금을 산출하였더라도 화물운송시장에서의 경쟁상황이 최종적인 운송요금 결정요소가 된다. 그 지역에서 발생되는 운송화물의 양, 도착지에서의 복화(復貨) 운송가능성, 발송지역에 도착하는 타 지역(도착지로부터 도착한)으로

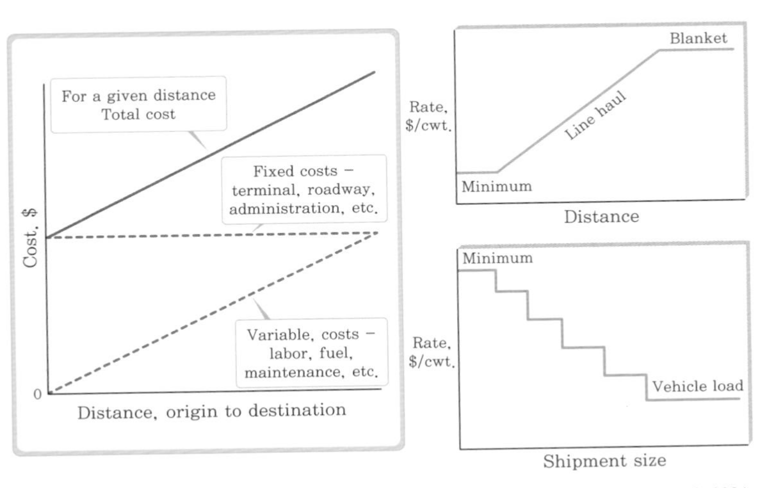

자료 : Ballou, r. h,. Business Logistics/Supply Chain Management, Pearson Prentice Hall, 2004

부터 도착하여 대기하고 있는 차량의 수 등에 따라 운임수준이 결정되는 것이다. 예를 들면 동일한 거리라도 발송할 운송량이 적고, 타 지역으로부터 도착차량도 희소한 강원도 지역은 발송물량이든 도착물량이든 운송요금이 타 지역에 비하여 높게 형성되는 것은 화물운송요금 결정과정에서 이러한 시장요인이 반영되기 때문이다.

화물운송비용 절감 사례

화물운송 비용을 절감하기 위한 노력은 다양한 관점에서 이루어져 왔다. 앞에서 언급한 규모의 경제 원리를 적용하여 효율화를 도모하는 허브 앤 스포크 시스템의 도입과 패키징 기술의 발전 그리고 최단 경로를 이용하여 차량의 총 주행거리를 감소시키기 위한 운송경로 최적화 의사결정 모형 등이 대표적 사례이다.

| 허브 앤 스포크(Hub and Spoke) 시스템 | 허브 앤 스포크는 자전거의 바퀴 구조를 이용하여 물류 네트워크를 설명하는 용어이다. 허브 앤 스포크(hub-and-spoke)에서 허브(hub)는 자전거의 바퀴축을, 스포크(spoke)는 바퀴살을 의미한다. 그림[7]은 페덱스(FedEx)의 아시아 항공화물 운송네트워크를 나타낸 것인데, 여기서 허브는 중국의 광저우이고, 서울, 베이징, 도쿄, 싱가포르, 시드니 등의 도시는 스포크가 되는 것이다.

허브 앤 스포크란 개념은 물류에서 출발지와 목적지 간 단선적 수송개념만이 존재하던 1960년대에 예일대학에 재학 중이던 프레드 스미스(Fred Smith)가 최초로 제시한 모형이다. 서로 다른 지역(spoke)에서 발생하는 다수의 소량 화물을 한 곳(hub)에 모아 목적지(spoke)별로 분배하여 운송하게 되면 수송노선수 감소와 대량운송이 가능해짐에 따라 비용측면에서 보다 효율적이라는 원리이다.

훗날, Fred Smith는 본인이 개발한 허브 앤 스포크 개념이 우수하다는 사실을 증명하기 위해 1973년도에 FedEx를 설립하였고, 현재 세계적인 물류회사로 성장시켰다. 오늘날 대부분의 택배사와 항공사가 허브 앤 스포크 개념에 기초한 물류네트워크를 구축하여 사업을 영위하고 있다.

7 FedEx의 허브 앤 스포크(hub and spoke) 시스템 구성 사례

| 패키징 기술의 발전 | 최근 패키징 기술은 화물운송뿐만 아니라 물류시스템 전체의 운영효율을 결정하는 중요한 요인으로 인식되고 있다. 물류 관점에서 패키징은 제품과 자재의 물류관리에 대한 기본단위를 구성하고, 수송이나 보관, 상 · 하역 그리고 재고관리의 업무를 용이하게 하며, 화물의 수송과 보관과정에서 외부환경으로부터 화물을 보호해 주는 기능과 제품과 자재에 대한 정보제공 등 다양한 기능을 수행한다. 더욱이 패키징은 수송, 보관, 상 · 하역 등 물류과정에서 패키징의 무게와 부피를 최적화함으로써 물류비용 감소와 고객에 대한 서비스 제고를 도모하는 데 기여할 수 있다.

최근 기업들이 글로벌 생산과 유통 거점을 확대함에 따라 제품

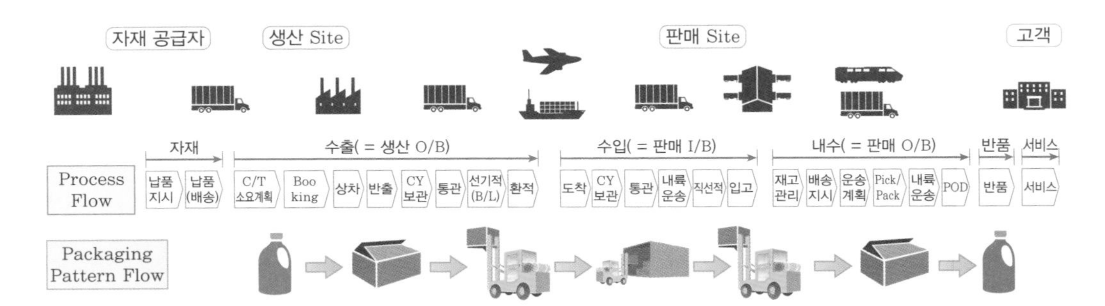

8 물류관점의 패키징 과정 개념도

의 이동거리가 늘어나고, 신선제품과 첨단전자제품의 수요증가로 항온, 항습, 방충 등 제품보호 기능과 내구성이 강조되는 물류패키징 신소재 기술에 대한 수요 늘고 있다. 또한 저탄소 녹색환경에 대한 인식제고로 각국의 환경규제가 강화됨에 따라 친환경 물류패키징 기술 개발에 대한 필요성이 제기되고 있다. 그리고 화물의 실시간 위치추적 및 상태정보를 통해 물류관리의 효율성 제고를 도모하기 위해 정보통신기술과 패키징의 융복합화 시도 등 새로운 물류패키징 기술에 대한 수요가 커지고 있다.

현재 물류시스템에서 운영되고 있는 박스, 내 · 외포장지, 팔레트, 컨테이너 등 물류패키징 기술은 수출입 화물과 국내 화물 등 공간적 특성과 전자, 식품, 의류 등 화물의 특성 그리고 공로, 철도, 항공, 해운 등 운송수단에 따라 다양한 형태와 종류가 이용되고 있다.

대표적인 물류패키징 사례인 컨테이너를 화물운송에서 처음 사용하기 시작한 것은 1920년대 중반 미국 뉴욕의 철도운송에서, 1956년 4월 Malcom McLean이 T2 탱커의 갑판을 개조, 58개의 컨테이너(8×8×35피트)를 적재하여 뉴저지의 뉴왁과 휴스턴 간을 해상운송한 것이 시초이다. 표준화된 컨테이너박스에 다양한 종류의 소량화물을 적재하여 대량으로 운송하는 방식은 화물운송비용을 획기적으로 줄이고 물류시스템 전체 운영효율을 제고하는 데 크게 기여하였고, 오늘날 보편적으로 이용되는 화물운송의 기본모형이 되었다.

| 운송경로 최적화 | 화물운송에서 운송경로 최적화는 화물차량의 총주행거리와 시간을 최소화함으로써 비용을 절감하고 고객서비스를 제고한다는 측면에서 화물운송관리에서 가장 중요한 의사결정 중 하나이다.

운송경로 최적화 문제는 화물의 공급지(출발지)와 수요지(도착지), 물동량, 운송조건 등에 따라 다양한 형태를 나타낸다. 화물의 공급지와 수요지를 최소 경로를 따라 직접 운송해야 하는 수송문제(transportation problem), 화물의 공급지에서 출발하여 중간지점에서 환적하여 최종 수요지역으로 최소 경로에 의해 운송해야 하는 환적문제(transshipment problem), 서로 다른 출발지와 도착지 간 다양한 운송경로 중 최단경로를 선택하는 최단경로문제(shortest path problem), 출발지와 도착지가 동일한 상태에서 다수의 수요지에 최단경로를 이용하여 화물을 배송하는 순회판매원문제(travelling salesman problem) 등은 다양한 운송경로 최적화 모형의 사례를 제공한다.

9 **운송경로 최적화 모형 사례 – Travelling Salesman Problem**

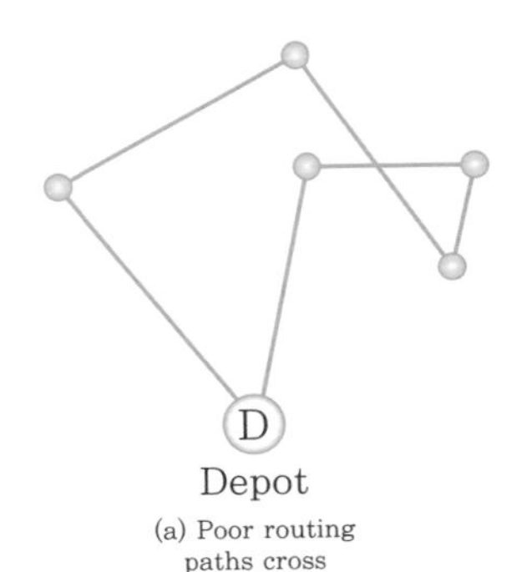

(a) Poor routing paths cross

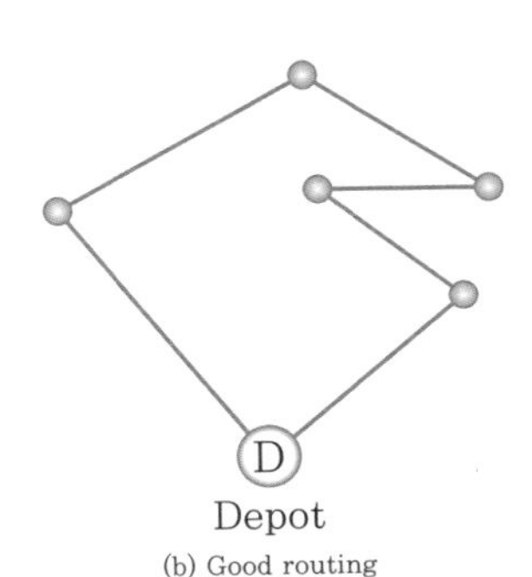

(b) Good routing no paths cross

생소하지만 미래를 보며 준비해야 할 Cabotage

우리나라의 A 도로화물운송사는 인천항에서 카페리를 이용하여 중국 칭다오로 출발하였다. 목적지에서 모든 화물을 하역하고 귀국을 기다리던 중 휴대정보 단말기를 통하여 운송의뢰를 확인하였다. 칭다오에서 웨이하이까지 중국 내 운송이다. 운송담당자는 본사에 보고한 후 이 구간 운송을 담당하였다.

그런데 타국적 운송사가 상대국 내 운송을 자유롭게 할 수 있을까? 반대로 일본이나 러시아 국적 운송사가 서울~부산 간, 인천~대전 간 화물운송을 할 수 있을까? 이를 가능하게 하는 Cabotage 운송에 대하여 알아보도록 하자.

| Cabotage란? | 우리에게는 매우 생소하지만 cabotage 운송이라는 방식이 있다. Cabotage 운송은 사전적으로는 연안운송, 연안무역, 국내운송권 등의 뜻을 가지고 있다.

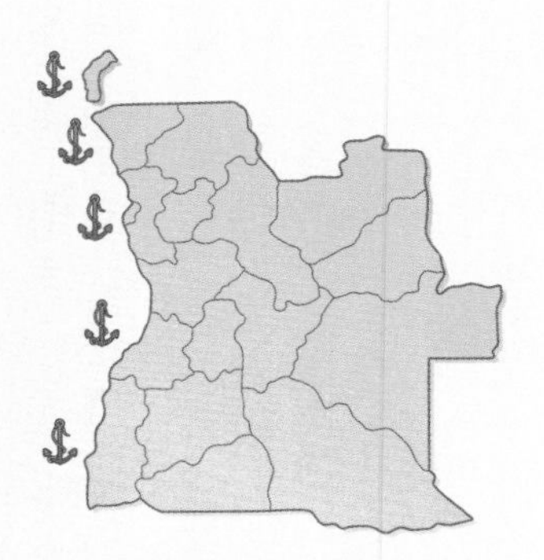

연안을 따라 운송하는 Caboteur의 도식

Cabotage는 영어 발음으로 캐버티지 또는 캐보터지라고 발음되는데 프랑스어 동사인 caboter, 명사인 caboteur에 그 어원을 두고 있다. Caboter는 스페인어 cabo(영어로는 cape)에 어원을 두고 있다는 학설이 있는데 cape에서 cape로, 즉 연안을 따라 운송하는 것 또는 운송하는 배라는 의미이다.

Cabotage의 시작은 16세기 근세 유럽으로 거슬러 올라간다. 당시 프랑스는 수익성이 좋은 자국 내 연안운송에 대해서는 오직 자국적 운송사에게만 운송권을 허가하였는데 이 권리를 cabotage라고 불렀다. 이후 유럽의 다른 나라들도 이러한 운송제한과 무역방식을 받아들였고 연안운송뿐만 아니라 내륙운송에까지 적용하였다.

| Cabotage의 개념 | 자국 내 연안운송에서 시작된 cabotage는 이후 도로, 항공에까지 확장되었다. Cabotage의 기본적인 개념은 다음과 같이 그림으로 설명할 수 있다.

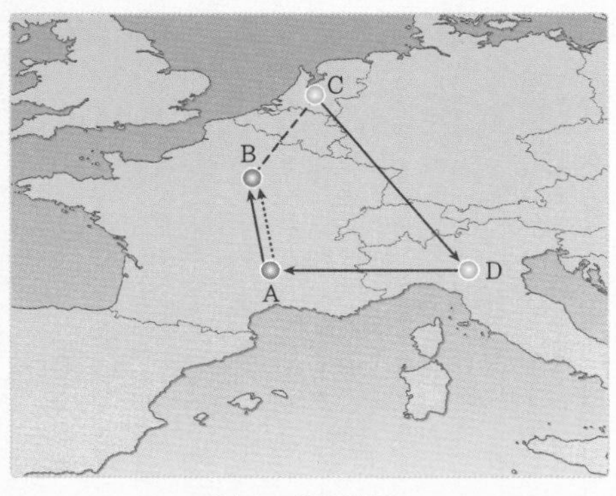

Cabotage 운송 개념도

그림에서 프랑스 운송업자에 의한 AB 실선구간 운송은 국내운송이다. 이탈리아나 프랑스 운송업자에 의한 AD 구간 운송은 국제운송이다. Cabotage 운송은 프랑스 운송업자가 아닌 이탈리아나 독일운송업자에 의한 AB 점선구간 운송이다. 즉, 차량이 운행되는 국가와 아무 상관없는 제3자가 지역 내 또는 국제 간 운송을 하는 것이다.

| Cabotage의 의의 | Cabotage는 상호 협약 또는 운송권을 개방했을 경우에 가능하다. 무조건 타국 내 운송을 하고 싶다고 할 수 있는 것이 아니라, 양국 간 운송형태, 운송횟수, 운송방법, 운송구간 등을 협정해야 하며 상대국가가 개방되었다고 우리만 좋아할 것이 아니라 자국 역시 외국에게 개방되었음을 인지해야 한다. 그렇기 때문에 운송시간, 서비스의 질, 운송경쟁력이 있을 때에 새로운 수익창출의 기회가 되는 것이지 그렇지 않다면 오히려 자국의 운송영역을 빼앗길 수도 있다는 위기도 고려해야 한다.

| Cabotage 허용사례 | 우리나라의 국내도로운송부문은 공급과잉으로 시장진입이 규제되고 있는 실정이기 때문에, 현재까지는 cabotage가 허용된 사례가 없다. 유럽은 1990~1998년까지 국가별로 정한 쿼터만큼 제한하여 cabotage 운송을 허용하였으나 1998년 7월 이후 완전 자유화되었다. 즉, 유럽 내 국가의 모든 트럭은 유럽 내 어디에서든지 자유로이 운송영업을 할 수 있게 된 것이다.
항공부문은 Cabotage 운송이 가장 활발한 부문이다. 항공운송부문은 강도에 따라 제1~9자유라는 단계로 각국의 상황에 맞게 항공부문을 개방하고 있는데 통상 제8자유 이상이 cabotage 운송에 해당된다. EU국가는 역내 항공시장 개방으로 상대국 내에서 자유롭게 운항을 할 수 있으며 호주와 뉴질랜드도 항공시장 단일화 협정을 맺어 상대국 내에서 자유롭게 운항을 할 수 있다. 또 칠레~우루과이(2003), 칠레~아르헨티나(2005) 등이 항공부문 cabotage를 허용한 사례이다.
해상운송부문 역시 Cabotage 운송이 활발한 부문인데 도로운송, 항공운송과 마찬가지로 EU는 자유롭게 상대국내 운송을 하고 있다. 북유럽이 보다 활발한 운송을 하고 있으며 남유럽은 자유화가 다소 늦게 이루어졌다.

우리나라는 지리적 특수성으로 국제도로운송에 한계를 가지고 있었다. 그러나 물리적인 국경의 의미가 희미해지고 동북아 경제권의 발전에 따라 역내 규제완화와 경쟁을 천천히 준비해야 할 것이다. 지금도 너무나 훌륭한 역할을 하고 있지만 항공운송과 해운 역시 보다 큰 시장에서 경쟁할 체제를 갖추어야 한다.
다만, 이러한 시장개방과 경쟁체제로의 진입은 충분한 준비와 시장분석, 국제경쟁력을 보유하여야 하므로 이해당사자 간 많은 노력이 필요하다.

색 인

참고문헌

경기개발연구원, 『가구통행실태조사』, 2010.

경기개발연구원, 『공유교통시대』, 2014.

경찰청, 도로교통공단, 삼성교통안전문화연구소, 『생활도로구역 지정근거 및 맞춤형 안전시설 시설기준 마련 등을 위한 연구』, 2014, pp.24~25

공공자전거, 서울시 자전거 따릉이, https://www.bikeseoul.com/main.do?appOsType

곽노필, 넥스트 모듈카, 도시 교통의 미래 '모듈카 군단', "http://plug.hani.co.kr/futures/2443441"

국가 교통정보센터. ITS 소개, http://www.its.go.kr/itsinfo/intro/trafficManage.do

국토교통부, 『교통통계연보』, 각 연도

김영호 외 10인, 『미래 교통 시스템의 융합적 구상』, 한국교통연구원, 2011.

김원철 · 김진태 (2012), "교통운영체계선진화의 탄소감축 효과 연구", 『대한토목학회논문집』, 제32권 제1호, pp.1~12.

네이버 시사상식사전, 『공유경제』, http://terms.naver.com/entry.nhn?docId=938206&cid=43667&categoryId=43667 (2015.9.10).

네이버 지식백과, AGT(http://terms.naver.com/entry.nhn?docId=65868&cid=43667&categoryId=43667)

네이버 지식백과, PRT(http://terms.naver.com/entry.nhn?docId=933084&cid=43667&categoryId=43667)

네이버, 지식백과, "카쉐어링",http://terms.naver.com/entry.nhn?docId=938417&cid=43667&categoryId=43667

뉴데일리경제, http://biz.newdaily.co.kr/news/article.html?no=10085316(2015.9.20)

뉴질랜드 Skycaps, http://skycaps.co.nz

무라카미 히데키 외, 『항공경제학』, 홍석진 · 김제철 · 이영혁 · 김현 공역, 서울경제경영, 2006.

미국 올리(Olli), 로컬모터스, https://localmotors.com/olli/

미디어펜, "자동차 공유시대' 구글 vs 우버 정면승부…소비자의 선택은?", 2016.9.

미래창조과학부, 『이지사이언스 시리즈 20-고속철도』, 2015.

미래창조과학부, 『이지사이언스 시리즈 2-자기부상열차』, 2015.

박준식, 박지홍, "카셰어링 서비스가 교통수요와 택시에 미치는 영향", 『교통연구』, 22(2),2015, pp.19~34.

백남욱, 이상진, 장경수 『철도기술총서』, 도서출판 골든벨, 2003.

서울연구원, 『공유교통시대』, 2013

순천만 국가정원, 정원 둘러보기, http://www.scgardens.or.kr/

스웨덴 Beamways System, http://beamways.com

시카고중앙일보, http://www.koreadaily.com/news/read.asp?art_id=3675277,(2015.9.20)

신희철 · 정성엽 · 김동준, 자전거 중심 녹색도시교통체계 구축방안. 한국교통연구원, 2010.

암스테르담 메르세데스(Merces) 미래형버스, https://www.mercedes-benz.com/en/ mercedes-benz/next/automation/lounge-through-the-city/

양한모 · 김도현, 『항공교통개론』, 한국항공대학교출판부, 2014.

연합뉴스, "美피츠버그에 '자율주행 우버택시' 첫 등장…시범운영 시작", 2016.9.

영국 ULTra, http://ULTraglobalprt.com

위키백과(http://ko.wikipedia.org)

이백진, ITS산업 활성화를 위한 효과평가 및 시장분석 연구. 국토교통부, 2014.

이상민 · 강상욱 · 이재림 · 조규석 공저, 『대중교통론』, 한국교통연구원, 2016.

이상민 · 이재림 · 카시마시게류, 『한일간 교통정책 비교연구』, 한국교통연구원, 2012.

이성욱, 『철도시스템 공학의 이해』, 000000, 0000

이재림 · 이상민 외 11인, 『한국의 교통정책』, 교통개발연구원, 2003.

일본로지스틱스시스템협회, 『2014년도 업종별 물류코스트 조사보고서』, 2015.

자기부상기술, http://expire.mireene.comprogram/p59.htm

자기부상모노레일, 스카이트랜, http://www.skytran.com/

자율주행자전거, Google Netherlands, https://www.youtube.com/watch?v=LSZPNwZex9s

장원재, "공유경제시대의 교통서비스 현황과 전망", 『월간교통』 Vol.211, 2015.9.

장종수, 재미있는 자전거 이야기: 자유롭고 아름답고 강한 두 바퀴, 2013.

전국버스운송사업조합연합회, 『대한민국버스교통사』, 2009.

정석, "보행환경 문제의 원인과 개선방향", 보행세미나 발표자료, 2007.

제러미 리프킨, 『소유의 종말』, 민음사, 2002.

중앙일보, http://news.joins.com/article/5268501

진장원, "지속가능한 개발을 위한 교통체계의 하나로서 녹색교통수단 활성화방안", 『대한교통학회지』 제18권 제4호, 2000.8, pp.63~64.

철도청, 『한국철도 100년사』, 1999.

최창호 · 백승걸 · 김경철 역, 『녹색교통론』, 서울연구원, 1995.

카쉐어링, 네이버오픈백과, http://blog.socar.kr/

코레일 홈페이지(http://info.korail.com)

클라우드 교통시스템, 2015, How ICTs Can Help Transport Systems Evolve, http://www.worldbank.org/en/news/feature/, worldbank

터널형 버스, 중국 신화통신, http://www.news.cn/

통계청, 통계로 본 온라인쇼핑 20년, 2016.6.

통계청, 『운수업통계조사보고서』, 각 연도

통합물류협회, 2016.

폴란드 Mist-er, http://Prtcounsulting.com

하이퍼루프, BBC, http://www.bbc.co.uk/programmes/p0340jvz

한국교통연구원, 『제5차 공항개발 중장기 종합계획 수립연구』, 국토교통부, 2015.

한국교통연구원, 『항공교통분야지능형교통체계(ITS) 계획수립 연구』, 국토교통부, 2011.

한국무역협회, 『2011년도 기업물류비 실태조사 보고서』

(사)한국철도건설공학협회, 『한국철도사진 108년사』, 2007.

한국철도기술연구원 홈페이지(http://www.krri.re.kr)

한국철도기술연구원, 『과학기술로 달리는 철도』, 2007.

한국철도기술연구원, 『한국철도기술연구원 20년사』, 2019.

한국철도학회, 『알기 쉬운 철도과학기술』, 2012.

한국철도학회, 『알기쉬운 철도용어해설집』, 2008.

한수원 블로그, http://blog.khnp.co.kr/blog/archives/22113

항공교통센터홈페이지, http://acc.molit.go.kr/USR/WPGE0201/m_16182/LST.jsp

후지이 야타로 · 주죠우시오 편, 『현대교통정책』, 이재림 · 이상민 · 김만배 역, 교통개발연구원, 199.5

Alan Black, 『도시대중교통』, 이재림 · 이상민 · 조규석 역, 한국운수산업연구원, 2007.

Baik, N. C. & Medimorec, N.(2016). Evaluating the Bicycle−friendliness of Asian Cities. Presentation at ITS World Congress in Melbourne, 10−14 October.

Ballou, Ronald H., Business Logistics/Supply Chain Management, 5th Edition, Pearson, 2004.

Buehler, R., Pucher, J. (2011). Sustainable Transport in Freiburg: Lessons from Germany's environmental capital, International Journal of Sustainable Transportation, 5, pp.43~70.

Burke, P. (2016). The.CO2List.org – Amounts of CO2 Released when Making & Using Products. Retrieved from http://www.co2list.org/files/carbon.htm

Coyle, Bardi and Langley, The Management of Business Logistics, 7th Edition, Thomson, 2003.

D 라이브러리, http://mdl.dongascience.com/magazine/view/M201209N008

ECF (2014). Cycling Works. Jobs and Job Creation in the Cycling Economy. European Cyclists' Federation.

Establish, Logistics Cost and Service 2014.

European Logistics Association, European Logistics Comparative Costs and Practice 1995, 1995.

Furness, Z. (2010). One Less Car. Bicycling and the Politics of Automobility.

Hartog, J. J. de, Boogaard, H., Nijland, H., & Hoek, G. (2010). Do the health benefits of cycling outweigh the risks?. Environmental health perspectives, 1109−1116.

IoT, http://beautheme.com/top−10−internet−of−things−iot−programming−languages

IoT, http://dootrix.com/what−is−iot/

ITmedia, http://www.itmedia.co.jp/anchordesk/articles/0803/28/news051.html

ITS업계 "브라질 스마트교통시장 잡아라", http://www.dt.co.kr/contents.html?article_no=2016062102101460753001아시아 교통관리 시스템은 'Made by Korea'http://www.newsis.com/ar_detail/view.html?ar_id=NISX20160316_0013961577&cID=10401&pID=10400

John Pucher and Christian Lefèvre, 『도시교통의 위기』, 이재림 · 조규석 역, 한국운수산업연구원, 2006.

Kurt Salmon Associates, Efficient Customer Response: Enhancing Consumer Value in the Grocery Industry, 1993.1.

Lawson, R. (2006). The science of cycology: Failures to understand how everyday objects work. Memory and Cognition, 34, 1667–1675. DOI: 10.3758/BF03195929

McKinsey, Digital Globalization, 2016.3.

Neff, R. (2007). Bicycles Excite Jealousy in Joseon Korea, OhmyNews. Retrieved from http://english.ohmynews.com/articleview/article_view.asp?no=354957&rel_no=1

NYC DOT (2012). Measuring the Street: New Metrics for 21st Century Streets. New York City, Department of Transport. Retrieved from http://www.nyc.gov/html/dot/downloads/pdf/2012-10-measuring-the-street.pdf

Penn, R. (2011). It's All About the Bike: The Pursuit of Happiness on Two Wheels.

Pucher, J. & Buehler, R. (2012). City Cycling (Urban and Industrial Environments).

Pucher, J. & Dijkstra, L. (2003). Promoting Safe Walking and Cycling to Improve Public Health: Lessons From The Netherlands and Germany. American Journal of Public Health 93 (9), 1509–1516. doi: 10.2105/AJPH.93.9.1509

Rhodes, M. (2016). Some can draw bikes from memory, some… definitely can't. Wired magazine. Retrieved from http://www.wired.com/2016/04/can-draw-bikes-memory-definitely-cant/

Rodney Toley, Introduction : Trading in the red modes for the green, The Greening of Urban Transport, 1990, pp.1~3.

Samuel R. Staleyc, Practical Strategies for Reducing Congestion and Increasing Mobility for Chicago, 2012.

Science Daily, https://www.sciencedaily.com

Shin, H. C., Kim, D., Lee, J. Y., Park, J. & Jeong, S. Y. (2013). Bicycle Transport Policy in Korea. KOTI Knowledge Sharing Report, The Korea Transport Institute.

Traffic is a Quagmire, http://www.trafficquagmire.com

Understanding The Future of Mobility, 2015, https://techcrunch.com/2015/08/08/understanding-the-future-of-mobility/

Vivanco, L. A. (2013). Reconsidering the Bicycle. An Anthropological Perspective on a New (Old) Thing.

Washington State Department of Transportation, The PRICE Is Right!, 2007.

Yuki Sugiyama, Jam formation and collective motions of self-driven particles, 2014.

Yurika 블로그, http://yurika222.tistory.com/356

Zee, R. v. d. (2015). How Amsterdam became the bicycle capital of the world. The Guardian

Cities. Retrieved from https://www.theguardian.com/cities/2015/may/05/amsterdam-bicycle-capital-world-transport-cycling-kindermoord

http://pbn.mir9.co.kr/contents/pbn_03.asp?a_site=2_3

https://pixabay.com/ko/

"재미있고 흥미로운 교통이야기"편은 한국교통연구원 월간교통에 수록된 내용을 동일 저자가 일부수정하였다.

『시간과 공간의 연결, 교통이야기』 출판위원 명단

역할	성명	소속
위원장	**이용재**	중앙대학교 명예교수
부위원장	**권영인**	한국교통연구원 박사
부위원장	**박은미**	목원대학교 교수
부위원장/집필	**김건영**	한국교통연구원 박사
집필	**강상욱**	한국교통연구원 박사
집필	**권오경**	인하대학교 교수
집필	**김건영**	한국교통연구원 박사
집필	**김규옥**	한국교통연구원 박사
집필	**김동선**	대진대학교 교수
집필	**김연명**	항공안전기술원 원장
집필	**김유봉**	동명기술공단 전무
집필	**김주영**	한국교통연구원 박사
집필	**김진태**	한국교통대학교 교수
집필	**김태승**	인하대학교 교수
집필	**김 훈**	한국교통연구원 박사
집필	**니콜라 메디모렉**	Kojects 공동운영자
집필	**박민영**	인하대학교 교수
집필	**박병호**	한국교통안전공단 박사
집필	**백남철**	한국건설기술연구원 박사
집필	**백승걸**	한국도로공사 박사
집필	**석종수**	인천발전연구원 박사
집필	**손영태**	명지대학교 교수
집필	**송기한**	한국교통연구원 박사
집필	**신치현**	경기대학교 교수
집필	**유정복**	한국교통연구원 박사
집필	**이강석**	한서대학교 교수
집필	**이승재**	서울시립대학교 교수
집필	**이재림**	교통산업정책연구소 소장
집필	**이청원**	서울대학교 교수
집필	**정성봉**	서울과학기술대학교 교수
집필	**조규석**	한국운수산업연구원 박사
집필	**진장원**	한국교통대학교 교수
집필	**최기주**	아주대학교 교수
집필	**하헌구**	인하대학교 교수
집필	**한우진**	미래철도DB 운영자
집필	**황상규**	전 한국교통연구원 박사

도움을 주신 분들: 김영찬 서울시립대 교수, 최재성 서울시립대 교수, 김시곤 서울과학기술대학교 교수, 백호종 항공대학교 교수, 김성수 서울대학교 교수, 여화수 한국과학기술원 교수, 김형철 가천대학교 교수, 박동주 서울시립대학교 교수, 우경하 우공이산 대표, 정은희 씨아이알 편집장

편집 후기

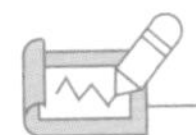

2016년 4월경 김영찬 교수(현 서울시립대교수, 전 대한교통학회 회장)와 이창운 박사(전 한국교통연구원 원장)가 만나 '교통시장의 위기'에 대해서 대화를 나누고, 평소 교통학문에 관심이 있었으나 대학의 전공분야로 진출하지 못하는 고등학생들과 비슷한 고민을 갖고 있는 일반인들을 위하여 교통전문분야를 보다 쉽게 이해할 수 있는 한 권의 기획도서를 만들기로 약속했다. 이 약속을 지키기 위하여 대한교통학회 내에 도서출판위원회를 조직하고 발간에 대한 준비가 시작되었다. 2016년 6월경 첫 집필진이 구성되었고, 같은 해 10월에 1차 원고가 수합되었다. 2년여에 걸쳐 교정과 편집, 재집필 등이 밤낮으로 계속되었다. 원래 전체 구성은 도로 · 철도 · 항공 · 대중교통 · ITS · 녹색교통 · 물류 · 해운의 8개 주제였으나 해운분야의 협조를 얻지 못하여 최종 7개 주제를 중심으로 발간을 하게 되었다. 편집과정에서 늘 강조한 점은 딱딱한 전문용어의 사용을 피하고 전문분야의 소개를 많은 사진과 그림을 곁들여 쉽게 이해할 수 있도록 했고 전문가의 재미나는 해설로 '이야기 중심의 교통'으로 전개하여 누구나 흥미를 느낄 수 있는 그런 도서를 만드는 것이었다. 원고료는 고사하고 따뜻한 식사 한끼를 제대로 대접하지 못한 채 집필위원과 검독위원들을 못살게 괴롭혔던 점을 도서출판위원회를 대표하여 진심으로 사과드린다. 비록 많은 노력을 경주하였다지만 막상 만들고 보니 원래 의도한 목표의 절반도 이루지 못한 느낌이다. 특히 마지막까지 편집을 함께 하여 주신 박은미 목원대 교수, 권영인 한국교통연구원 선임연구위원, 김건영 한국교통연구원 대외협력 · 홍보실장님께 진심으로 감사드린다. 이들의 도움이 없었다면 이 책의 발간은 아예 꿈도 꾸지 못했을 것이다. 마지막으로 대한교통학회 기획도서로서 그 가치가 오래오래 가길 진심으로 기대한다.

2018.12. 대한교통학회 도서출판위원회 이용재 위원장(현 중앙대학교 명예교수)

시간과 공간의 연결,
교통이야기

초판인쇄 2018년 12월 1일
초판발행 2018년 12월 5일

지 은 이 대한교통학회 『시간과 공간의 연결, 교통이야기』 출판위원회
펴 낸 이 대한교통학회 회장 최기주
펴 낸 곳 도서출판 씨아이알

북프로듀싱 위원장 이용재, 부위원장 권영인·박은미·김건영
책임편집 정은희
디 자 인 김나리, 백정수
일러스트 씨디엠더빅
제작책임 김문갑

등록번호 제2-3285호
등 록 일 2001년 3월 19일
주 소 04626 서울특별시 중구 필동로8길 43(예장동 1-151)
전화번호 02-2275-8603(대표) / 팩스번호 02-2265-9394
홈페이지 www.circom.co.kr
I S B N 979-11-5610-714-9 (93530)
정 가 23,000원